Life is wonderful !

読者のみなさんへ

　本書は山川出版社と数研出版が発行している「もういちど読む」シリーズの生物版です。高校生物に興味のある方や，もういちど高校生物を学びたいと思っている大学生や社会人のために企画されたもので，数研出版から平成24年に発行された教科書「生物基礎」と平成25年に発行された教科書「生物」をもとに再編集しています。

　科学の進歩はめざましく，なかでも生物学の進歩はめざましく，遺伝子の本体がDNAとよばれる物質で，それは，40億年近くまえに地球上に現れたたったひとつの生命から延々と受け継がれてきたものであることが明らかになってきました。そして，今や，最新の技術を使えば，だれかのコピーのような生き物もつくりだせるところまできました。

　「自分とはどのような存在か？」，「生きるってどういうこと？」，「生命とは？」。これらは，古くて，しかし今でも多くの人のなかで長く続いている問いかけです。ここまで進歩した生物学は，これらの問いに対しても，これまでになかった新しい見方や考え方を，示してくれるのではないでしょうか。

　かつて学んだ教科書を懐かしむ気持ちで，初めて学ぶ方は読書するような気持ちで本書を手にとっていただき，本書が，読者のみなさんが生物学と親しむひとつのきっかけになれたら嬉しく思います。

編集部

もういちど読む
数研の高校生物 第1巻

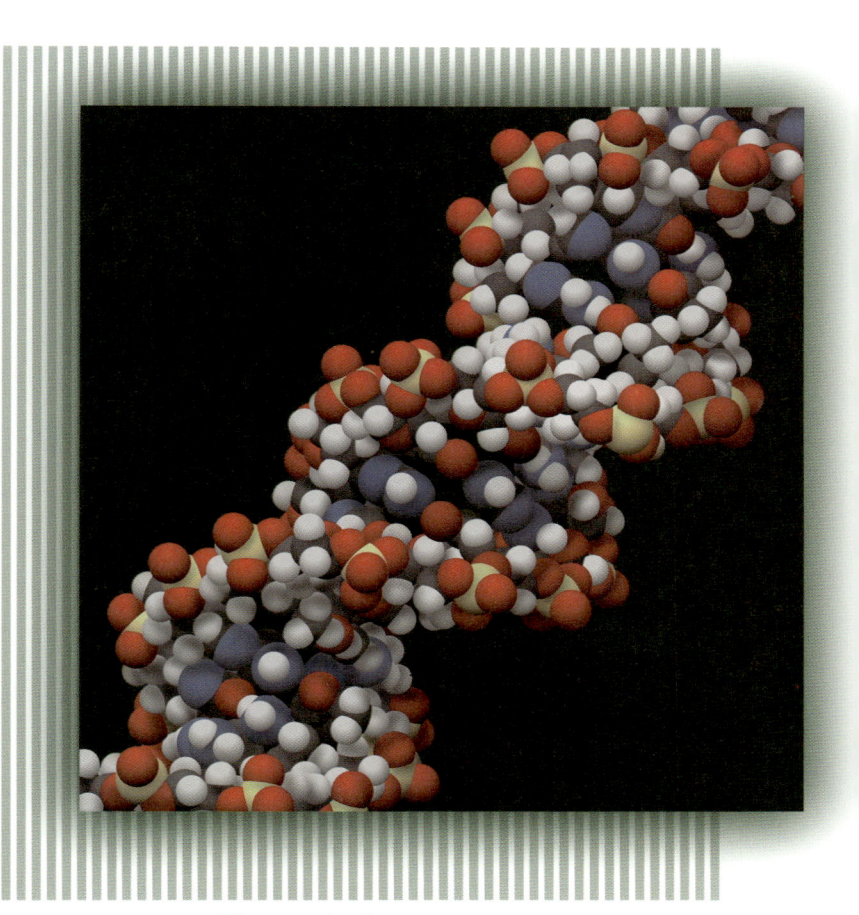

数研出版

目次

はじめに ………………………………………… 6
序章　生物の多様性と共通性 ………………… 8

第1編　生物と遺伝子

第1章　細胞と分子 ………………………………… 15
1. 生体の構成－個体・細胞・分子　16
2. タンパク質の構造と性質 ……… 20
3. 細胞の構造とはたらき ………… 26
4. 細胞の活動とタンパク質 ……… 38

第2章　遺伝子とそのはたらき ………………… 57
1. 遺伝情報とDNA ……………… 58
2. 遺伝情報の複製と分配 ………… 68
3. 遺伝情報の発現 ………………… 78
4. 遺伝子の発現調節 ……………… 93
5. バイオテクノロジー …………… 103

第2編　生殖と発生

第3章　有性生殖と生物の多様性 ……………… 123
1. 遺伝子と染色体 ………………… 124
2. 減数分裂と遺伝情報の分配 …… 128
3. 遺伝子の多様な組み合わせ …… 133

第4章　発　　　生 ……………………………… 145
1. 動物の配偶子形成と受精 ……… 146
2. 初期発生の過程 ………………… 151
3. 細胞の分化と形態形成 ………… 162
4. 植物の発生 ……………………… 174

第3編　生物の進化と系統

第5章　生命の起源と進化 ……………………… 181
1. 生命の起源 ……………………… 182
2. 生物の変遷 ……………………… 189
3. 進化のしくみ …………………… 208

第6章　生物の系統 ……………………………………………… 225

- 1. 生物の分類と系統 ……226
- 2. 原核生物 ……234
- 3. 原生生物 ……236
- 4. 植　物 ……240
- 5. 動　物 ……246
- 6. 菌　類 ……258

巻末資料 1. ヒトゲノムマップ ……………………………… 260
　　　　　 2. 生物学習のための化学 …………………………… 264

索　引 ………………………………………………………… 267

思 考 学 習

メセルソンとスタールの実験 ……75	花粉管の誘引 ……………………177
遺伝暗号の解読 ……………………86	ペルオキシダーゼの遺伝子頻度　217
オペロン説を発見した実験 ………96	分子系統樹の作成 ………………231
スイートピーの花色と花粉の形の遺伝 ……………137	

観察・実験

いろいろな細胞の観察 ……………32	染色体の乗換えと配偶子の組み合わせ ……136
原核生物の観察 ……………………35	ウニの受精の観察 ………………150
細胞の運動の観察 …………………50	カエルの発生の観察 ……………158
DNAの抽出 ………………………59	ショウジョウバエの突然変異体の観察 ……172
DNA模型の作製 …………………65	花粉管の伸長の観察 ……………176
体細胞分裂の観察 …………………71	シロイヌナズナの花の構造 ……179
トリプトファンオペロンのしくみ ……96	「生きている化石」を調べる ……201
パフの観察 …………………………99	遺伝的浮動による遺伝子頻度の変化 ……215
［探究活動］遺伝子組換え実験 …108	節足動物の観察 …………………252
DNAを増やそう …………………113	
減数分裂の観察 …………………132	

参　考

- 多種多様な種をまとめる
  - －分類の単位 …………………… 9
- 分子系統樹 …………………… 11
- 生物の特徴の一部だけを
  もつもの－ウイルス …… 14
- S－S 結合 …………………… 23
- シャペロン …………………… 25
- 細胞分画法※ …………………… 33
- アクアポリン …………………… 42
- 細胞のシグナル伝達 …………… 45
- 微小管の極性と伸長・収縮 …… 49
- 体細胞分裂と細胞骨格 ………… 52
- ABO 式血液型 ………………… 56
- 遺伝学の変遷 ………………… 59
- 5' 末端と 3' 末端 ……………… 64
- 塩基の相補性を支える結合 …… 66
- 相同染色体 ……………………… 68
- 細胞周期における染色体の変化 … 70
- 複製の開始 ……………………… 74
- からだを構成する細胞は
  すべての遺伝情報をもつ …… 77
- 遺伝情報とアミノ酸の指定 …… 78
- RNA の立体構造 ……………… 79
- ホルモンによる遺伝子発現の調節
  ………………………………… 100
- 青いバラの作出 ………………… 107
- GFP の利用 …………………… 107
- 電気泳動法 ……………………… 114
- ヒトゲノム計画
  －遺伝情報の解読と問題点 …… 117
- その他のバイオテクノロジー※ … 120
- 性決定の型 ……………………… 125
- いろいろな生殖法と遺伝情報 … 129
- 二重乗換え ……………………… 136
- 多精受精の防止 ………………… 149
- プログラムされた細胞死 ……… 160
- 形づくりにおける細胞接着分子の
  役割 ……………………………… 161
- 原基分布図 ……………………… 165
- 細胞の分化能－ES 細胞と iPS 細胞－
  ………………………………… 168
- ショウジョウバエの体制形成の
  くわしいしくみ ……………… 173
- シロイヌナズナ ………………… 179
- ミラーの実験 …………………… 183
- いん石と細胞膜の起源 ………… 184
- RNA ワールド ………………… 185
- 化石の年代測定 ………………… 190
- エディアカラ生物群 …………… 191
- バージェス動物群と
  チェンジャン動物群 ………… 193
- シダ種子類 ……………………… 195
- 恐竜はなぜ絶滅したか？ ……… 199
- 地質時代における大陸の移動と
  収束進化 ……………………… 200
- 生きている化石 ………………… 201
- 新生代の環境とウマの進化 …… 203
- 相似器官 ………………………… 211
- 工業暗化 ………………………… 212
- フィンチの種分化 ……………… 219
- ゲンジボタルの種分化 ………… 220
- クジラは何と近縁か？※ ……… 224
- 種の数 …………………………… 228
- 植物の生活環 …………………… 245
- 多細胞動物の祖先 ……………… 254
- トロコフォアと系統 …………… 254
- 菌類と共生 ……………………… 259

Column

- 細胞の発見と顕微鏡の発達……… 36
- DNAが遺伝子の本体であることの証明 …………………………… 60
- 二重らせん構造解明の陰の功労者 67
- 岡崎令治－岡崎フラグメントの発見者…………………………… 74
- アカパンカビの栄養要求株の実験 92
- 組換え価と染色体地図の作成……138
- シュペーマンの実験と形成体の発見 ……………………………………166
- 19世紀の進化説 …………………213

発 展

- DNA末端の複製 ………………… 76
- 転写後の過程－mRNAになる前に－ ……………………………………… 82
- 遺伝情報の逆転写………………… 87
- DNAの損傷と修復 ……………… 91
- 発生と遺伝情報の発現……………101
- 転写後の遺伝子発現調節－RNA干渉－ ……………………102
- バイオテクノロジーにおけるmRNAの利用法 ……………119
- ヒトの性染色体に存在する遺伝子 ……………………………………127

談 話 室※

- カサノリの接ぎ木実験と核のはたらき……………………… 29
- 細胞の浸透現象と細胞膜の半透性 ……………………………………… 43
- コケ・シダの生殖…………………132
- メンデルの研究と遺伝の法則……140
- いろいろな遺伝……………………142
- メンデルを読もう…………………144
- ナズナとシロイヌナズナ…………180

※印の項目は本書で加えたもので，教科書にはないものである。

第2巻のおもな内容

第1編　生体とエネルギー
　第1章　代　謝

第2編　生物の環境応答
　第2章　動物の反応と行動
　第3章　生物の体内環境

　第4章　植物の環境応答

第3編　生態と環境
　第5章　個体群と生物群集
　第6章　生物群集の多様性と分布
　第7章　生物多様性と生態系の保全

はじめに

　古代ギリシャのアリストテレスは、『動物誌』を著し、数多くの動物の観察結果を残している。このように、かつて、自然に存在するものに関する学問は「博物学」とよばれ、その中心は、動物や植物・鉱物・岩石などの自然物の収集と分類であった。そして、それは、おもに色や形・大きさなどの形態的な特徴をもとにして行われていた。

　しかし、ダーウィン以降、生物は長い地球の歴史の中で、簡単なものから複雑なものへと、徐々に移り変わってきたことが明らかになってきた。例えば、水中生活をするサメとマグロとペンギンとイルカは互いによく似た形態をもっている。これはよく似た環境に生息するものはその環境に適応した形態をもつようになるという収束進化の結果であることが明らかになってきたが、一方で、これは形態による分類に限界があることを示している。

　このような中、生物の形質のもとになるのはDNAとよばれる高分子化合物で、それはすべての生物に共通で、地球上の多様な生物も、もとをたどればたった1つの共通の祖先にいきつくことが明らかになってきた。つまり、地球上の生物は、そのような共通の祖先からしだいに変化してきたもので、そのDNAには、長い変化の歴史が刻まれていると考えられている。今や、DNAの研究は、生物学のあらゆる分野で必要不可欠なものとなっているのである。

　例えば、

(1) 化石人類の1つであるネアンデルタール人は、少し前までは、現生人類のホモサピエンスと同じ種に属すのではないかと考えられるようになっていたが、化石から採取されたDNAの研究から、別種であると考えられるようになっている。

(2) 現生人類がどのようにして出現したかについては、化石人類の中から世界の各地で進化したという考え方など、いくつかの説があるが、DNAの研究から、20万年ほど前のアフリカで出現したとの説が一般的に受け入れられつつある。

(3) これまで,動物は大きくは旧口動物と新口動物に分けられてきたが,DNAなどの分子データの研究から,旧口動物を冠輪動物と脱皮動物という2つの系統に分けることが提唱されている。

など,進化や系統・分類に関しても,DNAを抜きにして語ることはできないのである。

本書「もう一度読む 数研の生物 第1巻」では,このDNAを中心に次のような内容を扱っている。

序章では,この書籍の導入として,多種多様な生物も,生物としてのさまざまな共通性をもつこと,その共通性は,同じ特徴をもつ共通の祖先から進化してきたことを扱っている。

第1章では,生物の基本構造である細胞がいろいろな物質でできており,なかでも,種類の非常に多いタンパク質が細胞のさまざまなはたらきに関係していることを扱っている。

第2章では,DNAがどのような物質であるかを扱うとともに,多様なタンパク質がDNAの遺伝情報をもとにどのようにしてつくられるかなどを扱っている。

第3章では,親から子へどのようにしてDNAが伝えられるか,また,両親からDNAが伝えられることによって多様な子が生じること,第4章では,DNAをもとにどのようにして生物のからだができてくるかを扱っている。

第5章では,地球上の多様な生物が,長い地球の歴史とともに移り変わってきたことを扱うとともに,DNAの研究にもとづく,生物の進化に対する考え方なども扱っている。

第6章では,多様な生物も共通性をもとに分類できることを扱うとともに,DNAの研究にもとづく生物分類に対する新しい考え方などについても扱っている。

宇宙から見た地球

序章
生物の多様性と共通性

1 生物の多様性と共通性の由来

A 生物の多様性

　現在の地球上には，多種多様な環境がある。例えば，年間の降水量が4000mmを超えるような地域から，ほとんど雨の降らない地域まである。また，気温についても，年間の平均気温が30℃を超える地域から，−10℃ほ

図1　さまざまな環境とそこで生活する哺乳類

❶生物の分類の基本的な単位を種という。種は，共通の形態的・生理的な特徴をもつ個体の集まりで，同種内では交配によって子孫を残すことができる（▶ p.226）。

どしかない地域まである。このようなさまざまな環境に、数千万種❶ともいわれる多種多様な生物が生活している。これらの生物には、外形的な違いだけでなく、生活場所に応じた生活のしかたなど、いろいろな面で多様性が見られる。

例えば、脊椎動物の中の哺乳類だけを見ても、砂漠や草原、森林、高山、海洋などさまざまな環境で、それぞれに適した形態や機能をもった動物が生活している（図1）。

表1 脊椎動物の現存種の概数

分類群		現存種の概数
脊椎動物	哺乳類	4400
	鳥類	8400
	は虫類	7000
	両生類	4900
	魚類	31000
（参考）無脊椎動物※		1200000

※無脊椎動物の種数は、現在、命名されているもののみの概数。実際には、それ以上存在する。

参考 多種多様な種をまとめる―分類の単位
▶ *p.226*

現在の地球上には、名前がつけられているだけでも約190万種、未知のものも含めると数千万種もの生物がいると考えられている。このように多種多様な生物でも、よく似ているものからほとんど似ていないものまであり、どれくらい似ているかをもとに整理すると、秩序立てて整理できることがわかる。そこで、よく似た種をまとめて**属**に、いくつかの近縁の属をまとめて**科**に、科のさらに上位を順に、**目**、**綱**、**門**、**界**というように、その共通性にしたがって、段階的に分類している。例えば、図Ⅰのように、イヌはオオカミやコヨーテなどとイヌ属にまとめられ、イヌ属はキツネ属やタヌキ属などとイヌ科にまとめられている。

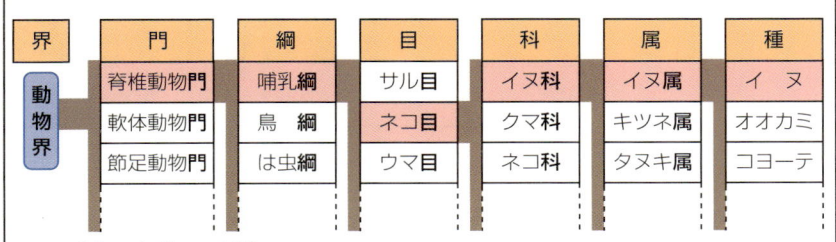

界	門	綱	目	科	属	種
動物界	脊椎動物門	哺乳綱	サル目	イヌ科	イヌ属	イヌ
	軟体動物門	鳥綱	ネコ目	クマ科	キツネ属	オオカミ
	節足動物門	は虫綱	ウマ目	ネコ科	タヌキ属	コヨーテ

図Ⅰ 分類の段階の一例❶

❶脊椎動物門は、近縁の原索動物とまとめて脊索動物門とすることもある。また、サル目は霊長目、ネコ目は食肉目、ウマ目は奇蹄目とよばれることもある。

B 共通性の由来

　生物には，いろいろな面で多様性が見られる一方で，共通性も見られる。例えば，植物の間には「光合成を行う」，脊椎動物の間には「脊椎をもつ」などの共通性がある。また，両生類→は虫類→哺乳類の順に，より陸上生活に適した形態や機能をもつなどの連続性が見られるものも多い。

　このように，生物が多様性だけではなく，共通性や連続性をもっているのは，生物が共通の祖先から進化❶してきたためである。

　例えば，哺乳類・鳥類・は虫類・両生類・魚類には，「脊椎をもつ」という共通の特徴がある。また，哺乳類・鳥類・は虫類・両生類には，「四肢をもつ」という共通の特徴がある。こうした特徴をもつのは，それぞれ「脊椎をもっていた共通の祖先」，「四肢をもっていた共通の祖先」から進化してきたためである。このように，生物はその特徴をもつ祖先生物から進化してきた。そのため，多種多様な生物の間にも，いろいろな共通性が見られるのである（図2）。

図2　共通性の由来　例えば，哺乳類と魚類では，四肢をもつ，もたないという違いがあるが，どちらも脊椎をもつという点で共通している。

---

❶生物の形質が世代をこえて受け継がれ，時間とともに変化していくことを**進化**という。生物の進化については第5章で学ぶ（▶ p.181）。

生物の進化にもとづく類縁関係を**系統**という。系統を表す図は，ふつう樹木に似た形に描かれるので**系統樹**とよばれている（図3）。

環形動物
（ミミズやゴカイなど）

節足動物

脊椎動物

軟体動物
（イカやタコなど）

棘皮動物
（ウニやヒトデなど）

刺胞動物
（イソギンチャクなど）

海綿動物
（カイメンなど）

図3　動物の系統樹の一例

参考　分子系統樹
▶ p.231

系統樹は従来，生物の形態などを手がかりに類縁関係を調べてつくられていた。現在では，遺伝情報を比較することで生物どうしの類縁関係を調べて系統樹が作成されるようになり，**分子系統樹**とよばれている。

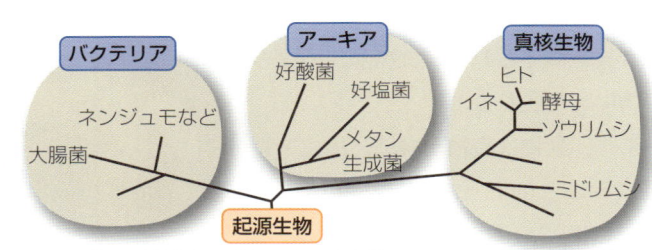

バクテリア：大腸菌、ネンジュモなど
アーキア：好酸菌、好塩菌、メタン生成菌
真核生物：ヒト、イネ、酵母、ゾウリムシ、ミドリムシ
起源生物

図I　**分子系統樹の一例**　分子系統樹によって，生物は，バクテリア（細菌），アーキア（古細菌），真核生物という3つのグループに分けられることがわかってきた。バクテリアとアーキアは原核生物である。

2 | 生物の共通性－生物の基本的な特徴－

生物は，多様性ばかりではなく，さまざまな共通性ももっている。このような共通性のなかでも，多くの生物に共通する基本的な特徴としては，次のようなものがある。

A | 細胞

すべての生物のからだは，細胞からできており，からだが1個の細胞でできているアメーバやゾウリムシなどの単細胞生物と，からだが多くの細胞でできている多細胞生物がいる。

細胞の内部構造は真核細胞と原核細胞で異なるが，▶p.26 ▶p.34 細胞質の最外層が細胞膜となっているなど，基本的な構造は共通している。

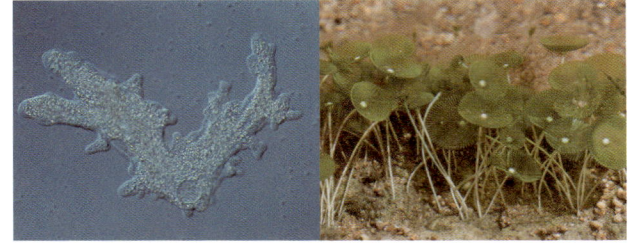

図4　単細胞生物（左：アメーバ，右：カサノリ）

B | エネルギーの出入り

生物が生きていくためのさまざまな生命活動にはエネルギーが必要である。植物は光合成によって光エネルギーを化学エネルギーに変換し，無機物から有機物を合成している。光合成によってつくられた有機物が，多くの生物に利用される。

また，動物は食物を食べ，消化・吸収することによって有機物を体内に取りこんでいる。取りこまれた有機物から呼吸によってエネルギーを取り出している。このとき，エネルギーの受け渡しの役割を担っているのは

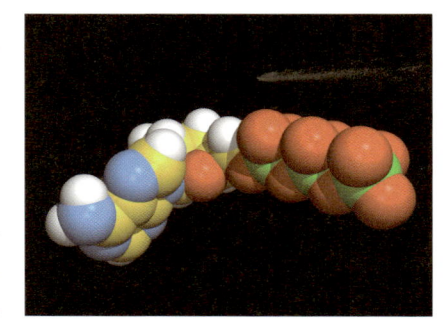

図5　**ATP**の分子模型

ATP（アデノシン三リン酸）という物質であり，これはすべての生物に共通している。

C 遺伝情報

生物のもつ形や性質などを形質といい，形質には，エンドウの種子の形の丸形やしわ形など一見してわかるものから，耐寒性・耐病性・物質の合成能力などくわしく調べないとわからないものまでさまざまである。

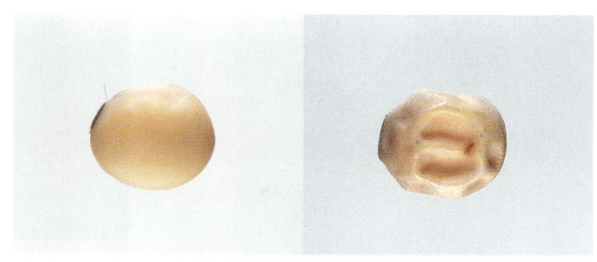

図6　エンドウの種子の対立形質（左：丸形，右：しわ形）

生物の形質の多くは，その生物がもつ遺伝情報をもとにつくられるタンパク質によって決まる。この遺伝情報の本体は，**DNA**（デオキシリボ核酸）という物質で，すべての生物は，細胞の中にDNAをもっている。DNAは，細胞分裂の際に複製され，新しい細胞へと分配されていく。さらに，卵と精子の受精などによって，親から子へと受け継がれていく。

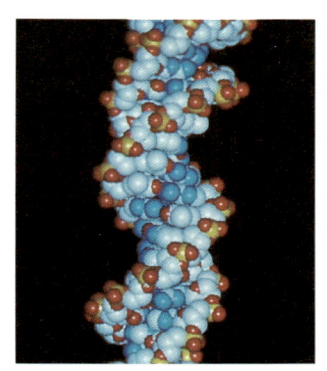

▶ p.58

図7　**DNA**の分子モデル

D 体内環境の維持

多細胞生物では，内部の細胞が安定した活動を行う上で，それらを取り囲む体内の状態が安定していることが重要である。特に，外部の環境の変化が大きい場合，生物はその変化に応じて体内の状態を一定に保つように調節している。

図8　金魚と水槽　金魚にとって水槽の水は環境そのものである。金魚が正常な生命活動を行うために，水槽の水は，その状態が一定の範囲内に保たれる必要があり，そのためのろ過器や保温器，空気を送る装置などが備わっている。

金魚を多細胞生物の体内の細胞と考えると，水槽の水は体液にあたり，ろ過器は腎臓，保温器は肝臓や筋肉，空気を取りこむ装置は肺などの呼吸器にあたる。

序章　生物の多様性と共通性

E｜その他の共通性

A～Dにあげた以外に,「生物は外界からの刺激を受け取り,それに応じた反応を示す」,「生物は長い時間の中で少しずつ変化し,進化する」なども,生物の共通性の例としてあげることができる。

図9　獲物を追うチーター

参考　生物の特徴の一部だけをもつもの－ウイルス

生物にはいろいろな共通の特徴がある。一方で,ウイルスのようにそれらの特徴の一部だけをもつものも存在する。

インフルエンザやエイズ(後天性免疫不全症候群)などの病気を引き起こす原因はウイルスである。ほとんどのウイルスは 0.3μm 以下の大きさで,細菌と比べてもさらに小さい。

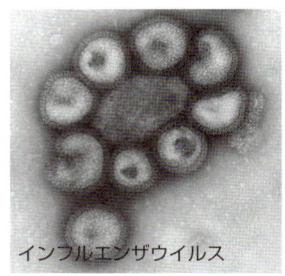

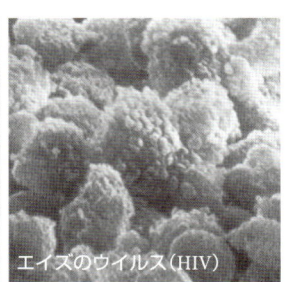

図Ⅰ　いろいろなウイルス（インフルエンザウイルス／エイズのウイルス(HIV)）

これらウイルスは,遺伝物質としては核酸をもつが,生物に共通の細胞という構造をもっておらず,核酸をタンパク質の殻で包んだような構造をしている。また,細胞のように自ら分裂して増えることはできず,それぞれ決まった生物の細胞に侵入し,その中にある物質を利用しないと増殖することができない。❶さらに,ウイルスは栄養分を取りこんだり,不要になったものを排出したりするなどの生命活動を行わず,代謝に伴うエネルギーの出入りもない。

つまり,ウイルスは生物の特徴の一部だけをもった存在であり,現段階では生物と無生物の中間段階として位置づけられている。

---

❶食中毒の原因となる細菌は,加熱調理した後の食べ物の中でも増えることができるが,ウイルスは生きた細胞の中でしか増えることができない。

第1章
細胞と分子

1. 生体の構成－個体・細胞・分子
2. タンパク質の構造と性質
3. 細胞の構造とはたらき
4. 細胞の活動とタンパク質

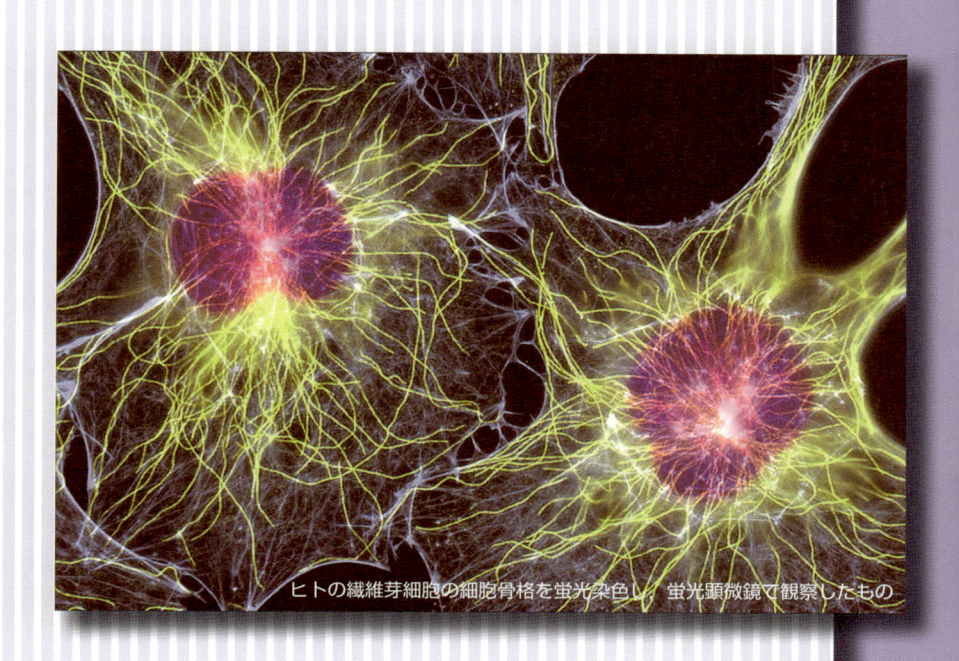

ヒトの繊維芽細胞の細胞骨格を蛍光染色し、蛍光顕微鏡で観察したもの

第1節 生体の構成—個体・細胞・分子

1 生物のからだの構造と階層性

A 細胞から個体へ

　生物のからだは，**細胞**からできている。私たちヒトなどの多細胞生物のからだは，同じような形や機能をもった細胞が集まって**組織**を形成し，さまざまな組織が集まってまとまったはたらきをする**器官**を形成している。これらの組織や器官が協調してはたらくことで，**個体**としての生命活動が維持されている（図1）。

　例えば，細胞の活動には栄養分と酸素が必要である。各細胞が活動できるのは，胃や小腸などの消化系で取りこまれた栄養分や，肺などの呼吸系で取りこまれた酸素が，心臓や血管などからなる循環系のはた

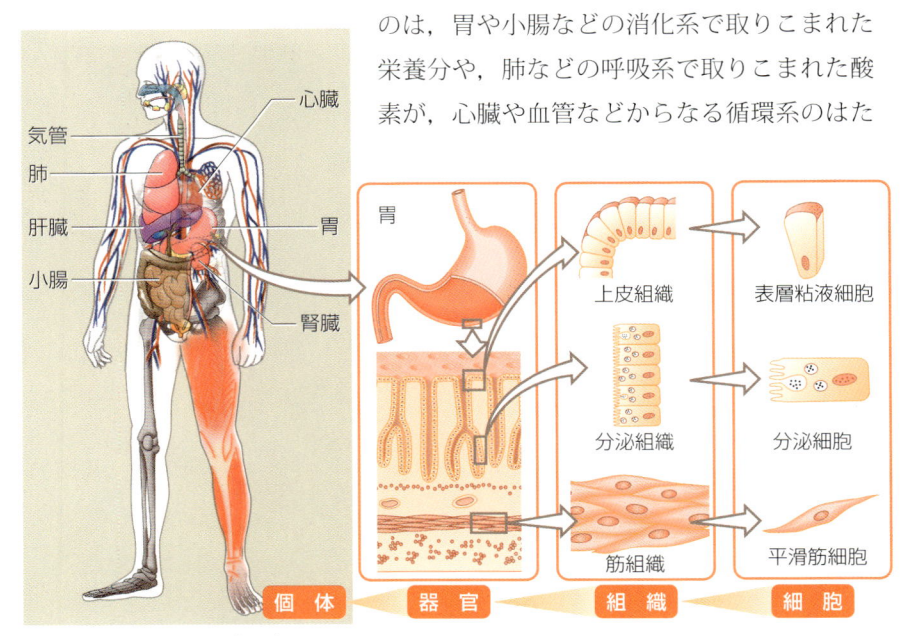

図1　動物のからだの成り立ち

らきによって全身の各細胞に供給されるためである。また，体内の細胞は体液に浸されており，細胞が安定して活動できるように体液の状態が一定の範囲内に保たれている。これは，肝臓や腎臓などのはたらきによって，体液の状態が調節されているためである。

B │ 細胞から元素へ

　一方，生物のからだを構成する細胞の中には，核やミトコンドリア，ゴルジ体などさまざまな**細胞小器官**が存在している。ミトコンドリアはリン脂質でできた2枚の膜からできており，その膜には呼吸にかかわるさまざまなタンパク質が埋めこまれている。さらに，タンパク質は，炭素(C)，水素(H)，酸素(O)，窒素(N)などの**元素**で構成されている(図2)。

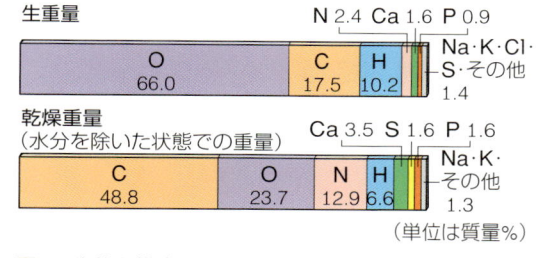

生重量
| O 66.0 | C 17.5 | H 10.2 | N 2.4 | Ca 1.6 | P 0.9 | Na·K·Cl·S·その他 1.4 |

乾燥重量(水分を除いた状態での重量)
| C 48.8 | O 23.7 | N 12.9 | H 6.6 | Ca 3.5 | S 1.6 | P 1.6 | Na·K·その他 1.3 |

(単位は質量%)

図2　生体を構成する元素の割合(ヒト)

　このように，生物のからだは，器官，組織，細胞，細胞小器官そして原子や分子というように，いくつかの階層に分けてとらえることができる(図1, 3)。

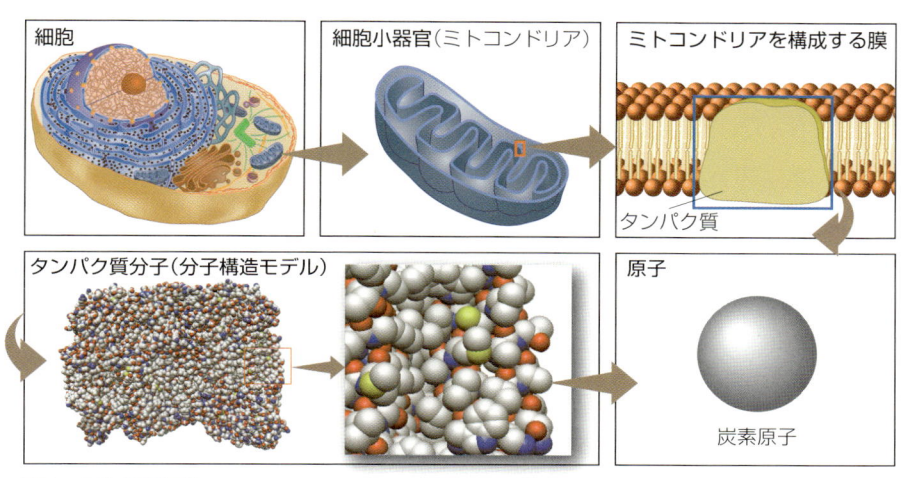

図3　生物の階層性

2 細胞を構成する物質

　細胞における生命活動は，細胞に含まれるさまざまな物質のはたらきによって営まれている。細胞を構成している物質は多くの生物で共通しており，水，有機物，無機塩類などがあるが，最も多く含まれているのは，水である（図4）。

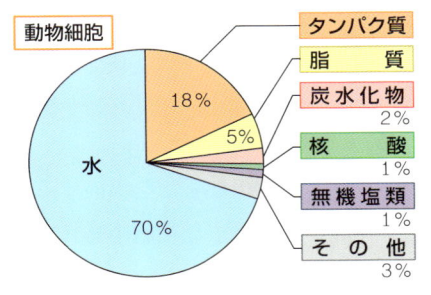

図4　細胞を構成する物質の割合

表1　細胞を構成する物質

物質		構成元素	特徴やはたらきなど
水		H, O	溶媒としてさまざまな物質を溶かし，物質の運搬や化学反応の場となる
有機物	炭水化物	C, H, O	単糖類，二糖類，多糖類がある。おもに生命活動のエネルギー源となる
	脂質	C, H, O, P	リン脂質や脂肪などがある。リン脂質は生体膜の成分に，脂肪はおもにエネルギー源となる
	タンパク質	C, H, O, N, S	アミノ酸が多数結合してできた高分子化合物。細胞に多く含まれ，酵素・抗体・ホルモンなどの成分ともなる
	核酸	C, H, O, N, P	塩基と糖にリン酸が結合したヌクレオチドが多数結合したもの。DNAとRNAがあり，DNAは遺伝子の本体で，RNAはタンパク質合成にはたらく
無機塩類		Na, K, Cl, Mgなど	多くは水に溶けてイオンとして存在し，体液濃度やpHの調節をしたり，生体物質の成分となる

A　水

　水（H_2O）は水素原子（H）と酸素原子（O）からなる分子である。図5のように，Hはいくらか正の電荷を，Oはいくらか負の電荷を帯びており，水分子は電気的に偏りのある極性分子になっている。そのため，
▶ p.265
分子間で互いのHとOが引き寄せ

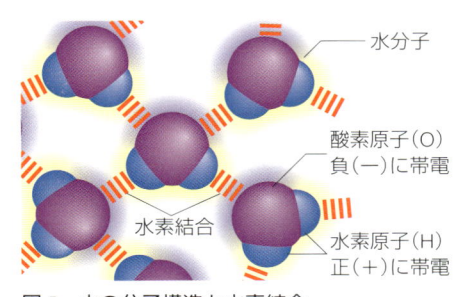

図5　水の分子構造と水素結合

合って、ゆるやかな結合(水素結合)をしている。

　水は、さまざまな物質を溶かす溶媒である。水分子は、同様に極性をもつ多くの有機物や金属イオンと水素結合をする。そのため、それらの物質が水によく溶ける。水のこのような特徴は、生命活動の本質が化学反応であるだけに、さまざまな物質どうしの反応を進める上で重要である。また、水には、凝集力が強い、比熱が高いなどの特徴もあり、植物の体内での水の上昇や、動物の体内の急激な温度変化をおさえるといったはたらきと関連している。

B ｜ 有機物

　細胞を構成する物質のうち、**炭水化物**、**脂質**、**タンパク質**、**核酸**は、いずれも炭素(C)、水素(H)、酸素(O)を含む有機物である。ほかに、窒素(N)、硫黄(S)、リン(P)などが含まれている(表1)。

　これらの有機物は、基本単位となる物質が多数結合してできており(図6)、すべての生物で共通している。基本単位は共通なので、従属栄養生物は他の生物を摂取し、基本単位となる物質まで消化(分解)してから吸収し、その後、細胞内で必要な有機物へと再合成している。

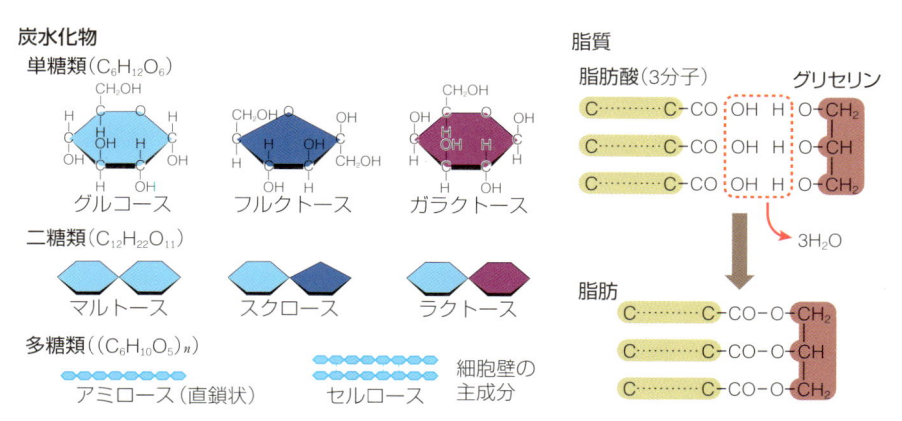

炭水化物
単糖類($C_6H_{12}O_6$)
グルコース　フルクトース　ガラクトース

二糖類($C_{12}H_{22}O_{11}$)
マルトース　スクロース　ラクトース

多糖類(($C_6H_{10}O_5)_n$)
アミロース(直鎖状)　セルロース　細胞壁の主成分

脂質
脂肪酸(3分子)　グリセリン

$3H_2O$

脂肪

図6　炭水化物・脂質の構造(タンパク質、核酸については、これ以降で詳しく学習する。)

C ｜ 無機塩類

　水や有機物のほかに、Na、K、Ca、Mg、Feなどを含む無機塩類がある。細胞内外には、無機塩類が水に溶けてイオンとして存在し、筋収縮などさまざまな生命活動にかかわったり、生体物質の構成成分として、重要な役割を担っている。

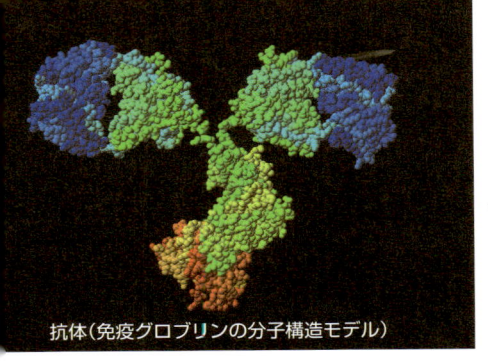

抗体（免疫グロブリンの分子構造モデル）

第2節 タンパク質の構造と性質

1 細胞の生命活動の担い手－タンパク質

　タンパク質は，生体に含まれる物質の中で最も種類が多く，生体の構造と機能のすべてにかかわっている。例えば，化学反応を促進する酵素❶や細胞膜で物質の出入りにかかわる輸送タンパク質，細胞の形や細胞小器官をささえる細胞骨格，免疫で異物の排除にはたらく抗体，特定の組織や器官のはたらきを調節するホルモンなど，細胞の生命活動はタンパク質のはたらきによるものである。また，生体ではたらくタンパク質には，複数のはたらきをもつものもある。

　これらのタンパク質はすべて，遺伝子の情報をもとにつくられている。ヒトの場合，遺伝子は約2万個ほどあると考えられているが，実際のタンパク質の種類は10万種類程度あると考えられている。つまり，1つの遺伝子の情報をもとに，数種類のタンパク質がつくられていることになる。

2 タンパク質の構造

　タンパク質は，多数のアミノ酸が鎖状につながった分子からなる。短いもので数十個，長いもので数千個のアミノ酸が結合している。タンパク質を構成するアミノ酸には，構造および化学的性質の異なるものが20種類あり，このアミノ酸の種類と数，および配列の順序によって，さまざまな立体構造をもつタンパク質ができる。

---

❶生体内で多種多様な化学反応がすみやかに進行しているのは，酵素が触媒としてはたらいているからである。酵素の本体はタンパク質で，それぞれ特有の立体構造をもち，はたらく相手の物質が酵素ごとに決まっている。したがって，酵素の種類は非常に多い。酵素のくわしい性質やはたらきについては第2巻で学習する。

A｜タンパク質の基本単位－アミノ酸

　アミノ酸は，炭素原子(C)に，**アミノ基**(-NH₂)と**カルボキシ基**(-COOH)，水素原子(H)が結合し，残りの1か所には，**側鎖**(図7中では-Rで示す)とよばれる分子群が結合している。側鎖には，水を引きつける性質(**親水性**)をもつものや反発する性質(**疎水性**)をもつもの，正や負の電荷をもつものなどさまざまな構造や化学的性質をもつものがある。この側鎖の違いによってアミノ酸の性質が決まる。つまり，タンパク質の形や性質は，どのようなアミノ酸がどれだけどのような順序で並んでいるかで決まる。

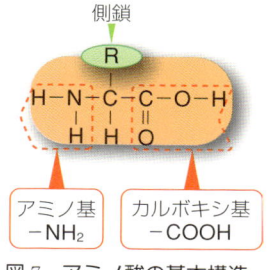

図7　アミノ酸の基本構造

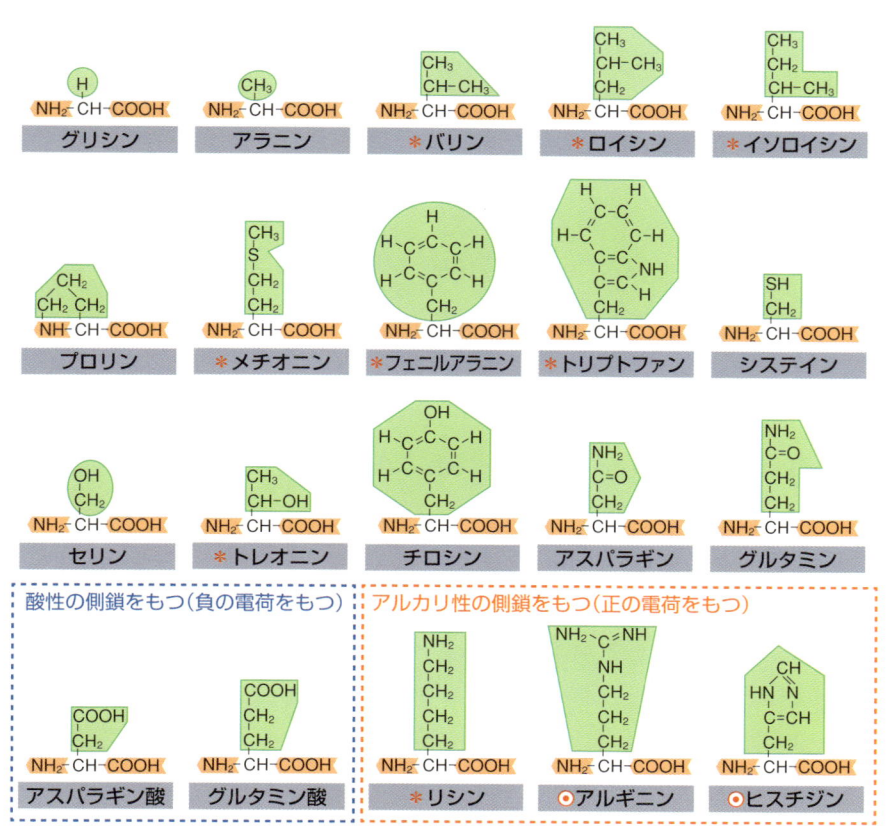

図8　20種類のアミノ酸　＊はヒトの必須アミノ酸，◉はヒトの成長期に追加される必須アミノ酸

（グリシン，アラニン，＊バリン，＊ロイシン，＊イソロイシン，プロリン，＊メチオニン，＊フェニルアラニン，＊トリプトファン，システイン，セリン，＊トレオニン，チロシン，アスパラギン，グルタミン，酸性の側鎖をもつ（負の電荷をもつ）：アスパラギン酸，グルタミン酸，アルカリ性の側鎖をもつ（正の電荷をもつ）：＊リシン，◉アルギニン，◉ヒスチジン）

I　細胞と分子

B | アミノ酸の結合

アミノ酸どうしは，一方のアミノ酸のカルボキシ基($-COOH$)と他方のアミノ酸のアミノ基($-NH_2$)から水(H_2O)1分子が取れて結合する。この C-N 間の結合を**ペプチド結合**という。タンパク質は，多数のアミノ酸がペプチド結合でつながったペプチド鎖(ポリペプチド)からなる分子である(図9)。このアミノ酸の配列を**一次構造**という。アミノ酸には，性質や構造の異なる側鎖が20種類あり，これら20種類のアミノ酸がどのように並ぶかによって，できるタンパク質の形や性質は大きく異なったものになる。

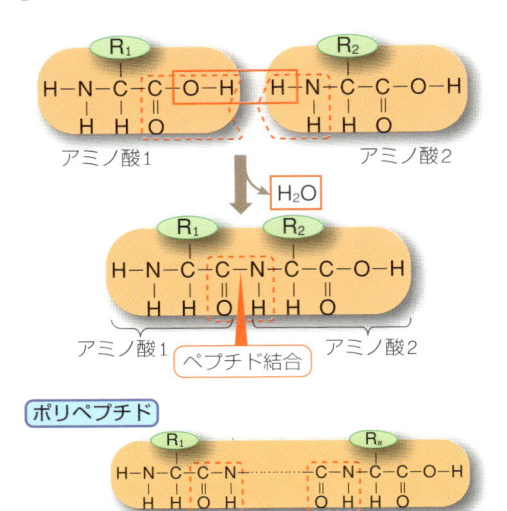

一次構造はタンパク質の基本構造で，この基本構造がタンパク質の立体構造に大きな影響を与えている。

図9 ペプチド結合とポリペプチド

C | ポリペプチド鎖の部分的な立体構造

ポリペプチド鎖には，アミノ酸の種類と並び方によって，部分的に特徴的な立体構造ができる。

例えば，側鎖が外側に向いた状態でらせん状の構造をとった**αヘリックス構造**(図10a)や，複数のポリペプチド鎖が平行に並び，となりどうしで水素結合してびょうぶ状に折れ曲がったシート状の構造をとった**βシート構造**(同図b)などがある。このような部分的な立体構造を**二次構造**という。

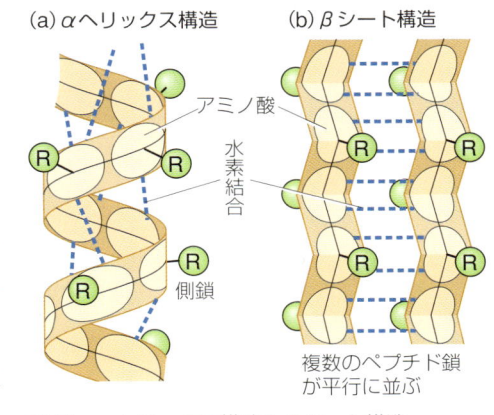

図10 αヘリックス構造とβシート構造

D │ タンパク質分子の立体構造

　ポリペプチド鎖は，部分的にαヘリックス構造やβシート構造という立体構造をもちながら，分子全体としては，複雑な立体構造をとる。このように立体的になったタンパク質全体の構造を**三次構造**という（図11a）。この立体構造によって，それぞれのタンパク質は特定の機能をもつことになる。

　タンパク質によっては，複数のポリペプチド鎖が組み合わさって，**四次構造**をつくるものがある。例えば，ヘモグロビンはα鎖とβ鎖の2種類のペプチド鎖が2本ずつ集まった構造をつくる（同図b）。

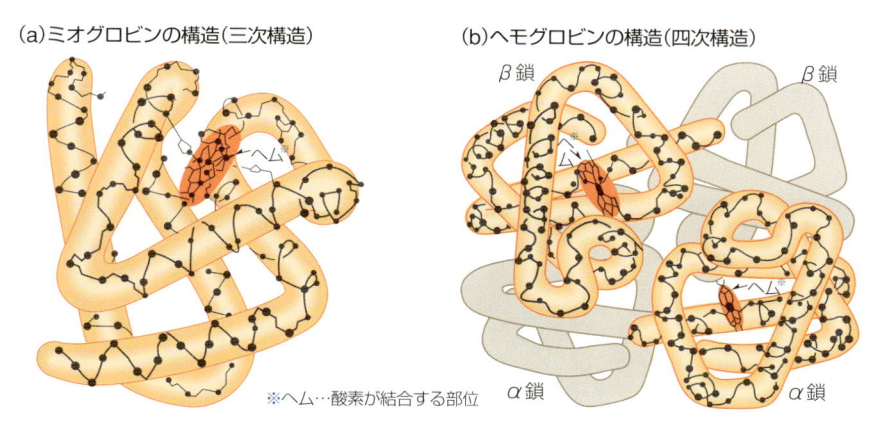

（a）ミオグロビンの構造（三次構造）　　（b）ヘモグロビンの構造（四次構造）

※ヘム…酸素が結合する部位

図11　タンパク質の三次構造と四次構造

参考　S-S結合

　アミノ酸には硫黄（S）を含むものがあり，その硫黄どうしが結合（**S-S結合**）してペプチド鎖の中やペプチド鎖の間を橋渡しする場合がある。この結合は，タンパク質が固有の構造をとるのに重要な役割をしている。図Ⅰは，インスリン（すい臓から分泌されるホルモンの1つ）の構造で，アミノ酸21個のA鎖と30個のB鎖とからなり，A鎖の中で1か所，A鎖とB鎖の間で2か所，S-S結合でつながっている。

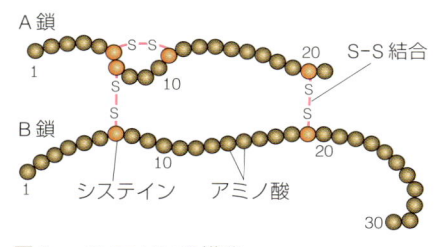

図Ⅰ　インスリンの構造

3 タンパク質の立体構造と機能

A 立体構造と機能

タンパク質の立体構造は，その機能と密接な関係をもっている。

例えば，ヒトの涙や鼻水の中に含まれているリゾチームという酵素は，細菌の細胞壁にある多糖類の結合を切断して，細菌を殺してしまうはたらきをもっている。リゾチームは129個のアミノ酸で構成されているが，一次構造では離れている35番目のグルタミン酸と52番目のアスパラギン酸は，三次構造をとることによって，くぼみの上下に位置するようになる(図12)。このくぼみには，細菌の細胞壁の多糖類だけが結合する。このくぼみのグルタミン酸とアスパラギン酸の間に多糖類がはさみこまれると，多糖類を構成する糖と糖の間の結合が切断される。

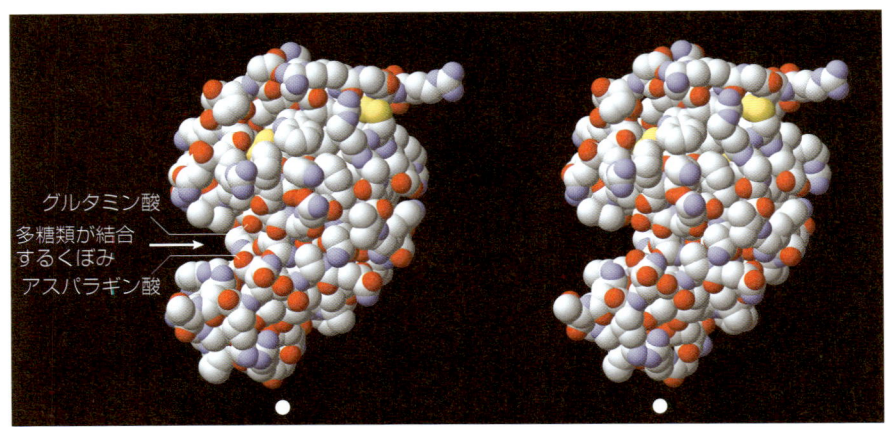

図12 **リゾチームの構造**(立体構造モデル)　左図を左眼で，右図を右眼でそれぞれ見て，見えた像を一致させると，立体的に見える。

タンパク質には，他の物質と結合できる特定の部位をもつものがあり，その部位に結合できる物質は決まっている。このような特異性は，化学反応を触媒する酵素だけでなく，膜での物質輸送にかかわる輸送タンパク質や，情報伝達にはたらく受容体タンパク質，抗体(免疫グロブリンとよばれるタンパク質)などにも見られる。このようなタンパク質に見られる特異性は，タンパク質の立体構造に密接にかかわっている機能の1つである。

B タンパク質の変性

　タンパク質は特定の立体構造をもつことによってその機能を発揮することができるので，タンパク質のはたらきは，温度やpHなどの分子の立体構造を変化させる条件に大きく影響を受ける。タンパク質分子の立体構造が何らかの要因で変わると，その性質や機能も変化することが多い。

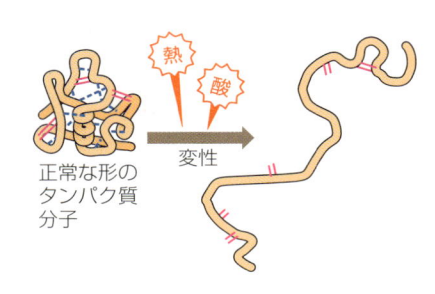

図13　タンパク質の変性

　例えば，60℃以上の高温や極端なpH，ある種の重金属の存在などによってタンパク質の立体構造が変化すると，性質や機能も変化する。これをタンパク質の**変性**という。

　また，変性によって機能をもったタンパク質はそのはたらき（活性）を失う。これを**失活**という（図13）。

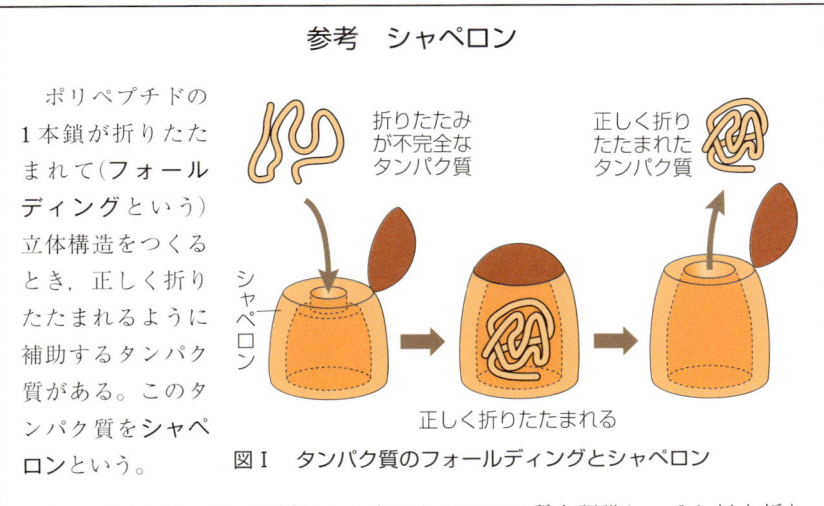

参考　シャペロン

　ポリペプチドの1本鎖が折りたたまれて（**フォールディング**という）立体構造をつくるとき，正しく折りたたまれるように補助するタンパク質がある。このタンパク質を**シャペロン**という。

図I　タンパク質のフォールディングとシャペロン

　シャペロンは，誤って折りたたまれたタンパク質を認識し，それ以上折りたたまれないようにしたり，秩序正しい折りたたみが再開できるようにはたらいている。さらに，折りたたみが不安定なものや，熱で変性したタンパク質を再度折りたたみ，正常にはたらくようにするはたらきももっている。

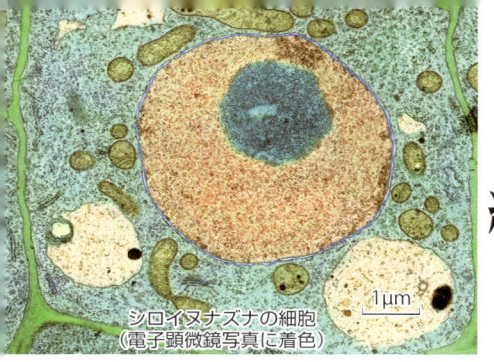

シロイヌナズナの細胞
（電子顕微鏡写真に着色）
1μm

第3節 細胞の構造とはたらき

1 生物の基本単位－細胞

　すべての生物は細胞からできており，その基本的な構造は共通している。細胞は，遺伝情報を担う物質であるDNAや生命活動に必要な酵素などさまざまな物質が，細胞膜によって包まれた構造をしている。細胞膜は，細胞内外を仕切り，そこに組みこまれたタンパク質で，物質の出入りの調節を行っている。また，細胞は自己複製を行う。
　細胞にはこのような共通性が存在し，大きくは**原核細胞**と**真核細胞**に分けられる。

2 真核細胞の概要

　動物や植物のからだを構成している細胞の構造は基本的に共通で，大きくは**核**と**細胞質**に分けられる。細胞質の最外層には細胞膜があり，動物細胞で

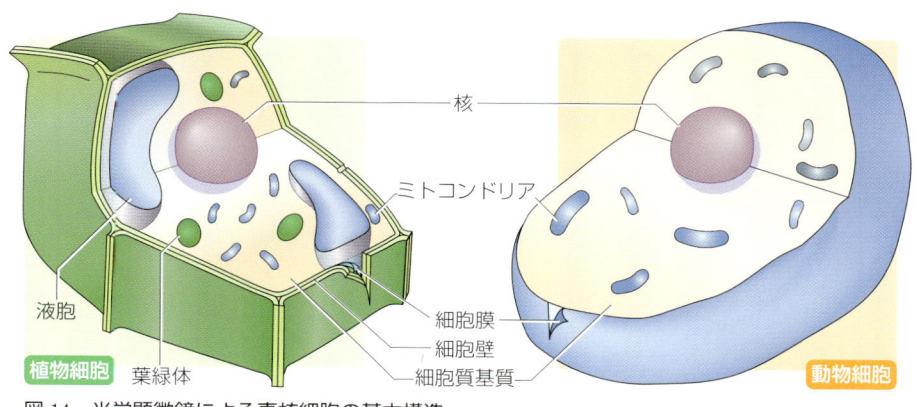

核
ミトコンドリア
液胞
細胞膜
細胞壁
細胞質基質
葉緑体
植物細胞
動物細胞

図14　光学顕微鏡による真核細胞の基本構造

は，細胞膜によって外界と接することになる。一方，植物細胞では，細胞膜の外側に**細胞壁**がある。また，細胞内部には，核をはじめとするさまざまな構造体(**細胞小器官**)が見られる。このような細胞を**真核細胞**といい(図14，15)，からだが真核細胞からなる生物を**真核生物**という。

❶ **核**　真核細胞には，ふつう，1個の核がある。2枚の膜からなる**核膜**❶で包まれ，核の内部には，オルセインやカーミンなどの色素でよく染まる**染色体**がある。染色体のおもな成分は DNA とタンパク質である。❷

❷ **細胞質**　細胞の核以外の部分を**細胞質**といい，ミトコンドリアや葉緑体などの細胞小器官の間を流動性に富んだ基質(**細胞質基質**)が満たしている。❸細胞質基質には，酵素をはじめとするタンパク質やアミノ酸，グルコース(ブドウ糖)などが含まれ，さまざまな生命活動が営まれている。

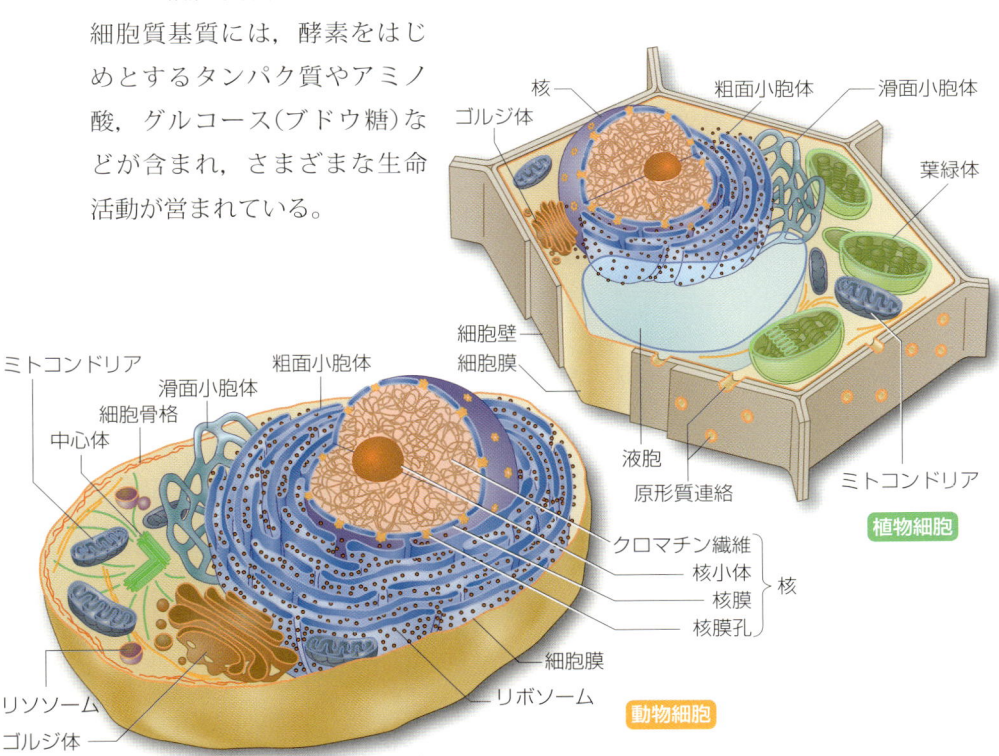

図15　電子顕微鏡による真核細胞の基本構造

❶核膜など細胞小器官の膜や細胞膜を**生体膜**といい，基本構造は同じである(▶ p.38)。
❷真核細胞の染色体を構成する DNA は，ヒストンとよばれるタンパク質に巻きついて，クロマチン繊維とよばれる構造をつくっている(▶ p.124)。
❸生きた細胞では，細胞小器官が流れるように動く**細胞質流動**(原形質流動)が見られる(▶ p.50)。

3 真核細胞の構造とそのはたらき

真核細胞には，核をはじめとしてさまざまな細胞小器官や構造物が見られる。これらが互いに関連してはたらくことで，さまざまな生命活動が営まれている。

A 遺伝情報からタンパク質をつくる－核・リボソーム・小胞体

核は2枚の膜からなる**核膜**でできた構造体で，内部にはDNAがヒストンとよばれるタンパク質に巻きついた状態の**クロマチン繊維**と，1～数個の**核小体**がある。核膜には多数の**核膜孔**とよばれる小さな穴があり，DNAの遺伝情報が核内で転写されてmRNAが合成されると，mRNAはその核膜孔を通って細胞質にある**リボソーム**へと移動する❶。リボソームでは，mRNAに転写された遺伝情報がタンパク質へと翻訳される。
▶p.80
▶p.83

核のまわりを取り巻くように存在する膜状の構造は**小胞体**とよばれ，核膜の外側の膜と直接つながっている。小胞体は，リボソーム上で合成されたタンパク質などの物質の輸送にかかわっており，リボソームが多数付着している**粗面小胞体**と付着していない**滑面小胞体**がある。

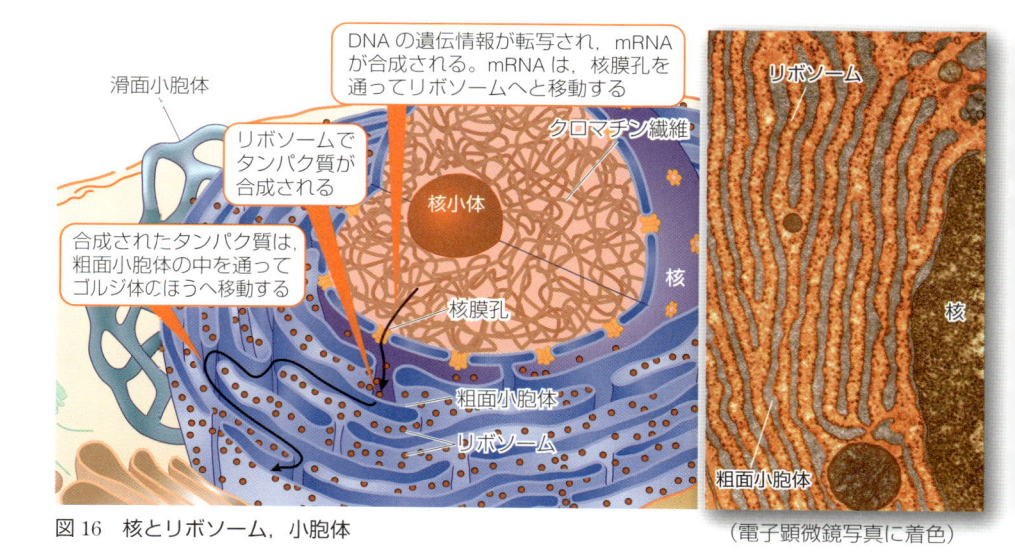

図16 核とリボソーム，小胞体　　　　　　　　　　　　　（電子顕微鏡写真に着色）

❶リボソームは，rRNA（リボソームRNA）とタンパク質からなっており，膜構造をもたない（▶p.83）。

B 物質を分泌する・分解する－ゴルジ体・リソソーム

1枚の膜からなる**ゴルジ体**は，リボソームで合成されたタンパク質を小胞体から受け取って濃縮し，小胞に包んで細胞外へと運びやすい形にする。ゴルジ体は，粘液やホルモン，酵素などを分泌する細胞でよく発達している。

細胞内で生じた不要なものは，ゴルジ体でつくられた分解酵素を含む小胞といっしょになって，**リソソーム**が形成される。不要物は，リソソームの内部で分解される。

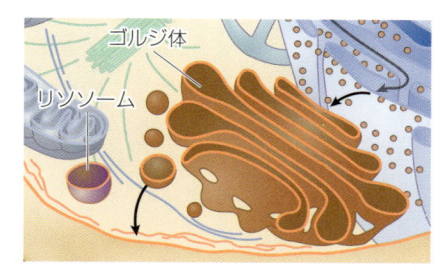

図17　ゴルジ体とリソソーム

談話室　カサノリの接ぎ木実験と核のはたらき

カサノリは，単細胞であるが丈は数 cm にもなる緑藻類のなかまで，仮根部に核があり，種類によって特有の形をしたかさをつける。かつて，カサノリを用いた次のような実験から，核が細胞の形態の決定に重要なはたらきをしていると考えられた。しかし，核の中に遺伝情報があり，それがもとになって形質が発現するしくみが明らかになっている現代では，かさの形が核からの情報にしたがうのは当然のことと考えられる。

◆ **カサノリの接ぎ木実験**　かさの形が異なるカサノリのA種とB種を用いて，図Ⅰのように，A種の仮根にB種の柄を接ぎ木し，B種の仮根にA種の柄を接ぎ木すると，はじめは柄と同じ種類のかさか両種の中間形のかさができる。しかし，それを切り取ると，それ以降は，核のある仮根と同じ種類のかさが形成される。

これは，かさの形の情報が核の中のDNAにあって，それをもとに合成されたmRNAが柄の中に残っているうちはもとの種類または中間形のかさが形成されるが，それがなくなって，仮根の核で新たに合成されたmRNAだけになると，仮根と同じ種類のかさが形成されるためと考えられる。

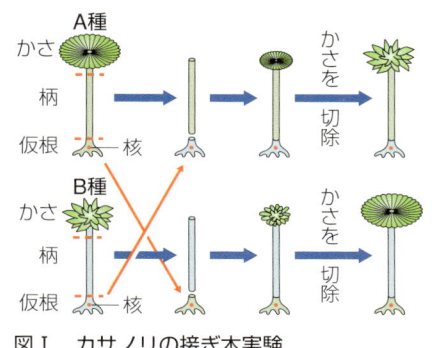

図Ⅰ　カサノリの接ぎ木実験

C｜エネルギーを供給する―ミトコンドリア・葉緑体

細胞の活動に必要なエネルギーは，おもにミトコンドリアでの有機物の分解によって合成されるATPとして供給される。ミトコンドリアは，内外2枚の膜からなり，内側の膜は内部に突き出している（図18）。この内側の膜にATPの合成にはたらく重要なしくみが存在する。ミトコンドリアは，多量のエネルギーが必要な筋細胞などで多く見られる。

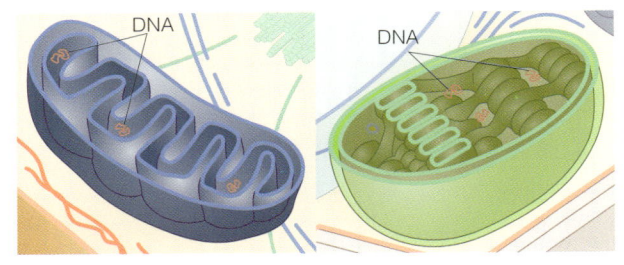

図18　ミトコンドリア　　図19　葉緑体

植物細胞では，光エネルギーを用いて有機物を生産する光合成の場となる葉緑体が見られる。内外2枚の膜でできており，内部には扁平な袋状構造をもっている（図19）。

ミトコンドリアと葉緑体には，内外2枚の膜構造をもつ，核とは別のDNAをもつ，ATPの合成が行われる，細胞内で分裂によって増えるなど共通の特徴が多い。❶

図20　**ATPとADP**　ATPはリン酸どうしの結合に高いエネルギーを蓄えており，これが切れるときに放出されるエネルギーがさまざまな生命活動に利用される。

D｜形をつくる・動く―中心体・細胞骨格

動物細胞では，細胞分裂時に紡錘体形成の起点となる中心体が見られる。
▶p.52
中心体は，1対の中心小体（微小管とよばれるタンパク質の管が3本1組と
▶p.48
なったものが9組，環状に並んだ構造物）からなり（図21），鞭毛や繊毛の形

---

❶ミトコンドリアや葉緑体は，好気性細菌やシアノバクテリアなどの原核生物が原始的な真核生物に取りこまれて共生することでできたと考えられている（▶p.188）。このとき，真核生物の細胞膜で外側が覆われた状態で取りこまれたため，真核生物由来の外膜，原核生物由来の内膜の内外2枚の膜をもつようになったと考えられている。

成にも関与する。植物細胞では，藻類やコケ・シダ植物の精子をつくる細胞など一部にしか見られない。

　細胞小器官の間には，アミノ酸や糖などの物質や酵素などを含む**細胞質基質**が満たされているだけではなく，タンパク質でできた繊維状の構造で，細胞の形や細胞内の構造を支えている**細胞骨格**が存在する。細胞骨格は，植物細胞などで細胞小器官が流れるように動いて見える**細胞質流動**や，白血球や単細胞生物のアメーバなどで見られる細胞の外形が変形して移動する**アメーバ運動**にもかかわっている。
▶ p.48
▶ p.51

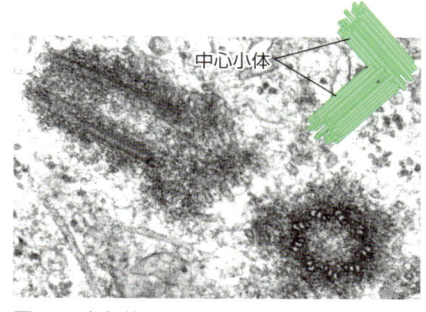

図21　中心体

E ｜ 仕切る・通す－細胞膜

　細胞質の最外層には**細胞膜**があり，物質の出入りを調節したり，細胞外からの刺激を受容して細胞内へ情報を伝達するはたらきをしている。
▶ p.40
▶ p.45

F ｜ 植物細胞で見られる－細胞壁・液胞

　動物細胞では細胞膜が細胞内外を隔てているが，植物細胞では細胞膜の外側に**細胞壁**が存在する。細胞壁は多糖類のセルロースにペクチンなどが組み合わさってじょうぶな構造をつくっており，細胞を保護し，形を保持する役割をしている。植物細胞どうしは細胞壁で接しており，**原形質連絡**という孔でとなりの細胞とつながっている（図22）。

　液胞は1枚の膜でできており，内部は細胞の代謝産物や老廃物などを含む細胞液で満たされている。アントシアンなどの色素を含むものもある（図23）。成長した植物細胞で特に発達している。

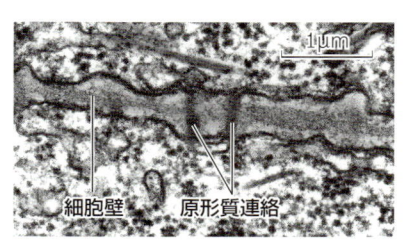

図22　細胞壁と原形質連絡

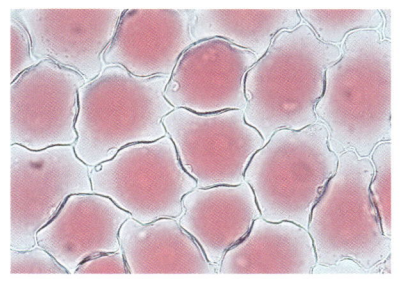

図23　液胞にアントシアニンを含む細胞

観察&実験　いろいろな細胞の観察

　タマネギなどいろいろな細胞を観察し，その形や大きさ，内部の構造を調べてみよう。

準備　タマネギ，オオカナダモの葉，検鏡セット，接眼ミクロメーター❶，かみそりの刃，酢酸オルセイン液❷

方法　① タマネギのりん葉の内側にかみそりの刃で約5mm角の切り込みを入れ，ピンセットで表皮をはぎ取る。はぎ取った小片はスライドガラスの上にのせる。
② 水を1滴落とし，カバーガラスをかけてプレパラートを作製する。水のかわりに酢酸オルセイン液を1滴落とし，カバーガラスをかけたプレパラートも作製する。
③ 酢酸オルセイン液で染色した細胞を顕微鏡で観察し，スケッチする。また，ミクロメーターを用いて細胞の大きさを測定する。
④ 水を用いて作製したプレパラートを観察し，酢酸オルセイン液で染色したときとの違いを調べる。
⑤ オオカナダモの葉を1枚ちぎり取り，②と同様の方法でプレパラートを作製して観察する。

考察　① 酢酸オルセイン液で染色された構造はあったか。それは何か。
② 細胞の大きさは，どれくらいか。
③ 生きた細胞を観察した場合，酢酸オルセイン液で固定・染色した場合とどのような違いが見られたか。
④ 観察した材料により異なる構造はあったか。それは何か。

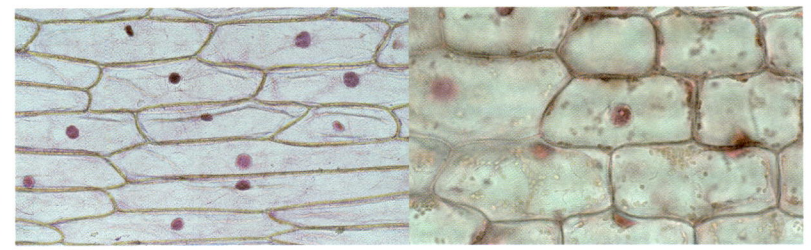

図Ⅰ　酢酸オルセイン液で染色した細胞(タマネギ(左)，オオカナダモ(右))

❶あらかじめ1目盛りの長さを求めておく。
❷酢酸は，細胞の構造が変化しないように保存するはたらき(これを**固定**という)をもち，オルセインは，核や染色体を染色して観察しやすくする役割をもっている。

参考　細胞分画法

細胞小器官は非常に小さいため，そのはたらきを調べるためには同じものを多量に集める必要がある。細胞小器官を多量に集めるために，細胞を破砕したものに強い遠心力をかけ，大きさや密度の違いによって細胞小器官を分ける方法を**細胞分画法**という。

細胞分画法では，まず，細胞を破砕し[❶]，次に，破砕液をガーゼなどでこして遠心分離機にかける。遠心分離機にかけると，遠心力によって細胞中の成分が沈殿し，上澄み液と沈殿物に分離する。分離した上澄み液を，遠心力と遠心時間を増やしてさらに遠心分離を行う。このように，段階的に遠心力と遠心時間を増やして遠心分離をくり返すことによって，目的の細胞小器官を集めることができる（図Ⅱ）。

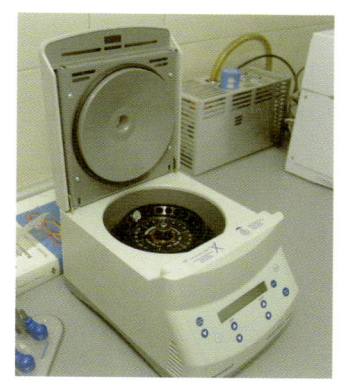

図Ⅰ　遠心分離機

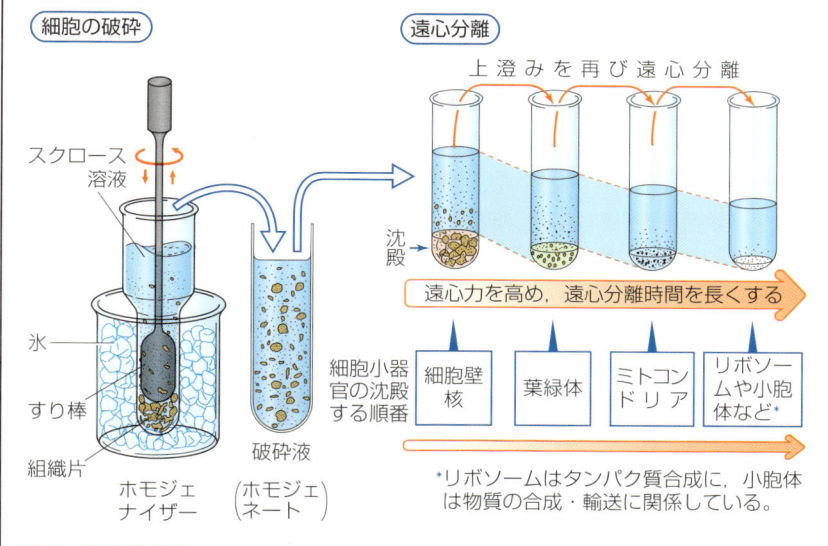

細胞小器官の沈殿する順番：細胞壁・核 → 葉緑体 → ミトコンドリア → リボソームや小胞体など＊

＊リボソームはタンパク質合成に，小胞体は物質の合成・輸送に関係している。

図Ⅱ　細胞分画法

❶細胞を破砕するときには，細胞小器官を取り出した後でもその機能を失わないように，スクロース溶液などの等張液（細胞を浸しても水の出入りの起こらない液）中で行う。これは，細胞小器官の膜が破裂して壊れるのを防ぐためである。

4 原核細胞

大腸菌やシアノバクテリア（ユレモやネンジュモ）など細菌の細胞は，真核細胞とは異なり，DNAはもつが，そのDNAは核膜によって囲まれていない。また，ミトコンドリアや葉緑体などの細胞小器官も見られない（表2）。このような細胞を**原核細胞**といい，原核細胞からなる生物を**原核生物**という。また，原核生物は，**細菌（バクテリア）**と**古細菌（アーキア）**に分けられる。原核生物は，地球上に真核生物が現れる前から存在している。原核生物は，たいてい真核生物の細胞より小さい。原核細胞は，真核細胞と異なる点が多いが，遺伝子の本体であるDNAをもつ点，細胞膜によって外界と隔てられている点は共通である。

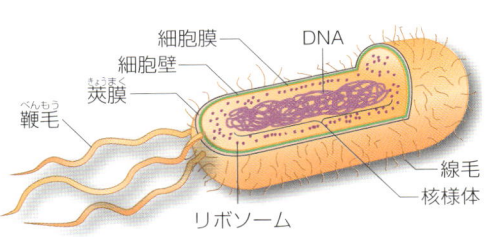

▶ p.234
▶ p.186

図24 原核細胞の構造 ❶

表2 原核細胞と真核細胞の比較

細胞 構造体	原核細胞	真核細胞	
		動物	植物
DNA	+	+	+
細胞膜	+	+	+
細胞壁	+	−	+
核（核膜）	−	+	+
ミトコンドリア	−	+	+
葉緑体	−	−	+

原核生物は細胞小器官をもたないが，シアノバクテリアのように光合成を行うものもある（図25）。

次ページのような観察＆実験を行い，原核生物を観察してみよう。

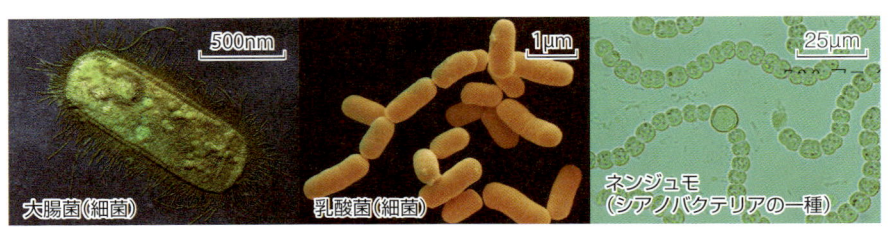

図25 いろいろな原核生物（左の2つは電子顕微鏡写真に着色）

❶細菌の細胞壁は**ペプチドグリカン**とよばれる物質でできている。ペニシリンとよばれる物質は，この物質の結合を阻害するため，多くの細菌を殺すことができる。

観察＆実験　原核生物の観察

乳酸菌などの原核細胞と，パン酵母などの真核細胞の観察を行い，その違いを調べてみよう。

準備　乳酸菌飲料，パン酵母（ドライイースト），浅漬けの漬物の汁，メチレンブルー液，検鏡セット，接眼ミクロメーター❶

方法　① 乳酸菌飲料を1滴とってスライドガラスにのせる。
② ①にメチレンブルー液を1滴加えてカバーガラスをかけて検鏡する。
③ 細胞が観察できる場所を選んでスケッチし，接眼ミクロメーターを用いてそれぞれの細胞の大きさを記録する。
④ ①～③と同様の手順で，水に溶かしたドライイーストについても同様に観察する。

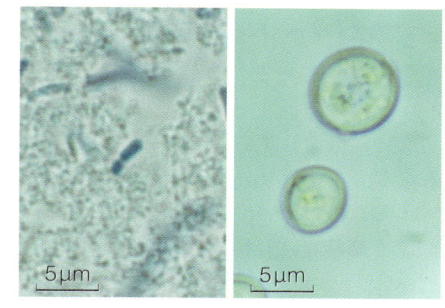

図Ⅰ　乳酸菌（左）とパン酵母（右）

⑤ 浅漬けの漬物からしみ出した汁を1滴とって，スライドガラスにのせ，カバーガラスをかけて検鏡し，接眼ミクロメーターを用いて細胞の大きさを記録する。

考察　① それぞれの細胞の大きさを比較すると，どのような違いが見られたか。
② 漬物の汁の中には，どのような種類の細胞が観察できたか。

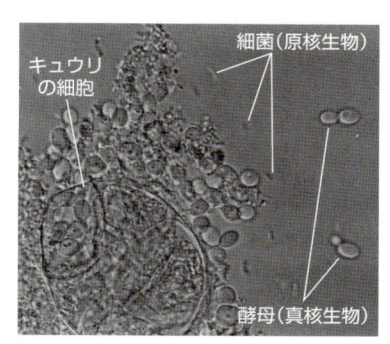

図Ⅱ　漬物中の原核生物と真核生物

③ p.32の観察＆実験で観察した真核細胞と比較して，その違いをまとめてみよう。

発展　細胞を球形としたとき，長さをもとに，表面積や体積がどれくらい違うかを計算してみよう。

表面積 $= 4\pi r^2$，体積 $= \dfrac{4}{3}\pi r^3$　（ただし，r を球の半径とする）

❶あらかじめ1目盛りの長さを求めておく。

Column 細胞の発見と顕微鏡の発達

すべての生物は細胞からできており、その基本構造は共通している。これは、顕微鏡の発明によって細胞が発見され、さらに顕微鏡の発達によって細胞の内部構造が解明されてきたことでわかってきた。

1. 細胞の発見と細胞説

顕微鏡ではじめて細胞の観察を行ったのは、イギリスの物理学者**ロバート フック**である。彼は自作の顕微鏡を用いてコルクの小片を観察した。その結果、薄く切ったコルクが小さな部屋からできていることを発見し、この小部屋を**細胞**(cell)と名づけた(1665年)。フックが観察したのは、はたらきを失った植物細胞の細胞壁であったが、細胞という言葉は使われるようになった。

図I フックの顕微鏡とコルクのスケッチ

19世紀に入るとレンズが改良され、細胞の観察に広く顕微鏡が使われるようになっていった。植物の発生を研究していたドイツの**シュライデン**は、植物のからだは細胞からできているとし(1838年)、カエルの発生を調べていたドイツの**シュワン**は、動物のからだも細胞でできているとして、『細胞は生命の最小単位である』という細胞説を提唱した(1839年)。

図II シュライデン

19世紀にはさらに、顕微鏡を用いた研究によって、『細胞は細胞の分裂によって生じる』こともわかってきた。細胞は細胞から生じるという考えは、長い地球上の歴史の中で生命が連綿と続いてきたことにつながるものでもある。

図III シュワン

2. 細胞の研究と顕微鏡の発達

細胞の研究は、顕微鏡の発達と密接に関係している。可視光線を用いる光学顕微鏡の分解能は、およそ0.2μmであり、細胞内の比較的大きな構造体は観察することができるが、微細な構造体を像として見分けることはできない。

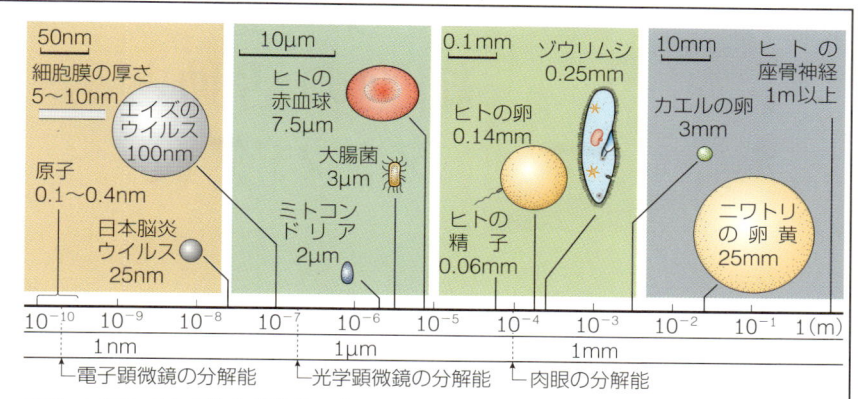

図Ⅳ　いろいろな細胞や構造体の大きさ

50nm／細胞膜の厚さ 5〜10nm／エイズのウイルス 100nm／原子 0.1〜0.4nm／日本脳炎ウイルス 25nm／10μm／ヒトの赤血球 7.5μm／大腸菌 3μm／ミトコンドリア 2μm／0.1mm／ゾウリムシ 0.25mm／ヒトの卵 0.14mm／ヒトの精子 0.06mm／10mm／カエルの卵 3mm／ヒトの座骨神経 1m以上／ニワトリの卵黄 25mm

10^{-10}　10^{-9}　10^{-8}　10^{-7}　10^{-6}　10^{-5}　10^{-4}　10^{-3}　10^{-2}　10^{-1}　1(m)

1nm　　　　　1μm　　　　　1mm

電子顕微鏡の分解能　　光学顕微鏡の分解能　　肉眼の分解能

1932年，ドイツのルスカによって，電子線を用いた電子顕微鏡が発明された。現在では，分解能は飛躍的に高くなり，電子顕微鏡によっては，0.1〜0.2nmのものまで見分けることができる。電子顕微鏡には**透過型電子顕微鏡**と**走査型電子顕微鏡**がある。

透過型電子顕微鏡は，非常に薄い試料を透過してくる電子線を像として観察するものである。走査型電子顕微鏡は，特殊な処理をした試料の表面に電子線を当て，反射してくる電子を像にするもので，試料の表面の立体像を得ることができる。これらの顕微鏡の発達により，細胞の微細構造がしだいに明らかにされ，細胞の研究は大きな発展をとげた。

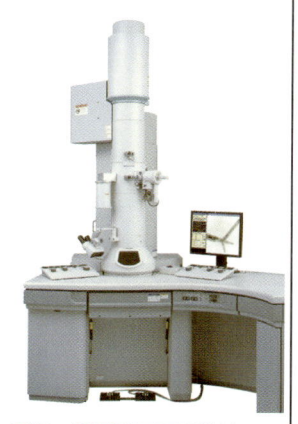

図Ⅴ　透過型電子顕微鏡

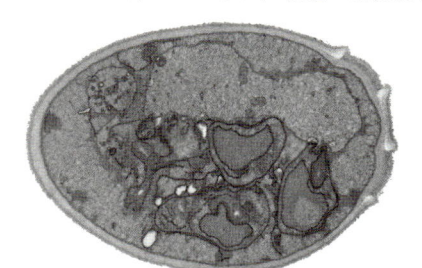

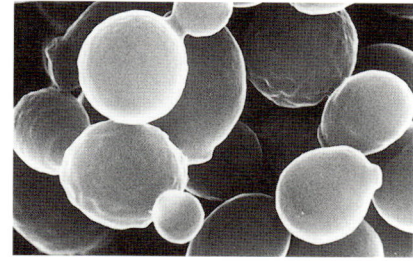

図Ⅵ　酵母の透過型電子顕微鏡像（左）と走査型電子顕微鏡像（右）
透過型電子顕微鏡は，試料を薄い切片にする必要があるが，内部構造などが確認できる。一方，走査型電子顕微鏡は試料表面に特殊な処理を行うが，切片は作製しないため，試料の表面の立体像を得ることができる。

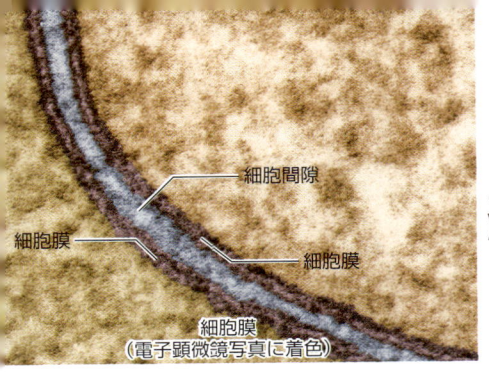

第4節 細胞の活動とタンパク質

1 生体膜

　真核細胞では，細胞膜や膜構造をもつ細胞小器官がよく発達している。これらの膜は基本的に同じ構造をしており，これを**生体膜**という。

A 生体膜の基本構造

　生体膜はリン脂質の二重層からできており，さまざまなタンパク質が配置されている（図26）。

　リン脂質分子には，水になじみやすい親水性の部分と水になじみにくい疎水性の部分がある。リン脂質分子は，疎水性の部分どうし

図26　生体膜の基本構造

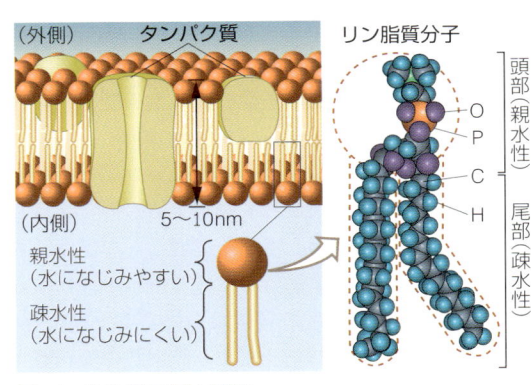

を内側に向け，親水性の部分を外側に向けるようにして，2層に並んで安定した構造をとっている。細胞は，このリン脂質の二重層からできている生体膜によって細胞の内部を外部から隔てるとともに，細胞内にも小胞体やゴルジ体など細胞質基質から隔てられた空間を保持することができる。

　2層に並んだリン脂質分子は固定されておらず，流動的に動くので，膜の形状は柔軟に変化する。脂質二重層に含まれるタンパク質は，膜の上を比較的自由に動くことができる。このモデルを**流動モザイクモデル**という。

B 膜タンパク質の役割

　生体膜のタンパク質は，その形状に応じた役割を担っている。例えば細胞

膜では，膜を貫通するタンパク質には，物質の出入りを行うもの，ホルモンなどの情報を受け取るもの，他の細胞と接着するものなどがある（図27 ①）。膜の外側にある糖鎖は，細胞の標識になるものもある（同図②）。膜の内側で細胞骨格と結合するものは，膜の形を維持するのに役立っている（同図③）。このような膜におけるタンパク質の形と役割は，他の細胞小器官の膜でも同様である。

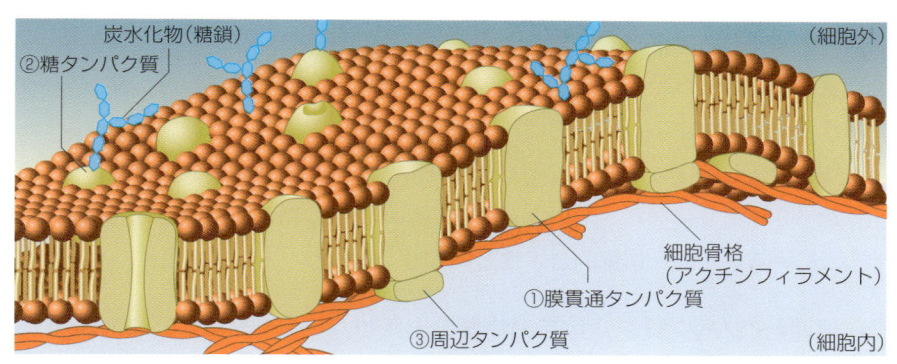

▶ p.56

図27　細胞膜の構造

2 生体膜と物質の出入り

細胞や細胞小器官では，膜を介しての物質の出入りが行われている。これは，どのようなしくみによるものなのだろうか。

A 物質移動の原則

例えば，静置した水にインクを静かに入れると，集まっていたインクの粒子は，時間とともに水の中に広がっていく。これは，どんな物質の分子でも自由に運動しており，濃度が均一になるよう分散するためである。この現象を**拡散**という（図28）。

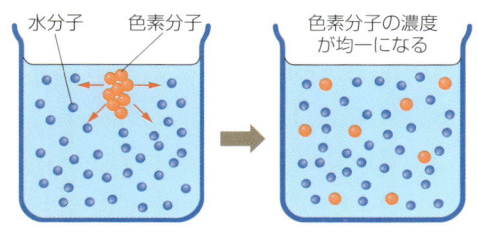

図28　拡散

このように，物質は濃度差，つまり**濃度勾配**にしたがって，濃度の高い側から低い側へと移動する性質がある。従って，濃度差に逆らって物質を移動させる場合には，エネルギーが必要となる。

B　選択的透過性

　生体膜を介しての物質の移動も，基本的には濃度勾配と拡散のはたらきによるものである。しかし，生体膜を通過できるのは，酸素や二酸化炭素など非常に小さな分子や，疎水性の分子などである。水分子やアミノ酸・糖などのように極性のある物質や，イオンのように荷電した物質は生体膜を通過しにくい。▶p.265 これらの物質は，膜を貫通して存在する**輸送タンパク質**によって，膜を通過することができる。

　タンパク質には特異性があるので，どの物質が通過できるかは，輸送タンパク質の構造による。各細胞は，その細胞に必要な物質を通過させるタンパク質を合成し，膜に配置している。それによって，細胞に必要な物質の出入りができるようになる。このように，細胞は特定の物質を透過させる性質をもっている。これを**選択的透過性**という。

C　膜タンパク質を介しての物質の出入り

　生体膜を介して物質が移動する場合，膜に配置された輸送タンパク質を通過するが，輸送タンパク質には，**チャネル**，**担体**，**ポンプ**などのはたらきがある。

❶ チャネル　チャネルは門(ゲート)のついた管のようなもので，イオンのように小さいが電荷をもった物質の通路になっている。刺激を受けると，チャネルのタンパク質の分子構造が変化して，門が開く。すると，膜の内外の濃度勾配にしたがって，特定のイオンがチャネルの中を通過して，膜の反対側へと移動する。

　例えば，筋細胞にある筋小胞体内にはカルシウムイオン(Ca^{2+})が蓄えられているが，筋細胞に刺激が与えられると，筋小胞体にあるカルシウムイオンチャネルが開き，筋細胞質に Ca^{2+} が放出される(図29)。これが引き金となって，筋収縮が起こる。

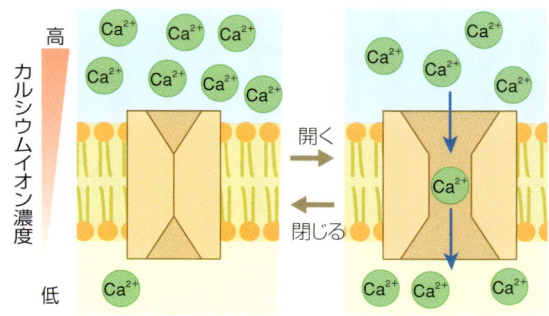

図29　チャネルによる物質輸送(イオンチャネル)

　水分子の場合，アクアポリンという特別なチャネルが存在する。
▶p.42

❷ **担体** 担体（運搬体タンパク質）は，アミノ酸や糖など比較的低分子の極性物質を運搬する。担体が運搬する分子と結合すると，担体の立体構造が変化して，膜の反対側へと物質を運ぶ。担体に結合する物質は，担体ごとに決まっている。この場合も，物質が移動する原動力は，物質の膜の内外での濃度勾配などである。

代表的な担体は，細胞膜にあるグルコースの輸送体である。生命活動のエネルギー源となるグルコースは，細胞内ですぐに分解されるので，細胞外濃度＞細胞内濃度という濃度勾配が常に存在する。グルコースはこの濃度勾配にしたがい，担体によって細胞内へ運ばれる❶（図30）。

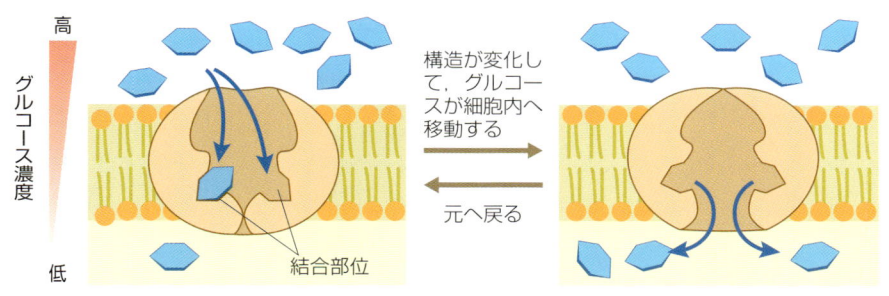

図30 担体による物質輸送

チャネルや担体による物質の移動は，濃度勾配にしたがった拡散によるものである。これらの輸送を**受動輸送**という。これらの輸送タンパク質によって，物質が膜を通過する速度は著しく上昇する。

❸ **ポンプ** チャネルや担体は，濃度勾配にしたがって物質を輸送するが，ポンプは濃度勾配に逆らって物質を輸送する。このような輸送はエネルギーを必要とする輸送で，**能動輸送**といい，その原動力は ATP のエネルギーである。

例えば，細胞内外ではナトリウムイオン（Na^+）とカリウムイオン（K^+）の濃度差が維持されている❷。これは，細胞内外の濃度差に逆らって，細胞内から細胞外へ Na^+ を排出し，細胞外から細胞内へ K^+ を取りこんでいるためである。この分子機構を**ナトリウムポンプ**といい，このような Na^+ と K^+ の能

---
❶グルコースが小腸から体内に吸収されるときには，能動輸送によって取りこまれる。
❷ヒトの赤血球などでは，細胞外液（体液）に対して，細胞内の Na^+ 濃度は低く，K^+ 濃度は高く保たれている。

動輸送は，ナトリウム-カリウム ATP アーゼという酵素が行っている。

このナトリウム-カリウム ATP アーゼは，ATP を分解し，そのときに取り出されたエネルギーを用いて，濃度勾配に逆らって細胞外へ Na^+ を排出し，細胞内へ K^+ を取りこんでいる（図31）。

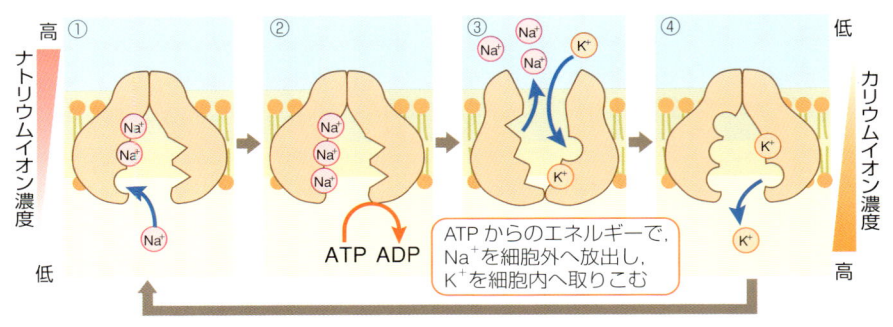

ATP からのエネルギーで，Na^+ を細胞外へ放出し，K^+ を細胞内へ取りこむ

図31　ナトリウム-カリウム ATP アーゼによる物質輸送

参考　アクアポリン

赤血球や腎臓の細尿管上皮細胞などの細胞膜は，他の細胞の細胞膜に比べて水の透過性が非常に高い。そのため，これらの細胞膜には何らかのしくみがある可能性が指摘されていた。1992年にピーター　アグレ（アメリカ）は，赤血球から水だけを通すタンパク質の存在を発見し，**アクアポリン**（aquaporin：AQP）と名づけた。アクアポリンは，イオンの通過を遮断しながら水だけを通過させることができる。このチャネルには非常にせまい穴があり，その片面には親水性のアミノ酸が並び，水分子と一時的に水素結合できるようになっている。この一時的な結合によって，水分子は一列に並び，すばやく通過することができる（図Ⅰ）。

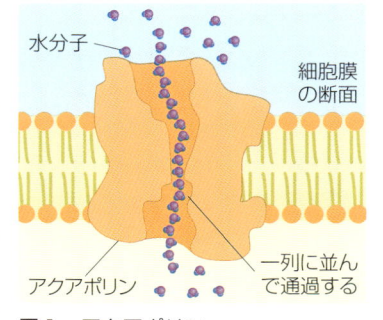

図Ⅰ　アクアポリン

アクアポリンは，植物や動物などさまざまな生物に存在しており，ヒトでは，腎臓，脳，大腸，涙腺，水晶体，肝臓などで13種が発見されている。ピーター　アグレはこの発見によって2003年にノーベル化学賞を受賞した。

談話室　細胞の浸透現象と細胞膜の半透性

　ヒトの赤血球をいろいろな濃度の食塩水に入れると，0.9％の食塩水中ではほとんど変化が見られないが，それより濃度の高い食塩水中では，赤血球は水が吸い出されて収縮する。また，それより濃度の低い食塩水中では，赤血球は吸水によってふくれる。これは，細胞膜は水をよく通すがそれ以外の物質をほとんど通さない**半透性**をもつために，**浸透圧**の高いほう（高張液）から低いほう（低張液）へ水が浸透するためと説明された。

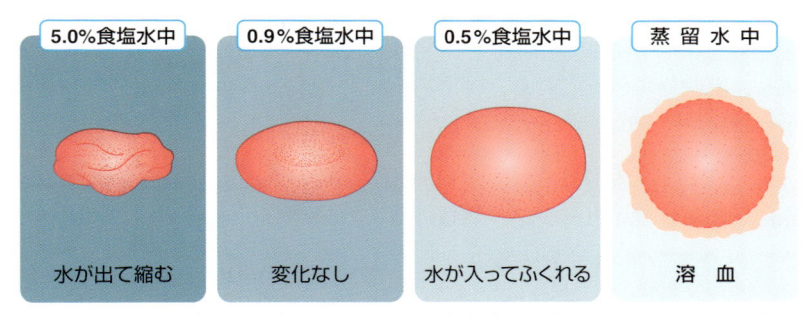

5.0％食塩水中	0.9％食塩水中	0.5％食塩水中	蒸留水中
水が出て縮む	変化なし	水が入ってふくれる	溶血

図Ⅰ　いろいろな濃度の食塩水中の哺乳類の赤血球　蒸留水や極端に浸透圧の低い低張液中では，赤血球に多量の水が浸透して細胞がふくれ，細胞膜が破れて細胞の内容物が流れ出す。この現象を**溶血**という。

　植物細胞では，濃度の高いスクロース溶液などに入れると，細胞から水が吸い出され，細胞膜に包まれた部分が，細胞壁から離れる現象（**原形質分離**）が見られる。これも，細胞壁はどんな物質（溶質）も通す全透性であるが，細胞膜が半透性をもつためと説明された。

　しかし，細胞膜にはいろいろなタンパク質があって，そのようなタンパク質を介しての物質の移動が明ら

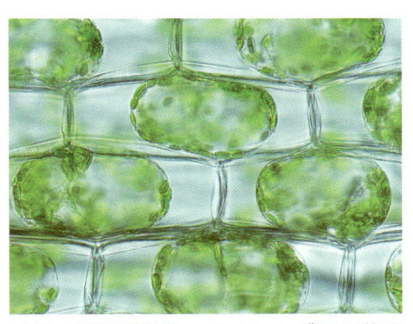

図Ⅱ　原形質分離　オオカナダモの葉の細胞

かとなってきた現代では，細胞膜が水をよく通すのは，水だけを通す専用のチャネル（アクアポリン）があるためであることが明らかになっている。また，それ以外の物質に関しても，特定のイオンを専門に通すチャネルの存在やそのはたらきなどがわかってきているので，浸透圧の差による水の浸透の説明は用いられなくなりつつある。

D | 細胞の飲食作用と分泌

　脂質二重層や輸送タンパク質を通過できないような大きさの物質は，どのように出入りしているのだろうか。

　植物細胞が細胞壁をつくる材料のセルロースなどを細胞周囲に分泌したり，動物細胞がホルモンや消化酵素などを細胞外に分泌したりする場合，これらの物質は細胞膜を通過することができない。このような大形の物質が細胞を出入りする場合には，生体膜自体がそれらの物質を包みこんだ小胞を形成し，細胞外に放出したり，細胞内に取りこんだりする（図32）。このような，小胞と細胞膜の融合による物質の分泌を**エキソサイトーシス**，物質の取りこみを**エンドサイトーシス**❶という。

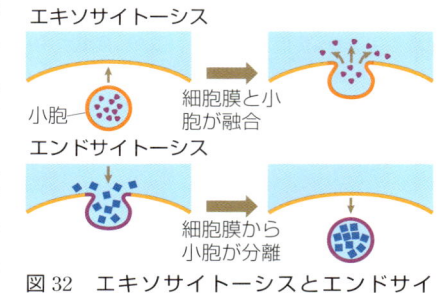

図32　エキソサイトーシスとエンドサイトーシス

　例えば，あるタンパク質を分泌する場合，小胞体上のリボソームで合成されたタンパク質は，小胞体の膜にある膜タンパク質を通って小胞体内に入り，折りたたまれる（図33, ▲）。小胞体の一部がそれらを包んだ小胞として分離し，ゴルジ体へ運ばれて濃縮される。ゴルジ体から分離した分泌小胞は細

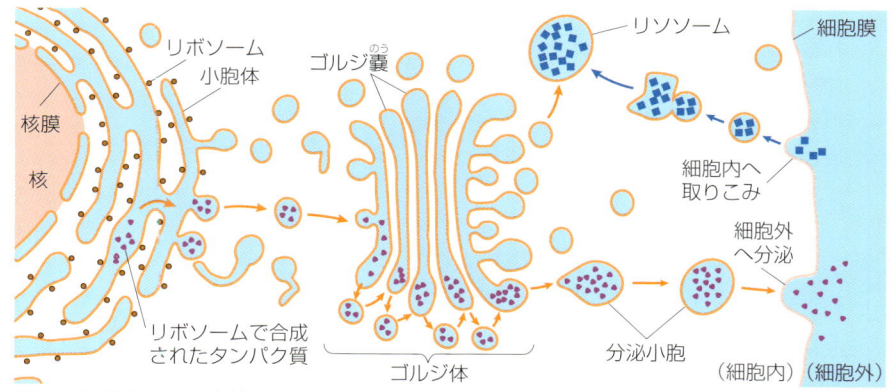

図33　細胞内から細胞外への物質の輸送　これらの小胞の移動は，細胞骨格上を移動するモータータンパク質（▶p.50）によって行われる。

❶大きな粒子を取りこむ場合を**食作用**，液体や溶質を取りこむ場合を**飲作用**という。食作用は，おもにマクロファージなどそれに特化した細胞が行っている。

胞膜へ移動し，細胞膜と融合するようにして小胞内を細胞外へ開き，内部にあるタンパク質を放出する。

　また，このしくみは物質を放出するだけでなく，膜自体を新しくしたり，必要なタンパク質などを細胞膜の必要な場所に配置することにも利用されている。例えば，腎臓の集合管上皮細胞内には，アクアポリンを含む小胞が準備されている。集合管での水分の再吸収速度を上げる場合，この小胞がいっせいに集合管表面に移動して細胞膜上のアクアポリンの数を増やし，水の透過性を上昇させる。

参考　細胞のシグナル伝達

　多細胞動物のからだを構成する細胞は，互いに情報（シグナル）のやりとりを行い，協調してはたらいている。細胞から細胞へは，ホルモンや神経伝達物質などの**シグナル分子**❶によって情報が伝えられる。シグナル分子を受け取る側の細胞の細胞膜表面や細胞内には，**受容体**とよばれるタンパク質があり，受容体とシグナル分子の間には特異性がある。

　受容体がシグナル分子と結合すると，受容体の構造が変化し，情報が細胞内に伝えられる。受容体から細胞内に伝えられた情報は，複数の分子を介して細胞内を次々に伝達されていき，最終的にはその情報によって代謝などの細胞の活動の調節がなされる。

(a) タンパク質結合型受容体（ホルモンなど）　(b) イオンチャネル型受容体（神経系など）

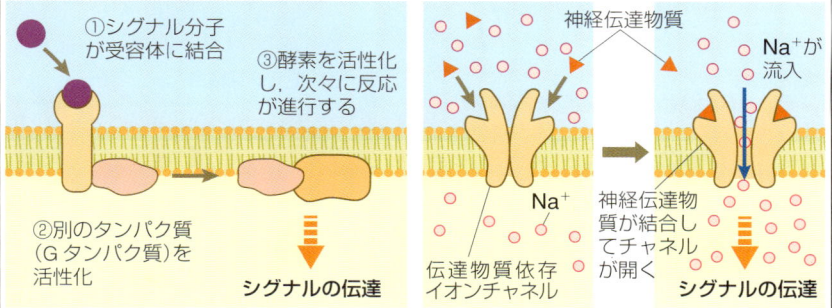

①シグナル分子が受容体に結合
②別のタンパク質（Gタンパク質）を活性化
③酵素を活性化し，次々に反応が進行する
シグナルの伝達

神経伝達物質
Na^+
伝達物質依存イオンチャネル
神経伝達物質が結合してチャネルが開く
Na^+が流入
シグナルの伝達

図I　いろいろなシグナル伝達にかかわる受容体

❶ニューロン（神経細胞）の末端から分泌され，ニューロンの末端に隣接するニューロンや他の細胞に情報を伝える物質。

3 細胞間結合

多細胞生物は，単に多数の細胞が集合しているだけではなく，同じ細胞が集まって組織を形成し，いくつかの組織がまとまって器官を形成し，それらが有機的につながって個体を構成している。動物では，この階層構造の基礎となるのは，同じ種類の細胞が互いを認識して膜タンパク質で結合することである。この細胞どうしの結合を**細胞間結合**という。

動物のからだの外表面や消化管・血管などの内表面をおおう組織を上皮組織といい，上皮組織に見られる細胞間結合には，大きく分けて**密着結合，固定結合，ギャップ結合**の3種類がある（図34）。

A 密着結合
細胞と細胞の間は，小さな分子も通過できない
- 接着タンパク質
- 細胞間隙

- 上皮細胞
- 密着結合
- アクチンフィラメント
- 接着結合※
- デスモソーム※
- 中間径フィラメント
- ギャップ結合
- 基底層
- 結合組織
- ヘミデスモソーム※

※固定結合には，接着結合，デスモソームによる結合，ヘミデスモソームによる結合がある。

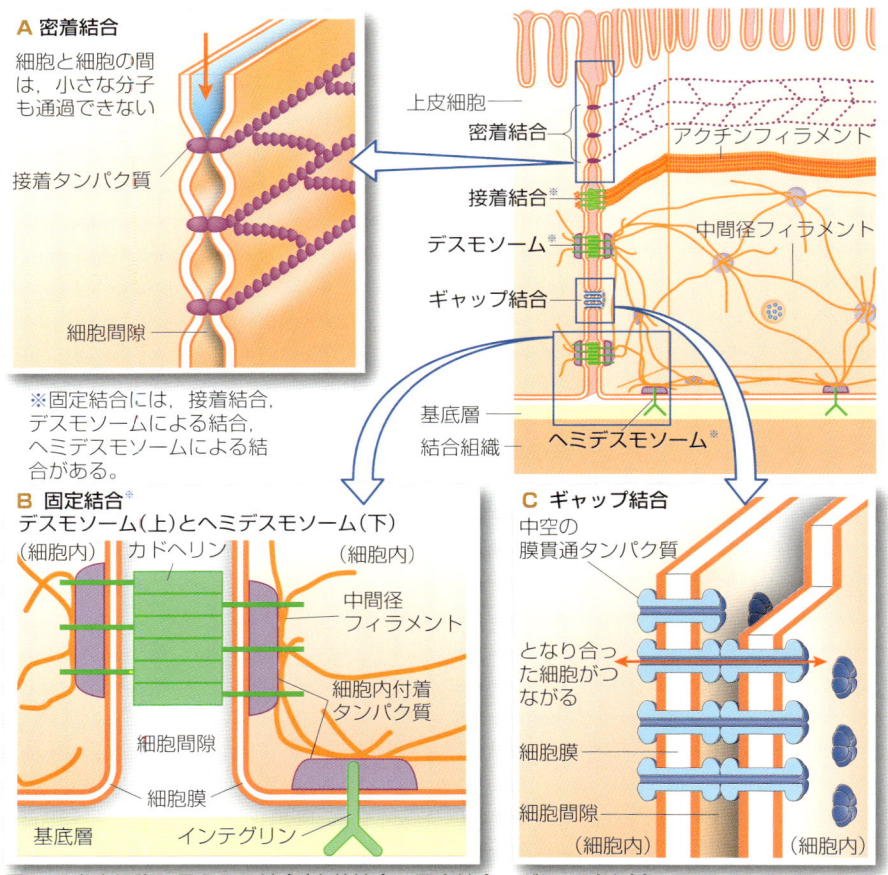

B 固定結合※
デスモソーム（上）とヘミデスモソーム（下）
- （細胞内） カドヘリン （細胞内）
- 中間径フィラメント
- 細胞内付着タンパク質
- 細胞間隙
- 細胞膜
- 基底層　インテグリン

C ギャップ結合
- 中空の膜貫通タンパク質
- となり合った細胞がつながる
- 細胞膜
- 細胞間隙
- （細胞内）　（細胞内）

図34　上皮細胞に見られる結合（密着結合，固定結合，ギャップ結合）

A　密着結合

　動物の消化管では，消化管の内腔(からだの表面)とからだの内部は，たった1層の細胞からできている上皮組織によって隔てられている。上皮組織の細胞(上皮細胞)どうしは，膜を貫通しているタンパク質(接着タンパク質)によって小さな分子も通れないほど密着して結合している。このような結合を**密着結合**という(図34左上)。この密着結合によって体外と体内が物理的に隔てられ，消化管内の物質が体内に取りこまれるときには，必ずこれらの細胞を通過することになる。

B　固定結合

　上皮組織では，隣接する細胞の膜どうしがタンパク質によって結合するだけでなく，そのタンパク質と細胞内にある細胞骨格が結合して[❶]，上皮組織に伸縮性や強度を与えている。このような結合を**固定結合**といい，次の3種類がある。

❶ **接着結合**　細胞どうしを接着させるタンパク質であるカドヘリンに，細胞骨格のアクチンフィラメントが結合している[❶](同図右上)。上皮組織が湾曲するなどの動きに対応できる。

❷ **デスモソームによる結合**　接着結合とは異なるカドヘリンに，細胞骨格の中間径フィラメントが結合している[❶](同図左下)。細胞どうしのつながりを強固にし，組織全体が張力などに耐えられるようになる。

❸ **ヘミデスモソームによる結合**　上皮組織とその下にある結合組織の間には，コラーゲンでできた基底層という層が広がっている。上皮細胞は，この基底層にインテグリンというタンパク質で固定されている。インテグリンには，中間径フィラメントが結合している[❶](同図左下)。

C　ギャップ結合

　動物細胞では，隣接した細胞の細胞質が中空のタンパク質によってつながっており，ここを低分子の物質や無機イオンが直接移動する。このような結合を**ギャップ結合**[❷]という(同図右下)。

[❶]カドヘリンやインテグリンなどのタンパク質と細胞骨格は，実際には直接結合しているわけではなく，連結タンパク質を介して結合している。

[❷]植物細胞では，細胞壁どうしの接着がおもになるが，ギャップ結合のような細胞間の連絡として原形質連絡がある(▶ p.31)。

4 細胞骨格とそのはたらき

A 細胞骨格を構成する繊維

　細胞の内部は細胞質基質で満たされ，さまざまな細胞小器官が存在しているが，細胞の形や細胞内の細胞小器官は，タンパク質でできた繊維状の構造物に支えられている。この構造物を**細胞骨格**という。細胞骨格は，**アクチンフィラメント**，**微小管**，**中間径フィラメント**の3つに分けられる（図36）。

❶ **アクチンフィラメント**　アクチンという球状のタンパク質（●）が重合してできた直径7nmほどの繊維で，細胞の収縮と進

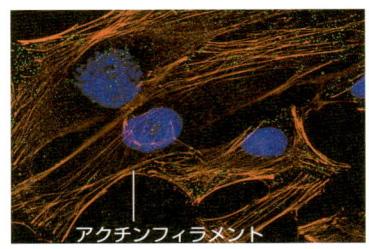

▶p.266

図35　アクチンフィラメント❶

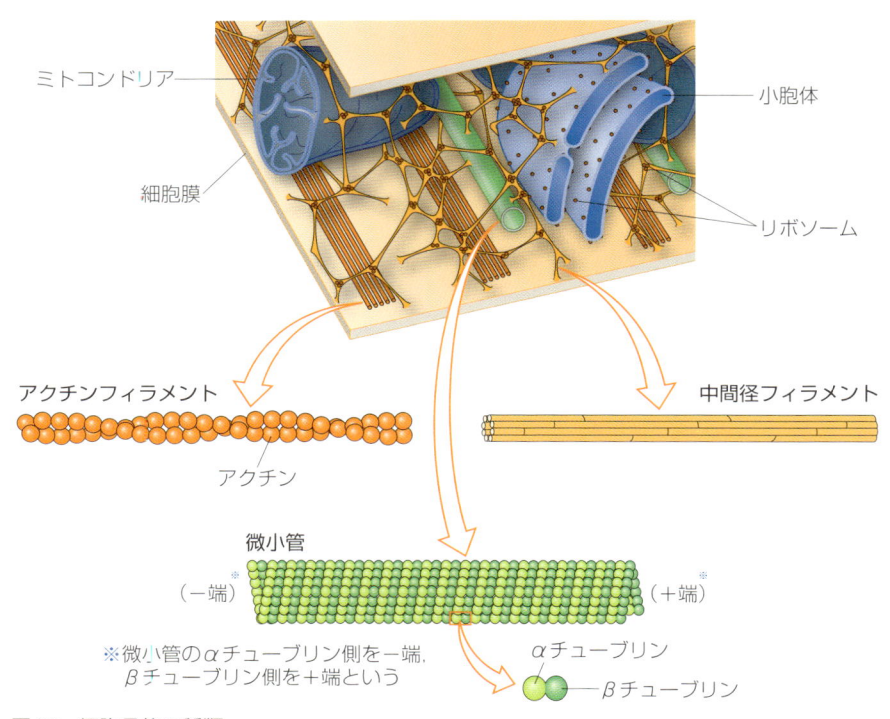

図36　細胞骨格の種類

※微小管のαチューブリン側を−端，βチューブリン側を＋端という

---

❶細胞骨格を蛍光染色し，蛍光顕微鏡で観察したものである。

展，アメーバ運動，細胞分裂時のくびれこみといった細胞運動，特に筋収縮に関して重要な役割を果たしている。マイクロフィラメントともいう。

❷ **微小管** αチューブリン(◯)とβチューブリン(◯)という2つの球状タンパク質が結合したもの(◯◯)が単位となり，それらが鎖状に結合したものが13本集まってできた直径25 nmほどの中空の管で，細胞にある形成中心(中心体など)から周辺に向けて放射状に存在している。細胞の運動
▶ p.30

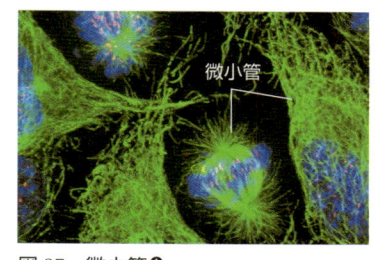

図37 微小管❶

だけでなく，細胞内の細胞小器官の移動や物質輸送の軌道にもなる。また，
▶ p.51
繊毛や鞭毛の中にも存在し，その動きに深く関与する。細胞分裂時に見られる紡錘糸は，この微小管である。

❸ **中間径フィラメント** 細胞膜や核膜の
▶ p.52
内側に位置し，細胞や核などの形を保つ役割を担う。直径は8～12 nmほどで，構造はアクチンフィラメントや微小管と異なり，繊維状のタンパク質を束ねた繊維のような形態で，非常に強度がある。

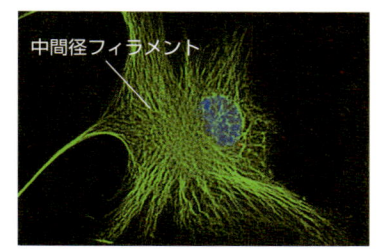

図38 中間径フィラメント❶

参考　微小管の極性と伸長・収縮

微小管では2つの球状タンパク質が結合したもの(2量体)が規則正しく並んでいる。このような微小管には「向き」(極性という)があって，αチューブリンの側をマイナス端，βチューブリンの側をプラス端という。紡錘体形成時，微小管のマイナス端はγチューブリン複合体とよばれるタンパク質と結合して中心体に束ねられているのに対して，プラス端ではチューブリン2量体の結合(重合)または解離(脱重合)によって，微小管の伸長と収縮が起こっている。

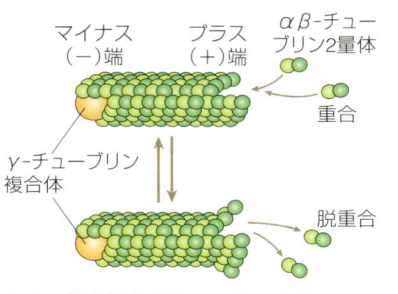

図Ⅰ　微小管の極性と伸長・収縮

B 細胞骨格と細胞運動

　細胞骨格は，細胞や細胞内の物質の運動にも関係している。次のような観察＆実験を行って，いろいろな細胞の運動のようすを観察してみよう。

観察＆実験　細胞の運動の観察

準備　オオカナダモ，アメーバ，検鏡セット，ピペット，ミクロメーター

方法　① オオカナダモの葉をスライドガラスにおいて，水を加えてカバーガラスをかけて観察する。
② アメーバを含む水滴をスライドガラスに滴下し，カバーガラスをかけて観察する。その際，顕微鏡のしぼりを十分にしぼる。

考察　① オオカナダモで細胞質流動によって動く葉緑体に，速さや，道筋などの動き方の規則性はあるだろうか。
② アメーバの細胞内の粒状の物質の動きと，アメーバの変形や動きにはどのような関係があるだろうか。

図Ⅰ　オオカナダモ

発展　ミクロメーターとストップウォッチを用いて，細胞質流動の速度を計測してみよう。

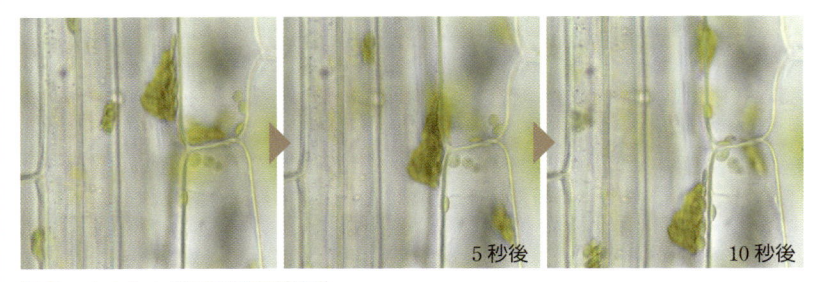

図Ⅱ　オオカナダモの細胞質流動

　上の観察＆実験で見られる細胞質流動などの細胞内での物質や細胞小器官の移動は，細胞骨格とその上を移動する**モータータンパク質**のはたらきによって行われる（図39）。現在，モータータンパク質としては，アクチンフィラメント上を2本の足で歩行するように移動する**ミオシン**，微小管上

を移動する**キネシン**と**ダイニン**の計3種が知られている。いずれもATP分解酵素としての活性をもつタンパク質であり、ATPのエネルギーを利用し、細胞骨格をレールとしてその上を移動する。

モータータンパク質

アクチンフィラメント / ミオシン / 細胞小器官などの積み荷

微小管 / キネシン / 細胞小器官などの積み荷 / ＋端側へ移動 / （一端）／（＋端）

ダイニン / ダイニンと積み荷を結合するタンパク質 / 細胞小器官などの積み荷 / －端側へ移動

鞭毛の屈曲

（＋端）／微小管を連結しているタンパク質／ダイニンの移動／ダイニン／微小管／屈曲／（－端）

ダイニンが下方向へ移動すると、右側の微小管が上方向へ押し上げられる。しかし、微小管どうしは柔軟なタンパク質で連結されているため、全体として右側へ屈曲する

[参考]ミオシンは二足歩行のようにして移動する

後脚がアクチンから離れると、前脚が前に倒れる → 後脚が回転運動をする → 後脚がアクチンに着いて前脚になる

後脚／前脚／アクチンフィラメント／～70nm

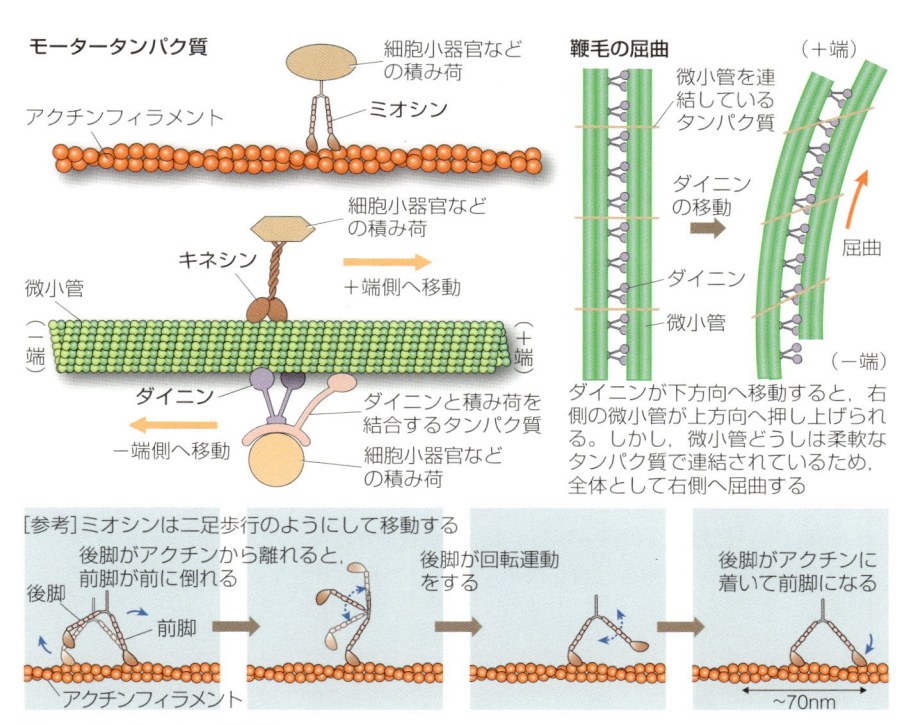

図39　モータータンパク質

一方、細胞の外形が変化するアメーバ運動は、アクチンの重合と脱重合によるものである。アクチンフィラメントの先端ではアクチンが重合し、細胞膜が押し出されて細胞が伸長する。細胞の反対側では、アクチンフィラメントからアクチンが脱重合して短くなり、細胞が収縮する（図40）。この繰り返しによって、細胞の外形が変化し、移動を行うことができる。

アクチン／核／アクチンフィラメント／アクチンが重合し、伸長する／アクチンが脱重合し、収縮する

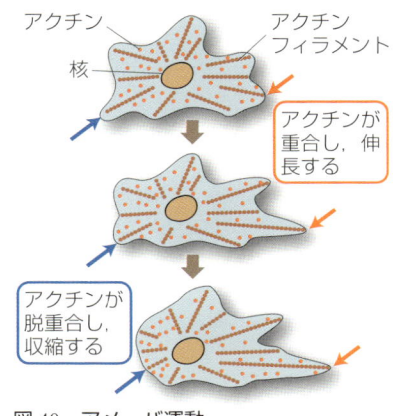

図40　アメーバ運動

I 細胞と分子

参考　体細胞分裂と細胞骨格

　細胞骨格は，細胞の運動や細胞内の構造物の支持や移動にかかわっており，体細胞分裂時の染色体の移動も細胞骨格のはたらきによるものである。

　体細胞分裂を繰り返す細胞では，分裂が終わってから次の分裂が終わるまでを**細胞周期**といい，分裂の準備を行う**間期**と核分裂を行う**分裂期**（M 期）に分けられる。間期は，**DNA 合成準備期**（G_1 期），**DNA 合成期**（S 期），**分裂準備期**（G_2 期）に分けられる。また，分裂期は，**前期**，**中期**，**後期**，**終期**に分けられる。

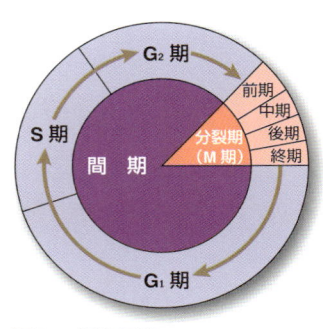

図Ⅰ　細胞周期

間期　G_1 期は，多くの生物で細胞周期の大部分を占める。S 期には，DNA が複製される。動物細胞では同時に中心体が分裂して 2 個になる。G_2 期は DNA を分配するための準備として，複製した DNA を含むクロマチン繊維の凝縮が始まり，紡錘糸をつくる微小管が集まる。G_2 期から M 期への間に，2 個の中心体は互いに離れて両極へ移動する。多細胞生物の場合，この中心体の位置が，分裂後の新しい細胞の位置を決め，からだの成長方向などに重要な影響を与える。

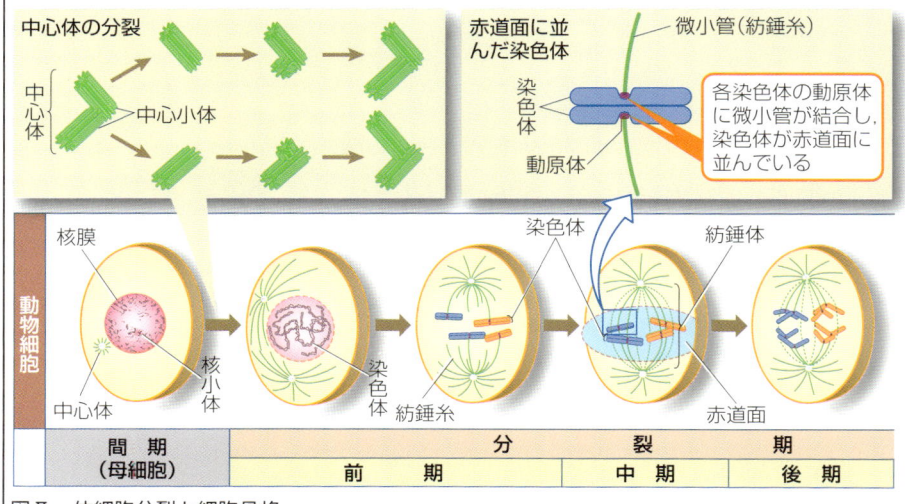

図Ⅱ　体細胞分裂と細胞骨格

前期 凝縮したクロマチン繊維は，太く短いひも状の染色体となる。この染色体は，2本の染色体がくっついた形になっている。核膜と核小体が消失し，両極に分かれた中心体の周辺から微小管(紡錘糸)が伸長していき，染色体にある**動原体**に結合して**紡錘体**が形成される。

中期 それぞれの染色体の動原体に両極からの微小管が結合し，染色体が赤道面に並んで紡錘体が完成する。

後期 2本の染色体が分離し，両極に移動する。この移動は，動原体に結合している微小管が短くなって染色体を両極へと引きつけるようにはたらくとともに，極近くの細胞膜に結合したダイニンが，中心体を細胞膜へと引きつけるようにはたらくことによる。

終期 微小管が分解され，ほぐれたクロマチン繊維を包む新たな核膜が形成されて2個の新しい核(娘核)ができる。

細胞質分裂 多くの場合，細胞質分裂は核分裂の途中から始まる。動物細胞の場合，収縮環の細胞膜直下にあるアクチンフィラメントとミオシンのはたらきによって細胞がくびれ，2個の細胞(娘細胞)となる。植物細胞の場合，ゴルジ体由来の細胞壁の材料が入った小胞が，キネシンのはたらきで微小管にそって進みながら融合し，細胞板が形成される。

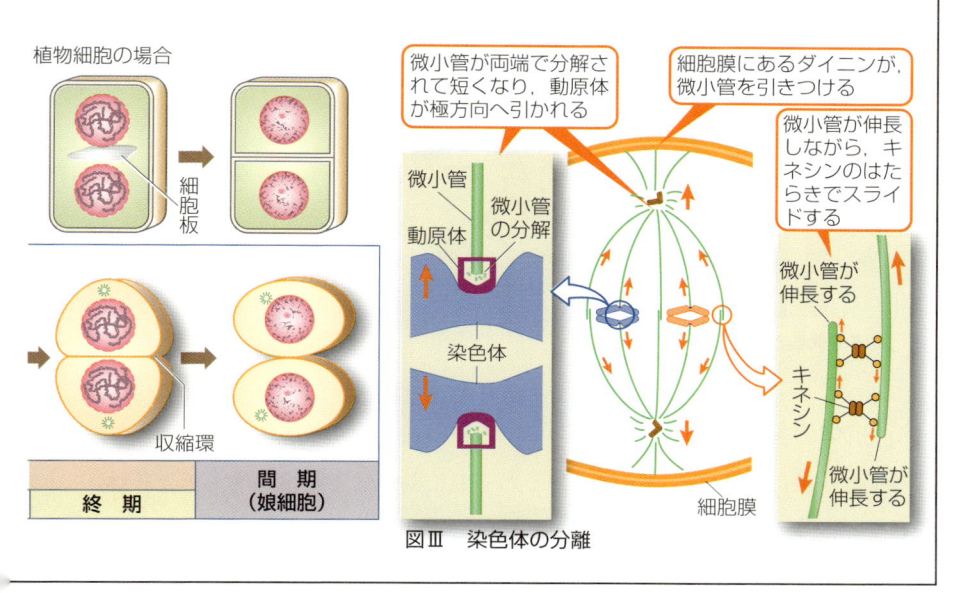

図Ⅲ　染色体の分離

5 免疫とタンパク質

　生物には，異物が体内に侵入するのを防いだり，体内に侵入した異物を排除するしくみが備わっている。これを**免疫**という。ヒトでは，体内に侵入した異物に対しては，生まれつき備わっている自然免疫や，生後獲得する獲得免疫がはたらく。❶

　このうち，獲得免疫のはたらきの中には，多様な抗原に対して，特異的に作用するタンパク質である**抗体**を大量につくるしくみがある。

A｜抗体の構造

　獲得免疫においてはたらく抗体は，**免疫グロブリン**というタンパク質である。免疫グロブリンは，図41のように4本のポリペプチド鎖(2本のH鎖と2本のL鎖)が結合している。どの抗体も基本的には同じような構造をしているが，抗体の種類によってアミノ酸配列の異なる部分がある。これを**可変部**といい，この部分の立体構造の違いによって，抗原と特異的に結合する。可変部以外の部分を定常部という。この抗原との特異的な結合を**抗原抗体反応**という。

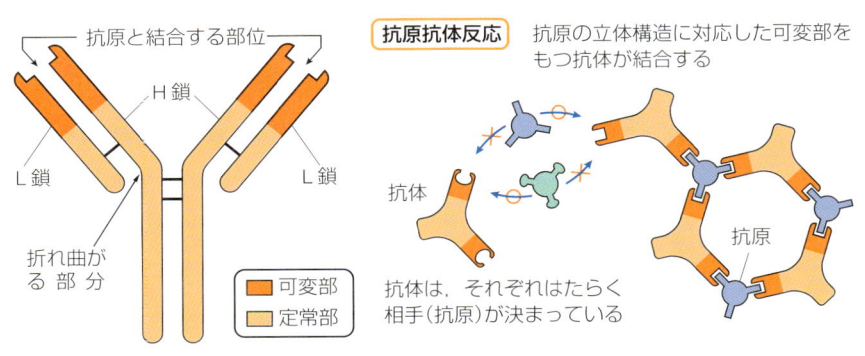

図41　抗体の構造と抗原抗体反応

B｜抗体の多様性

　多様な抗原に対しては，その抗原それぞれに対応する可変部をもった抗体が必要となる。抗体の可変部のアミノ酸配列を指定している遺伝子は，次のようなしくみによって多様化されている。

同じ個体の体細胞は，すべて同じゲノムをもっている。しかし，獲得免疫に関与するB細胞とT細胞では，分化する際に，特定の遺伝子に関して遺伝子の"連結"による"再編成"が行われる。
▶ *p.82*

成熟したB細胞は，1個につき1種類の可変部をもった抗体のみを産生するが，例えばヒトの場合，未成熟のB細胞にある免疫グロブリンのH鎖の遺伝子領域の中には，可変部の遺伝子であるV遺伝子が40種類，D遺伝子が25種類，J遺伝子が6種類，そして定常部の遺伝子が並んでいる。B細胞が成熟する間に，V遺伝子，D遺伝子，J遺伝子から1つずつ選ばれて"連結"され，"再編成"される（図42）。すると，このH鎖の可変部の遺伝子の組み合わせは $40 \times 25 \times 6 = 6000$ 通りになる。一方，L鎖の可変部にはV遺伝子とJ遺伝子があり，同様な"連結"による"再編成"が行われて320通りの組み合わせが生じる。そのため，H鎖とL鎖の可変部の遺伝子の組み合わせは，192万通りにもなる。❷

この抗体産生のしくみは，1977年に利根川進によって解明され，この功績によって1987年にノーベル生理学・医学賞を受賞した。

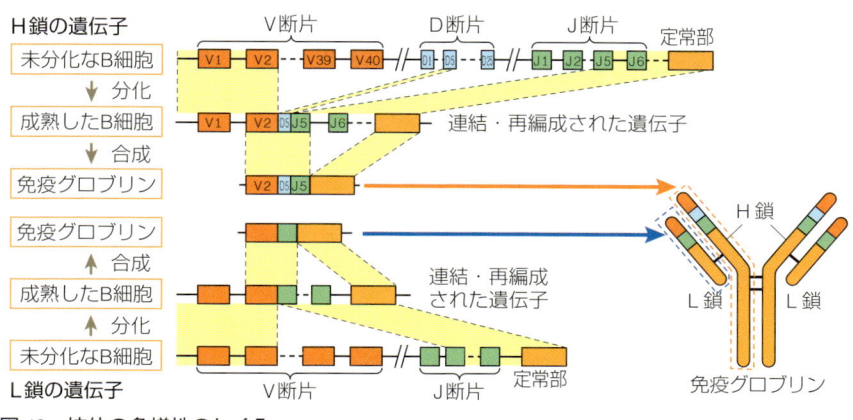

図42　抗体の多様性のしくみ

---

❶自然免疫では，おもに白血球の一種が食作用によって，体内に侵入した異物を非特異的に消化・分解して排除する。
　これに対して獲得免疫では，異物を区別したうえで，特異的に異物を排除する。このとき，このような特異的な免疫応答を引き起こす異物を抗原といい，抗原の種類は非常に多い。
❷さらにこれらの"連結と再編成"の過程では，塩基の挿入や欠失（▶ *p.88*）などが生じやすいので，実際の遺伝子の組み合わせはさらに多様になる。

参考 ABO式血液型

 異なる人の血液を混ぜ合わせると,赤血球が互いにくっついて小さなかたまりになることがある。この現象を赤血球の**凝集**という。

 ヒトの血液の血しょう中には,凝集素とよばれる糖タンパク質(αとβ)があり,このタンパク質が赤血球の細胞膜表面にある凝集原(図ⅠのA型糖鎖とB型糖鎖)と反応することによって凝集が起こる。つまり,赤血球の凝集反応は,血しょう中の凝集素が抗体としてはたらくことによって起こる一種の抗原抗体反応である。

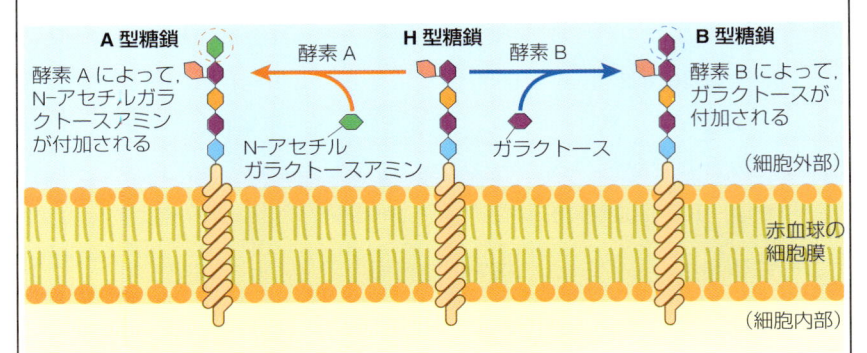

図Ⅰ ABO式血液型を決める糖鎖 A型の糖鎖は,酵素Aが促進する化学反応により,H型の糖鎖にGalNA(N-アセチルガラクトースアミン)が結合したものである。同様に,B型の糖鎖は,酵素Bが促進する化学反応により,H型の糖鎖にGal(ガラクトース)が結合したものである。

 血液型がA型のヒトの赤血球にはA型の糖鎖が,B型のヒトの赤血球にはB型の糖鎖が,O型のヒトの赤血球にはH型の糖鎖がある。そしてAB型のヒトの赤血球には,A型の糖鎖とB型の糖鎖がともにある。そのため,調べたい血液に凝集素α,凝集素βをそれぞれ加えると凝集反応の有無によって,ABO式の血液型を判定することができる(表Ⅰ右)。

表Ⅰ ABO式血液型の凝集原(糖鎖)と凝集素　　　　　＋:凝集する,－:凝集しない

血液型	糖鎖	酵素	凝集素	αを加える	βを加える
A型	A	酵素A	β	＋	－
B型	B	酵素B	α	－	＋
O型	H	なし	α,β	－	－
AB型	A,B	酵素A,酵素B	なし	＋	＋

第2章
遺伝子とそのはたらき

1. 遺伝情報とDNA
2. 遺伝情報の複製と分配
3. 遺伝情報の発現
4. 遺伝子の発現調節
5. バイオテクノロジー

ヒトゲノム解読終了を発表するワトソン博士（2003年）

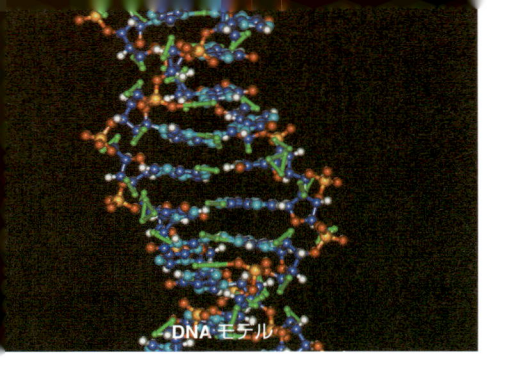

第1節 遺伝情報とDNA

1 遺伝情報を担う物質 – DNA

A 遺伝情報

　ヒトを含む多くの生物では，次の代の個体をつくるとき，生殖のための特別な細胞(生殖細胞)である配偶子(卵と精子)がつくられ，それらが受精して新個体ができる。卵や精子には，その生物が個体として生命活動を営むのに必要なすべての情報(**遺伝情報**)が1組ずつ入っており，この情報を**ゲノム**という。したがって，新個体は，父方，母方それぞれから受け継いだ2組のゲノムをもつことになる(図1)。

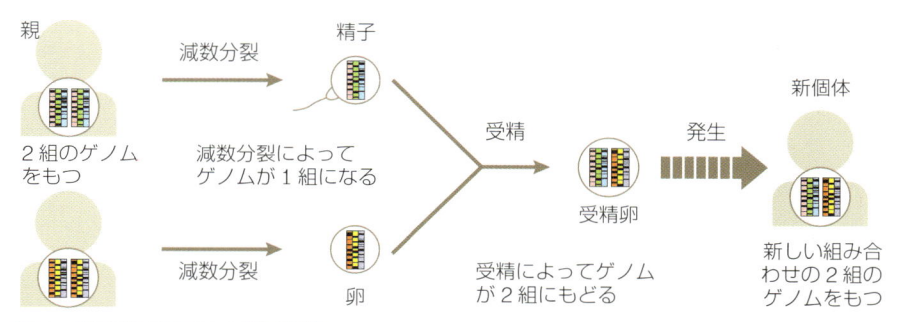

▶ p.116

図1　受け継がれていく遺伝情報

B 遺伝情報とDNA

　遺伝情報は，細胞分裂によって細胞から細胞へと引き継がれ，生殖細胞によって世代から世代へと伝えられていく。この遺伝情報を担う物質が**DNA**(デオキシリボ核酸)である。すべての生物は，遺伝情報の担い手としてDNAをもっている。これは生物が共通の祖先から分かれて進化してきたことを示す重要な証拠でもある。

次のような観察＆実験を行い，細胞中のDNAを抽出してみよう。

観察＆実験　DNAの抽出

すべての生物は，遺伝子の本体であるDNAをもっている。実際にいろいろな生物からDNAを抽出してみよう。

準備　ニワトリの肝臓（または魚の精巣），0.3％トリプシン水溶液❶，15％食塩水❶，エタノール，氷，乳鉢，乳棒，ガーゼ，ガラス棒，漏斗，ろ紙，ビーカー，るつぼばさみ，湯せん用ガスコンロとなべ

方法　① 約10gのニワトリ肝臓を，乳鉢中ですりつぶす。
② ①に0.3％トリプシン水溶液を15mLほど加え，乳鉢中で十分混ぜる。
③ ②に15％食塩水を等量加え，よくかくはんする。
④ ③をビーカーに移して100℃で5分間湯せんし，粘性が低い熱いうちに，4枚重ねのガーゼでろ過する。
⑤ ろ液を氷水中で冷却し，あらかじめ冷却しておいたエタノールを加える。
⑥ ガラス棒で静かに混ぜ，糸状の物質（DNA）を巻き取る。

図Ⅰ　抽出されたDNA

❶質量パーセント濃度

参考　遺伝学の変遷

19世紀，メンデルはエンドウの種子の形や子葉の色などの形質❶に注目して実験を行い，遺伝の規則性を発見した。20世紀になると，染色体に遺伝子があることがわかり，さまざまな形質にかかわる遺伝子の染色体上の位置を調べる研究がなされた。さらに，遺伝子の本体はDNAという物質であることが明らかになり，その構造やはたらきが解明されていった。

現代の遺伝学は，DNAのもつ遺伝情報に関する研究が中心である。遺伝情報の研究は，受精卵から生物のからだができていく発生過程や，細胞内での生命活動にかかわる物質の合成など，生命現象を解明していくために必要不可欠のもので，多くの研究分野で利用されている。

❶生物がもつ形や性質などを**形質**といい，親の形質が子に伝わることを**遺伝**という。

Column　DNAが遺伝子の本体であることの証明

メンデルによって遺伝の法則が明らかにされ，サットンらによって遺伝子が染色体上に存在するという説が提唱されてから，遺伝子の本体はタンパク質なのかDNAなのかが議論されてきたが，いろいろな研究によって，遺伝子の本体はDNAであることが証明された。

1. グリフィスとエイブリーらの実験

肺炎双球菌には，マウスに感染させると肺炎を発病する病原性のS型菌と，感染させても発病しない非病原性のR型菌とがある。S型菌は，炭水化物のさや（カプセル）をもち，R型菌はさやをもたない。

図Ⅰ　肺炎双球菌

グリフィスの実験　グリフィス（イギリス）は，熱で殺したS型菌をマウスに注射しても発病しないが，これを生きているR型菌とともに注射すると，マウスの血液中にS型菌が見られるようになり，マウスは発病して死ぬことを発見した（1928年）。

これは，加熱殺菌したS型菌から何らかの物質が生きているR型菌に取りこまれ，それによってR型菌がS型菌の形質をもつように変わったものと考えられた（図Ⅱ）。このような現象を**形質転換**という。

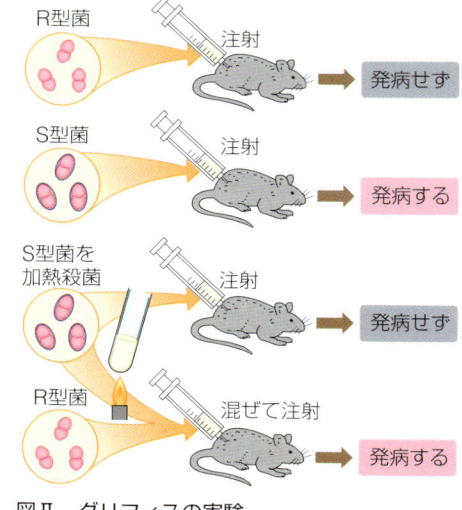

図Ⅱ　グリフィスの実験

エイブリーらの実験　エイブリー（アメリカ）らは，S型菌をすりつぶして得た抽出液をR型菌に混ぜて培養すると，R型菌からS型菌へ形質転換するものが出現し，いったんS型に形質転換した菌は，S型菌の性質を維持し続けることを発見した。また，S型菌の抽出液をタンパク質分解酵素で処理してタンパク質を除いたものではR型菌からS型菌へ形質転換が起こるが，抽出液をDNA分解酵素で処理してDNAを除いたものではR型菌からS型菌へ形質転換が起こらないことも明らかにした（1944年，図Ⅲ）。

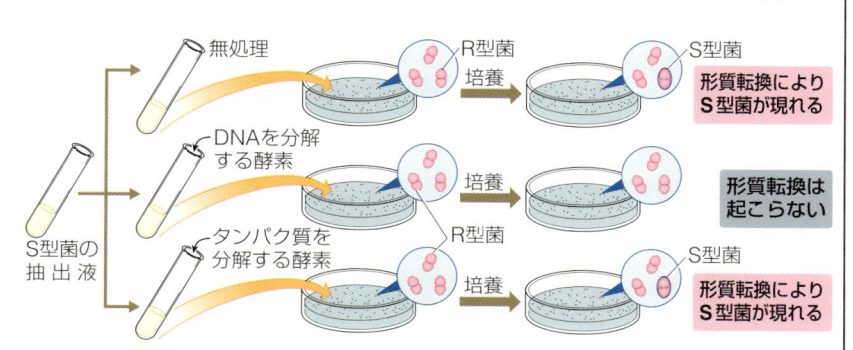

図Ⅲ　エイブリーらの実験

2. ハーシーとチェイスの実験

　ハーシーとチェイス(アメリカ)は，ウイルスの中でも細菌に寄生して増殖するバクテリオファージを用いて実験を行い，その増殖過程を明らかにした。

　T_2ファージは，タンパク質の殻でできた頭部にDNAをもち，大腸菌に寄生して増殖する。ハーシーとチェイスは，T_2ファージのDNAとタンパク質を特殊な方法で別々に標識し，ファージが感染する際に大腸菌の内部に侵入するのはどちらなのかを調べた。その結果から，ファージはDNAだけを大腸菌内に侵入させ，大腸菌の中ではファージのDNAが合成されるとともにファージのタンパク質も合成されて，多数の子ファージがつくられることがわかった(図Ⅳ)。このことから，DNAは遺伝形質を発現するとともに，それを子孫に伝えることができる物質であることが明らかになった(1952年)。

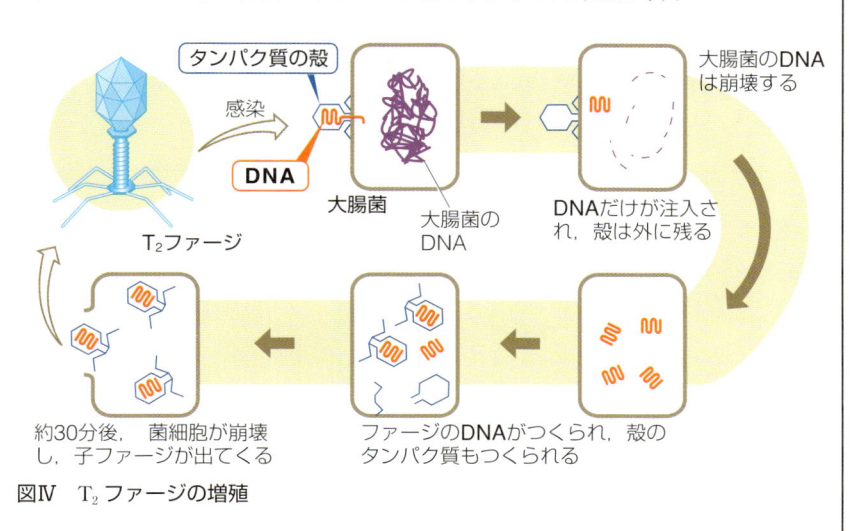

図Ⅳ　T_2ファージの増殖

2 DNAの構造

すべての生物は，DNA（デオキシリボ核酸）を共通の遺伝物質としてもっており，その構造も共通している。

A DNAの構成単位

DNAは**ヌクレオチド**とよばれる構成単位が多数鎖状に結合した高分子化合物である。ヌクレオチドは，**リン酸**と**糖**と**塩基**からなる。DNAを構成するヌクレオチドは，糖には**デオキシリボース**(deoxyribose)をもち，塩基にはアデニン（A）(adenine)，チミン（T）(thymine)，グアニン（G）(guanine)，シトシン（C）(cytosine)の4種類があってそのいずれかを含む。したがって，DNAを構成するヌクレオチドは図2のような4種類がある。

図2 **DNAを構成するヌクレオチド**

B DNAの二重らせん構造

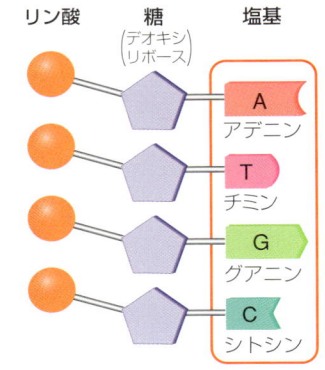

ウイルキンス（イギリス）らのX線を使った構造に関する研究によって，DNAはらせん構造をもつことが示された。また，シャルガフ（アメリカ）らによって，いろいろな生物のDNAについて，含まれる塩基AとT，GとCの数の比がそれぞれ等しいことが示された（図3，シャルガフの規則，1949年）。

問1 ある生物のDNAに含まれる全塩基のうち，Aの割合が23%の場合，他の塩基T，G，Cの割合はそれぞれ何%であると考えられるか。

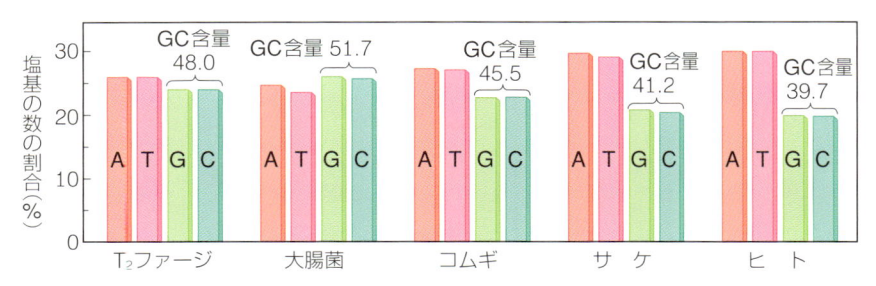

図3 **DNA中の塩基の数の割合（%）** A, T, G, Cの塩基の数を，塩基の総和を100として示す。GC含量（GとCの和）は，生物の種類によって異なる。

T₂ファージ GC含量 48.0／大腸菌 GC含量 51.7／コムギ GC含量 45.5／サケ GC含量 41.2／ヒト GC含量 39.7

❶ヌクレオチドが多数結合した物質には，ほかにRNA（▶ p.79）がある。

DNAの立体構造のモデルを提唱したのは，**ワトソン**(アメリカ)と**クリック**(イギリス)である(1953年)。

DNAは，糖とリン酸が交互につながった2本のヌクレオチド鎖から構成されており，内側に突き出た塩基のAとT，GとCとが互いに対になるように結合して塩基対をつくり，全体にねじれてらせん状になった**二重らせん構造**をしている。

図4 ワトソン(左)とクリック(右)

このモデルによると，塩基の結合はAとT，GとCと決まっており，ヌクレオチド鎖の片方の塩基の並びが決まればもう一方も自動的に決まる相補的な関係にある(図5)。

2本のヌクレオチド鎖が塩基どうしで結合して**二重らせん構造**をつくっている。
塩基の結合は，A↔T，G↔C

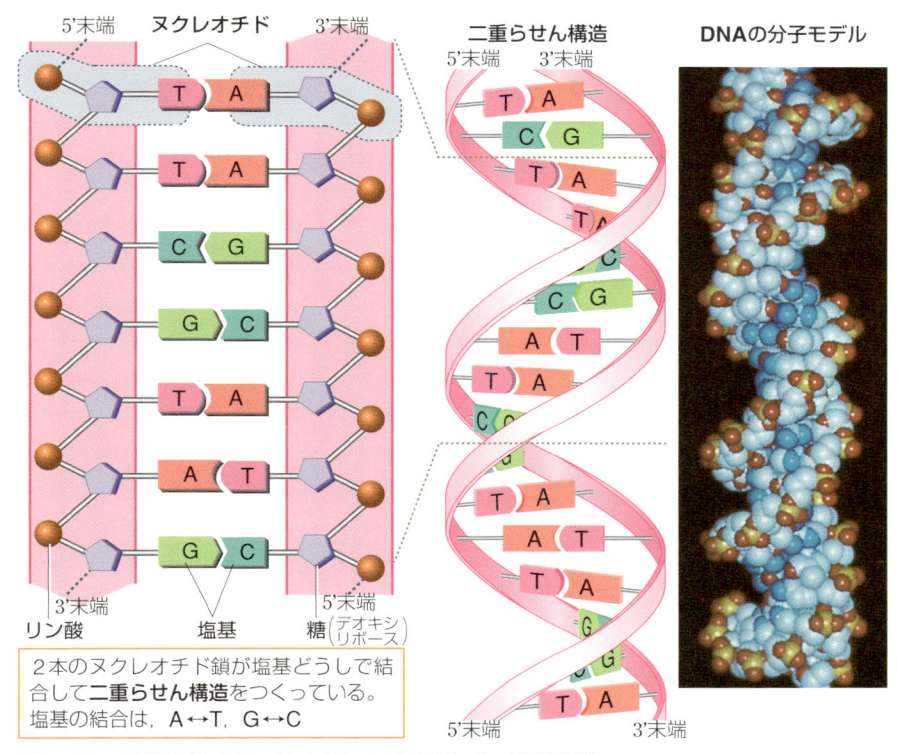

図5 **DNAの構造**(5'末端，3'末端については次ページで学ぶ)

C｜ヌクレオチド鎖の方向性

　DNAは，ヌクレオチドどうしが糖とリン酸の部分で多数つながってできたヌクレオチド鎖である❶。したがって，ヌクレオチド鎖の一方の端はリン酸で，他方の端は糖である。このように，ヌクレオチド鎖には方向性があり，リン酸側は **5'末端**，糖側は **3'末端** とよばれる（図6）。

　ヌクレオチドがつながってヌクレオチド鎖をつくるとき，ヌクレオチド鎖は 5'→3' の方向に伸長する。このとき，塩基と糖が結合したヌクレオシド▶p.72にリン酸が3つ結合した**ヌクレオシド三リン酸**❷が材料になり，そこからリン酸が2つとれるときに放出されるエネルギーを用いて，ヌクレオチド鎖の3'末端の糖に結合する。

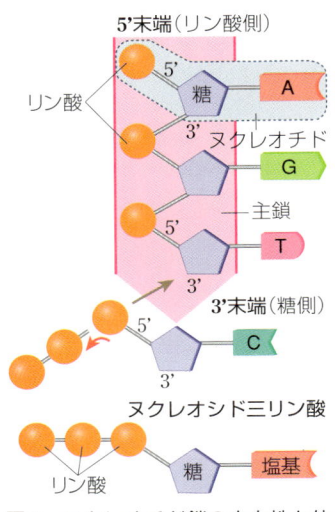

図6　ヌクレオチド鎖の方向性と伸長

参考　5'末端と3'末端

　図Ⅰに示したように，デオキシリボースやリボースを構成している炭素原子には，1'から5'までの番号がつけられている（「'」をつけるのは塩基中の炭素原子と区別するため）。1つのヌクレオチドを見ると，5'の炭素原子にリン酸が結合しており，ヌクレオチドどうしが結合するときには，このリン酸が1つ前のヌクレオチドの3'の炭素原子と結合する。この炭素原子の番号が核酸の方向性を示す名前として用いられている。

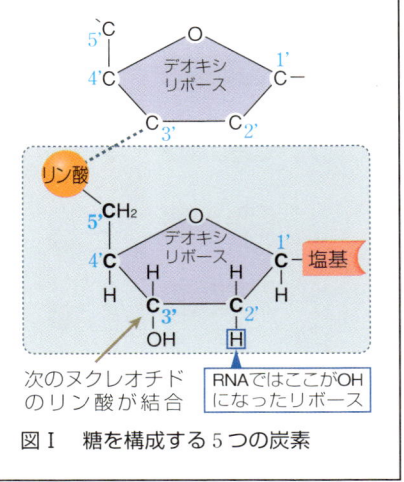

図Ⅰ　糖を構成する5つの炭素

---

❶リン酸と糖が連なってできた鎖を**主鎖**という。
❷ATP（▶p.12, 30）も，3つのリン酸，糖（リボース），塩基（アデニン）が結合したヌクレオシド三リン酸である。

相補的な塩基をもったヌクレオチドどうしが塩基を介して向かいあって結合するとき，その方向は互いに逆になる。したがって，DNAを構成する一方のヌクレオチド鎖が5'→3'の向きなら，もう一方のヌクレオチド鎖は逆向きの3'→5'の向きになって結合している。

DNAの構造について，次のような観察＆実験で模型をつくって考えてみよう。

観察＆実験　DNA模型の作製

巻末にあるヌクレオチドの型紙を用いてDNA模型を作製し，DNAの構造について考えてみよう。

準備　巻末のヌクレオチドの型紙，ケント紙，はさみ，のり

方法　① 型紙をケント紙などにコピーし，ヌクレオチドを切り取る。黒の実線部分はすべてはさみで切る。
② それぞれのヌクレオチドの塩基部分が三角柱になるように点線部----を山折りして，のりづけする。接合部（扇状の部分）は実線部分に沿って切れこみを入れておき，×部分を少し裏に，もう一方を少し表にそらす。
③ 相補的な塩基をもったヌクレオチドの水素結合||||||が合うように，ヌクレオチドの上下を逆さまにして突き出た部分を差しこむ。
④ ヌクレオチド対どうしが交差するように，接合部の×部分をはめこんでつなげていく。

考察　主鎖部分の構造から判断して，2本の鎖の両端に5'末端か3'末端かを書き入れてみよう。⬠は糖，◯はリン酸を示す。⭕は次のヌクレオチドのリン酸とその結合を示す。2本鎖を構成するそれぞれの鎖の向きの関係は互いにどのようになっているか。

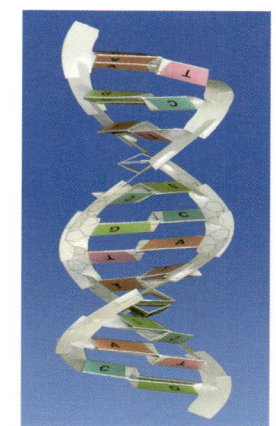

図I　完成したDNA模型

発展　班ごとなど複数人で③のヌクレオチド対を共有し，その中からそれぞれ任意に12組を選んで組み立ててみよう。各ヌクレオチド鎖および2本鎖全体で，A，T，G，Cそれぞれの塩基の占める割合（％）はどのようになったか，また，それぞれの割合は互いにどのような関係になるだろうか。

D│DNAの遺伝情報

　DNAのヌクレオチド鎖のA, T, G, Cの4つの塩基の並び方は、生物によって決まっている。このDNAの塩基の並び方(塩基配列)が、生物がもつさまざまな形質を現すための遺伝情報になっている。そのため、DNAの塩基の並び方は非常に重要である。❶

　現在では、生物がもつひとそろいのDNA(ゲノム)の全塩基配列を調べ、遺伝情報を解明することが盛んに行われている。
▶ p.115

問2　あるDNAの2本のヌクレオチド鎖の一方が　GCCTGTAAC　の塩基配列をもつ場合、これと対になるもう1本のヌクレオチド鎖の塩基配列はどのようになるか。

参考　塩基の相補性を支える結合

　DNAが二重らせん構造をとる上で、4種類の塩基がAとT、GとCが互いに対になるよう相補的に結合することは、非常に重要な役割を果たしている。このように相補的に結合するのは、塩基の構造に関係がある。

　DNAの糖とリン酸は強い結合でつながっているのに対し、AとT、GとCは互いに対になるよう、ゆるやかに結合する(水素結合)。❷ AとTは水素結合をする部分を2つずつもっているが、CとGは3つずつもっている。そのため、AはTと、CはGと結合したときに安定な構造になる。

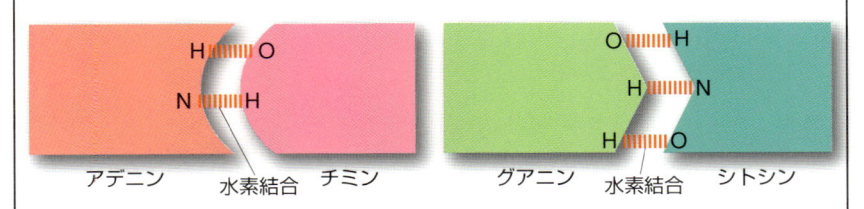

図Ⅰ　塩基間にできる水素結合
　図では各塩基の構造式は省略し、水素結合に関係のある元素だけを示している。Hどうしは結合しないため、AとT、GとCともに決まった向きで結合する。

---

❶例えば、たった1個の塩基が別の塩基に変わるだけで現れる形質が変化し、生存していく上で不利になる場合もある(▶ p.88)。
❷相補的な塩基の間の水素結合は、弱い結合で熱などではずれやすい。一方、ヌクレオチドの主鎖のリン酸と糖は共有結合という強い結合で連結されており、結合をはずすときにはより大きなエネルギーが必要である。

Column 二重らせん構造解明の陰の功労者

1953年，アメリカのワトソンとイギリスのクリックによってDNAの二重らせん構造が解明され，1962年にはその業績によってワトソンとクリックおよびウイルキンスの3名がノーベル賞を受賞した。

この功績の陰に，1人の女性科学者がいる。ロザリンド フランクリンである。フランクリンは，同じ大学の同僚であるウイルキンスとともに，結晶化させた分子にX線を照射し，その散乱パターンから立体構造を解析するX線回折という研究手法を用いてDNAの立体構造を解明しようとしていた。これに対してワトソンとクリックは，自らの推論とそれまでに集められた知見を総合し，そこからDNAの立体構造を解明しようと研究に取り組んでいた。

図I フランクリン

ワトソンとクリックは，フランクリンの撮影したDNAのX線回折の写真や実験データなどを見たことで，自分たちの「DNAは二重らせん構造をしている」という考えを確かなものにした。しかし，このフランクリンのデータは未公開のもので，フランクリンも他の人には見せたくなかったようであるが，ウイルキンスがフランクリンの承諾を得ずにワトソンとクリックに見せたといわれている。

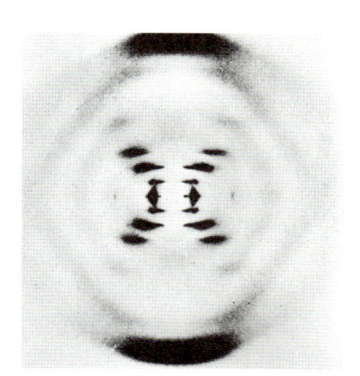

図II DNAのX線回折像

フランクリンは，1958年に37歳の若さでがんのため亡くなった。ノーベル賞は，1つの研究に3名まで，また生きている人にのみ贈られるという規定がある。そのためノーベル賞はフランクリンに贈られることはなかった。フランクリンの業績は，長い間あまり評価されなかったが，近年，再評価されるようになり，2008年にはホロウィッツ賞❶を遺贈されている。

---

❶ホロウィッツ賞とは，生物学・生化学分野において功績のあった基礎研究に贈られる賞。この賞を受賞した人の約5割がそののちノーベル賞を受賞している。日本の利根川進も1982年にホロウィッツ賞を受賞し，その5年後の1987年，ノーベル賞を受賞した。

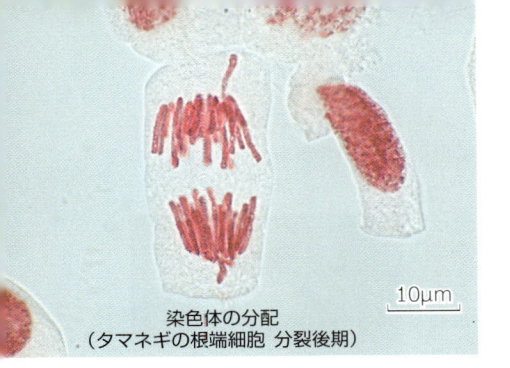

染色体の分配
(タマネギの根端細胞 分裂後期)
10μm

第2節 遺伝情報の複製と分配

1 染色体とDNAの遺伝情報

　私たちヒトのからだは，おおよそ60兆個もの細胞からできている。これらの細胞(体細胞)は，もともと受精卵という1個の細胞が体細胞分裂を繰り返しながら増えていったもので，どの細胞にも同じDNAの遺伝情報が受け継がれている。

A DNAと染色体

　ヒトをはじめとする真核生物の細胞では，DNAはおもに核の中に存在し，**染色体**を形成している。1本の染色体に含まれるDNAは，切れ目のないひとつづきのDNA分子で，核の中には染色体数と同じ数のDNA分子がある。染色体は分裂期以外の時期には核全体に分散しているが，分裂期には細長い糸状の構造が何重にも折りたたまれて凝縮され，太いひも状になる。

▶ p.124

問3 ヒトの1個の体細胞に含まれるDNAの全長はおよそ2mで，それには，およそ60億個の塩基対が含まれている。また，ヒトの体細胞には46本の染色体があって，その長さは平均すると約5μmである。ヒトの染色体1本に含まれるDNAの平均の長さは，およそいくらになるか。また，それは染色体の平均の長さの何倍になるか。

参考　相同染色体

　通常，1個の体細胞には大きさと形が同じ染色体が2本ずつある。この対になる染色体を**相同染色体**という。相同染色体はふつうn対あるので，染色体数は$2n$となる。減数分裂によって生殖細胞(配偶子)が形成されるとき，生殖細胞に受け継がれるのはこのうちの1組(n)だけだが，受精によって新個体では2組($2n$)にもどる。つまり，この2組のうち1組は父方から受け継いだDNAであり，他の1組は母方から受け継いだDNAである。

2 | 細胞分裂と遺伝情報の分配

DNAの遺伝情報は代々子孫に伝えられる。DNAの遺伝情報が子孫に正しく伝えられるのは，細胞分裂の際に，もとのDNAとまったく同一のDNAが複製され，新しい細胞に受け継がれるからである。

A | 細胞周期とDNAの分配

からだを構成する細胞は体細胞分裂によって増えていく。

体細胞分裂を繰り返す細胞では，分裂が終わってから次の分裂が終わるまでを**細胞周期**といい，分裂を行う**分裂期**（M期）と，分裂の準備を行う**間期**に分けられる（図7）。間期はDNA合成準備期（G_1期），DNA合成期（S期），分裂準備期（G_2期）の3つに分かれており，S期にDNAが複製されてDNA量が2倍になる（図8）。

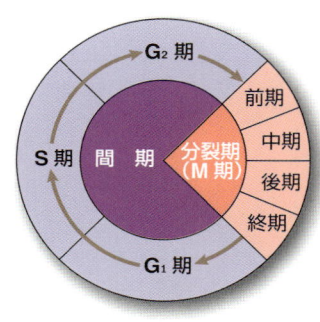

図7 細胞周期

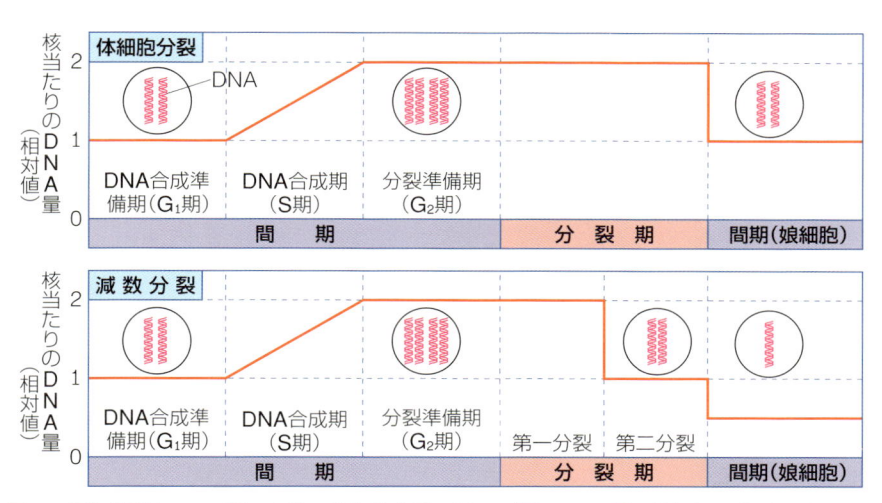

図8 **細胞分裂とDNA量の変化** 体細胞分裂では，S期にDNA量は倍加し，分裂によって母細胞と同じ量にもどる。

減数分裂は，第一分裂，第二分裂とよばれる2回の分裂からなる（▶ p.130）。減数分裂でも，分裂に先立つ間期のS期にDNA量は倍加する。しかし，2回の引き続く分裂のうち，第一分裂と第二分裂の間でDNAの複製が行われないため，減数分裂でできた4つの娘細胞のDNA量は母細胞の半量になる。

細胞は，1回の細胞周期でDNAの複製と娘細胞への分配を行っている。これを繰り返すことによって，娘細胞は母細胞とまったく同じDNAの遺伝情報をもつことになる。

次ページのような観察＆実験を行って，細胞分裂によってDNA（染色体）が分配されていることを観察してみよう。

参考　細胞周期における染色体の変化

私たちが引越しをするとき，大きく広がっているものはそのまま運ばず，できるだけ小さくまとめて運ぶ。例えば，じゅうたんなどは丸めて筒状にして，それを運搬する。

それと同じように，細胞分裂でも，複製され核内に伸び広がっている染色体を太いひも状に荷造りし，その後それらを均等に分配している。これによってまったく同じ染色体が娘細胞に分配されることになる。

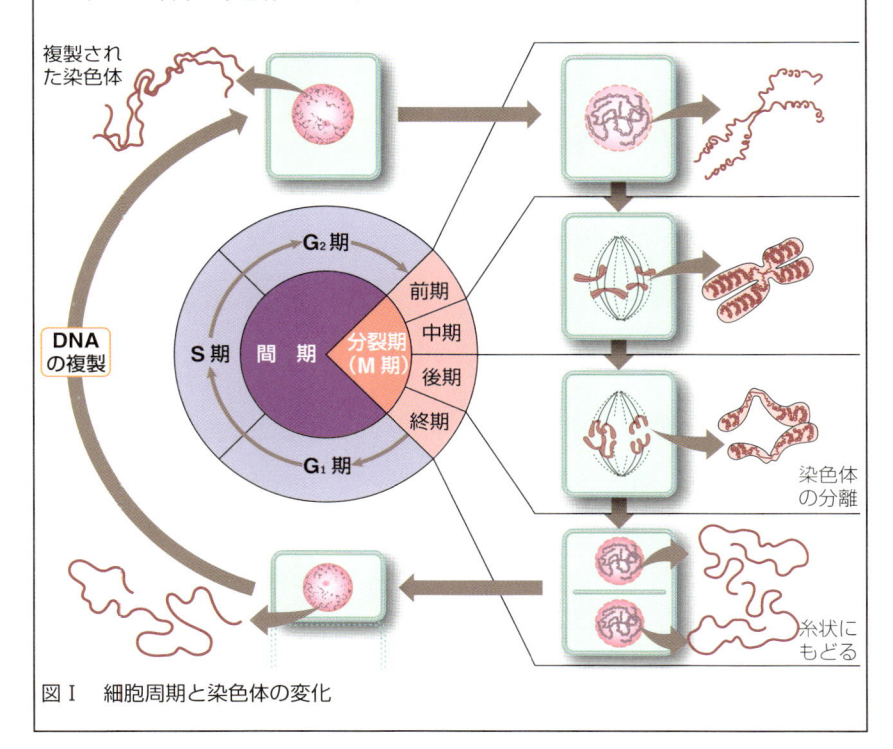

図I　細胞周期と染色体の変化

観察＆実験　体細胞分裂の観察

体細胞分裂において，分裂の前後で染色体が均等に分配されることを観察してみよう。

また，間期と分裂期の時間の割合を求めてみよう。

準備　〔材料〕タマネギ（またはネギ）の根端…りん茎から発根させるか，種子を水で浸したろ紙の上にまき，発根させる。

〔器具・薬品〕固定液…酢酸アルコール（エタノール 30 mL ＋氷酢酸 10 mL の混合液）

解離用…ビーカー，試験管，温度計，3％塩酸❶

観察用…検鏡セット，ろ紙，酢酸オルセイン液

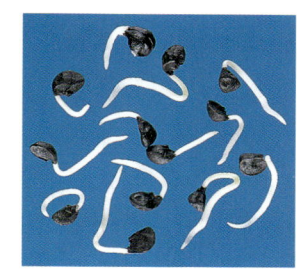

図Ⅰ　種子からの発根

方法　① 根の先端部から 1 cm 程度のところで切り取り，固定液に 10 〜 15 分入れる（**固定**）。

② 固定した根端を水で十分洗った後，60 ℃に温めた 3％塩酸に 1 分程度浸し，個々の細胞を離れやすくする（**解離**）。

③ この根を水洗した後，スライドガラスにのせ，先端から 3 mm 程度を残し，それに酢酸オルセイン液を 1 滴落とす（**染色**）。

④ カバーガラスをかけ，ろ紙をおいてその上から親指の腹で押して細胞を押し広げる（**押しつぶし**）。

⑤ 400 〜 600 倍で観察し，図Ⅱの写真を参考にして，顕微鏡の視野の中に観察できる分裂期と間期の細胞数をそれぞれ数える。

考察　① 得られたさまざまな時期の分裂像から染色体が均等に分配されていることを観察する。

② 観察によって得られた分裂期と間期の細胞数の割合が，細胞周期の各期の時間の割合と等しくなると考えると，間期の時間は，細胞周期のうちのどれだけの割合になるか。

間期の時間の割合＝

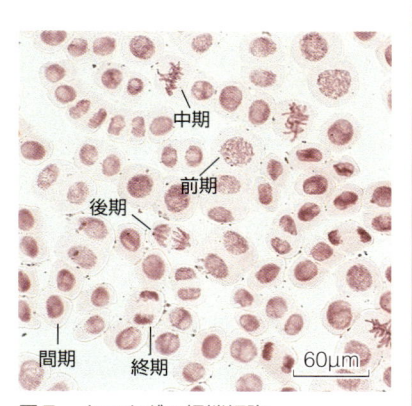

$$\frac{間期の細胞数}{全細胞数} \times 100 \, (\%)$$

図Ⅱ　タマネギの根端細胞

❶質量パーセント濃度

3 DNAの複製

A 半保存的複製

細胞分裂の際，ふつう母細胞のDNAからまったく同一のDNAが複製され，娘細胞に分配される。

DNAが複製されるとき，もとのDNAの2本のヌクレオチド鎖がそれぞれ鋳型(いがた)となって，相補的な塩基配列をもつヌクレオチド鎖が新しくつくられる。こうして複製されたDNAは，もとのDNAとまったく同じ塩基配列をもち，もとのDNAを構成していたヌクレオチド鎖と新しくつくられたヌクレオチド鎖(新生鎖)の組み合わせでできている。このような複製方式を**半保存的複製**(はんほぞんてきふくせい)といい，**メセルソンとスタール**(ともにアメリカ)によって証明された。
▶ p.75

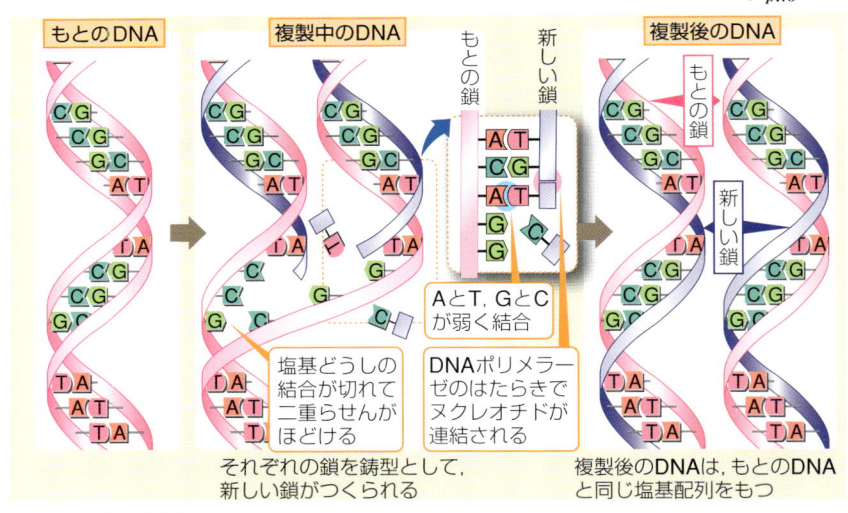

図9 DNAの複製

B 複製のしくみ

DNAの複製は，DNAヘリカーゼという酵素によって二重らせん構造の一部分がほどかれて始まる。まず，鋳型となるヌクレオチド鎖(図10，図11 ┳┳┳ ┻┻┻)の塩基に相補的な塩基をもつヌクレオシド三リン酸が結合する。その後，ヌクレオシド三リン酸から2つのリン酸がとれて，伸長中の新生鎖の3'末端の糖に結合する。このはたらきは，**DNAポリメラーゼ(DNA合成酵素**(ごうせいこうそ))という酵素による。

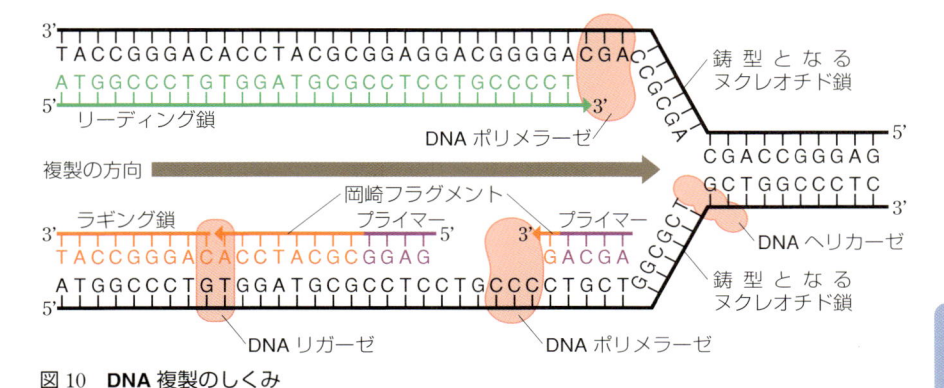

図10 DNA複製のしくみ

　DNAポリメラーゼは，5'→3'方向にだけヌクレオチド鎖を伸長することができる。したがって，DNAを構成する2本鎖のうち一方のヌクレオチド鎖には，DNAがほどけていく方向(同図左から右)に連続的に新しい鎖が合成されていく。これを**リーディング鎖**という(同図➡)。

　DNAを構成する2本鎖は互いに逆向きに結合しているため，もう一方のヌクレオチド鎖では逆向きに新生鎖が合成される。つまり，DNAがほどけてある程度1本鎖の部分が長くなると，DNAポリメラーゼが，DNAのほどけていく方向とは逆方向に新生鎖を合成してDNAの断片をつくる。できた断片は，**DNAリガーゼ**という酵素によってすでにつくられた断片とつながれる。このように，断片がつくられながら不連続に複製される新生鎖を**ラギング鎖**という(同図⬅⬅)。DNA複製の過程でつくられるラギング鎖の断片は，発見者にちなんで，**岡崎フラグメント**とよばれている。

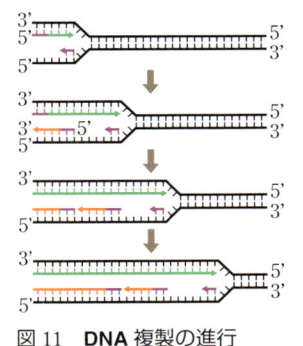

図11 DNA複製の進行

　DNAポリメラーゼはまた，ヌクレオチド鎖を伸長することはできるが，ゼロから新生鎖を合成することはできない。そこで，複製の開始時にはまず，**プライマー**とよばれる，複製開始部に相補的な短いRNA❶が合成され，プライマーにつなげてDNAポリメラーゼが新生鎖を伸長していく。プライマーは最終的には分解されてDNAにおきかえられる。

❶ DNA複製時に合成されるプライマーはRNAであるが，DNAのプライマーもある(▶ p.112)。

II 遺伝子とそのはたらき

Column 岡崎令治―岡崎フラグメントの発見者

　岡崎フラグメントは，発見者である岡崎令治にちなんで名づけられた。当時，DNAポリメラーゼが5'→3'方向にしかヌクレオチド鎖を伸長しないことが知られており，互いに逆向きに結合したDNAの2本鎖のうちの一方が，どのように3'→5'方向に複製されるのかは，大きな謎であった。岡崎は，DNA合成前駆体のようなものがあるはずだと考えて，夫人の協力のもとに研究を重ね，ついに岡崎フラグメントを発見した(1966年)。その後，プライマーなども発見され，DNA複製機構の全容が解明された。1975年，岡崎は44歳の若さで慢性骨髄性白血病で急逝した。

図I　岡崎令治

C 複製の誤りと修復

　DNAポリメラーゼには，伸長中のDNA鎖の3'末端からヌクレオチドを取り除くはたらきもある。DNAが複製されるとき，10^5塩基対に1個の割合で，相補的でない塩基をもつヌクレオチドどうしが塩基対をつくるといわれている。誤った塩基対が形成されると，DNAポリメラーゼは次のヌクレオチドを結合せず，誤ったヌクレオチドを取り除いて正しいヌクレオチドをつなぎ直す。このようなしくみにより，複製時の誤りは約10^9塩基対に1個の割合にまで減少する。

参考　複製の開始

　DNAの複製は，複製起点とよばれる決まった領域で始まり，そこから両方向に複製する。真核生物のDNAは線状で，複製起点が1染色体当たり数十から数百か所ある。多くの場所から複製が始まることで速やかに複製される(図I)。一方，原核生物のDNAは環状で真核生物よりはるかに小さく，複製起点も1か所である。

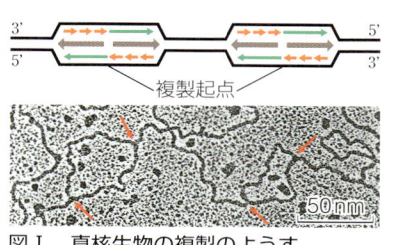

図I　真核生物の複製のようす
写真では↑の箇所で複製が進んでいる

思考学習　メセルソンとスタールの実験

DNAの複製には次の3つの仮説があった（図Ⅰ）。

仮説1．鋳型となるもとのDNA 2本鎖はそのまま残り，新たなDNA 2本鎖ができる保存的複製

仮説2．もとのDNA 2本鎖のそれぞれの鎖に新たなヌクレオチド鎖が合成される半保存的複製

仮説3．もとのDNA 2本鎖は分解され，もとのDNA鎖と新しいDNA鎖が混在するDNA 2本鎖ができる分散的複製

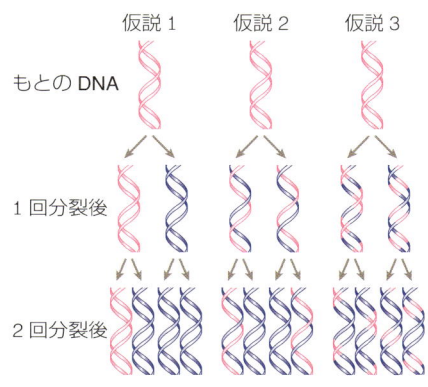

図Ⅰ　**DNAの複製の3つの方式**

メセルソンとスタールは，次のような実験を行い，DNA複製の方式を明らかにした（1958年）。

大腸菌に，窒素（N）を^{14}Nよりも重い^{15}Nでおきかえた塩化アンモニウム（^{15}NH$_4$Cl）を栄養分として与えると，^{15}Nからなる塩基をもつ重いDNAができる。大腸菌の窒素がほとんど^{15}Nにおきかわったところで，^{14}NH$_4$Clを含む培地に移して大腸菌をさらに増殖させた。そして，1回，2回，…と分裂を繰り返した菌からDNAを抽出し，遠心分離によってその比重を調べた。

その結果，もとの大腸菌のDNAは，^{15}NのみからなるDNAで，1回分裂後のDNAは，^{15}Nのみからなる

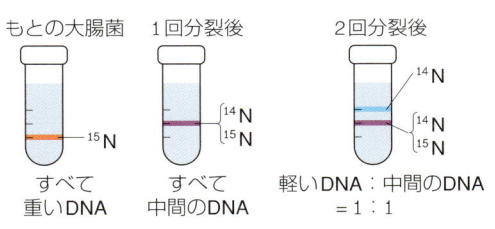

図Ⅱ　**メセルソンとスタールの実験結果**

DNAと^{14}NのみからなるDNAの中間の重さのDNAだけ，2回分裂後のDNAは，中間のものと^{14}Nのみからなる軽いものが1：1であった（図Ⅱ）。

考察1．この結果から，仮説1〜3のどれが正しいといえるか。

考察2．大腸菌を^{14}Nの培地に移してから，3回分裂した後と4回分裂した後のDNAには，それぞれどのような重さのDNAがどのような割合で含まれると考えられるか。

発展　DNA末端の複製

　DNA複製は正確に行われるが，線状のDNAをもつ真核細胞の場合，末端部分は完全に複製されない。DNAの末端には**テロメア**とよばれる特定の塩基配列の繰り返しが存在し，細胞分裂でDNA複製を繰り返すたびにテロメアが短くなることが知られている。これは，新生鎖の5'末端では，いちばん端に合成された岡崎フラグメントのプライマーの分だけDNAが複製されないためである。テロメアの長さが一定以下になると細胞分裂が停止することがわかっており，このことは細胞の老化や寿命に関係していると考えられている。

図I　DNA末端の複製

4 分化した細胞の遺伝情報

　多細胞生物のからだは，もともと1個の受精卵が体細胞分裂を繰り返しながら増えていったもので，この過程において，分裂した細胞が骨や筋肉など特定の形やはたらきをもった細胞に変化していくことを細胞の**分化**という。

　からだを構成するすべての細胞が受精卵からできるということは，受精卵にはそれらの細胞に必要なタンパク質を合成するための情報がすべて含まれているということでもある。この情報は，体細胞分裂時に複製・分配されるので，すべての体細胞は，すべての遺伝情報をもつことになる。しかし，分化した後の細胞では，すべての遺伝子が常にはたらいているわけではなく，部位に応じてはたらく遺伝子が異なっている（図12）。

だ腺細胞
アミラーゼ遺伝子がはたらく

皮膚細胞
コラーゲン遺伝子がはたらく

ランゲルハンス島のB細胞
インスリン遺伝子がはたらく

筋細胞
アクチン遺伝子がはたらく

個体を形成する細胞は，すべて同じDNAをもつが，部位によってはたらく遺伝子が異なる

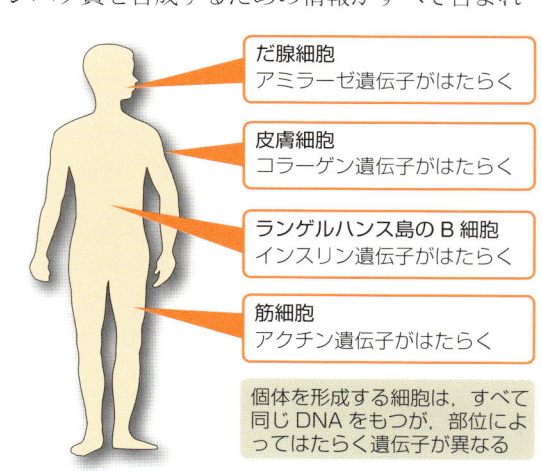

図12　いろいろな細胞での選択的遺伝子発現の例

参考 からだを構成する細胞は すべての遺伝情報をもつ

　細胞分裂において，DNAの複製と分配は正確に行われ，分化した細胞にも受精卵と同じ個体形成に必要なすべての遺伝情報が含まれている。

　イギリスのガードンは，アフリカツメガエルの幼生（オタマジャクシ）の小腸の上皮細胞から核を取り出し，これを紫外線を照射して核のはたらきを失わせた未受精卵に移植した（図Ⅰ）。この実験では，核移植の方法に種々の工夫がなされ，最終的に低い割合であるが，核を移植した卵から正常な幼生や成体が得られた。

　このことから，分化したカエルの細胞の核にも，からだをつくるのに必要なすべての遺伝子があることが示された。

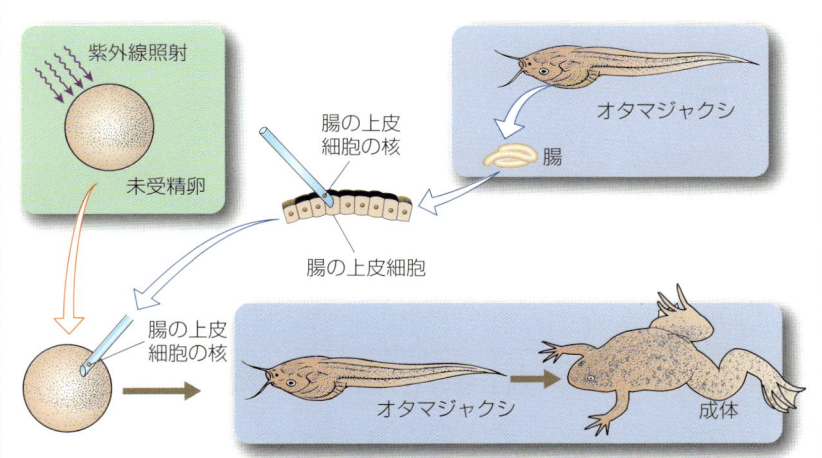

図Ⅰ　アフリカツメガエルの核移植実験　遺伝的に同一な生物集団を**クローン**という。この実験で得られた個体と核を取り出した個体とは遺伝的に同一なので，これらはクローンである。

ガードンの実験の意義　受精卵がもっているすべての遺伝子は，分化した細胞でも失われていない。しかし，以前は，発生や成長の過程で不要な遺伝子が失われていくとする説もあった。その説を否定したのが，このようなガードンの実験である。

　この実験から，発生が進んで分化を終えたカエルの細胞の核にも，個体形成に必要なすべての遺伝子が残っていることが示され，発生や成長の過程で遺伝子が失われていくという説は否定されたのである。

---

❶受精卵の核は1個の成体を構成するすべての細胞をつくりだす能力をもっている。このような性質を**全能性**という。

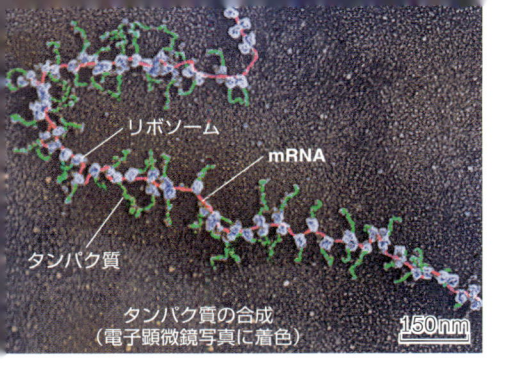

第3節 遺伝情報の発現

1 遺伝情報とその発現

A 遺伝情報の流れ

遺伝情報はDNAの塩基配列にあり，遺伝子はタンパク質の合成を支配している。つまり，DNAの4種類の塩基の配列が，アミノ酸の種類・数・配列順序を指定することによって，どのようなタンパク質が合成されるかを決めている（図13）。

DNAの塩基配列（遺伝情報） ⇒ アミノ酸の種類と配列の決定 ⇒ タンパク質の決定

図13 DNAの遺伝情報とタンパク質

参考　遺伝情報とアミノ酸の指定

DNAの塩基は4種類で，タンパク質を構成するアミノ酸は20種類である。塩基の配列はアミノ酸の配列をどのようにして指定するのだろうか。

DNAの4つの塩基がそれぞれ1つのアミノ酸を指定していると考えると，指定できるアミノ酸の数は4種類となる。

2個続きの塩基の組み合わせで1つのアミノ酸を指定していると考えると，$4 \times 4 = 16$種類で，これらの方式では20種類のアミノ酸を指定するのに不十分である。

3個続きの塩基（トリプレット）で1個のアミノ酸を指定していると考えると，可能な組み合わせは$4 \times 4 \times 4 = 64$種類となり，20種類のアミノ酸を指定するのに十分な数となる。

表I　塩基数と配列数

塩基数	配列
1個	4通り
2個	16通り
3個	64通り

遺伝子が発現してタンパク質が合成される過程は、DNAの塩基配列がRNAの塩基配列へと写し取られる**転写**とよばれる段階▶p.80と、RNAの塩基配列がアミノ酸配列へとおきかえられる**翻訳**とよばれる段階の、2つの段階に分けられる(図14)。

B RNA

RNA(リボ核酸)ribonucleic acid は核酸の一種で、タンパク質合成の過程で重要なはたらきをしている。DNAと比較して、RNAは次のような特徴をもっている。

図14 遺伝情報の流れ

- 1本鎖である。
- 糖としてリボースをもつ。
- アデニン(A)に相補的な塩基として**ウラシル**(U)uracil をもち、チミン(T)をもたない。

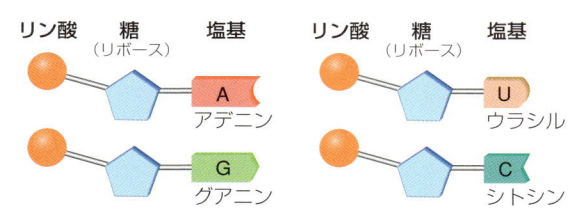

図15 **RNA**を構成するヌクレオチド

参考 RNAの立体構造

1本鎖からなるRNAの中には、複雑な立体構造をとるものがある。これは、1本のRNAの塩基配列の中に、互いに相補的な塩基配列が含まれていることがあるためで、このとき、RNAは相補的な塩基配列どうしで部分的に二重らせんをつくって立体構造をとる。図ⅠはRNAの一種であるtRNAの分子内の相補的な塩基対を示したものである。▶p.83 立体構造は、RNAの機能上、重要な役割を果たしている。

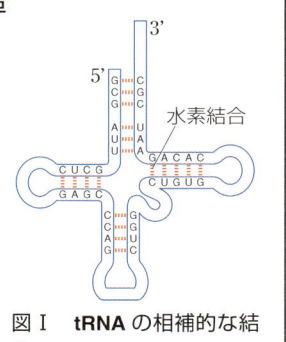

図Ⅰ tRNAの相補的な結合

---

❶遺伝情報がDNA→RNA→タンパク質の順に一方向に伝達されることはすべての生物に共通するもので、クリックはこれを**セントラルドグマ**とよんだ(1958年)。

2 | 転写とスプライシング

A | RNA の合成

　RNA は，DNA の塩基配列の一部を写し取るようにしてつくられる。

　まず，DNA の 2 本鎖が特定の部分からほどけて塩基どうしの結合が切れる。ほどけた部分では **RNA ポリメラーゼ**（**RNA 合成酵素**）という酵素が**プロモーター**とよばれる特別な塩基配列の部分に結合する。2 本鎖のうち，プロモーターをもつ側の鎖に，相補的な塩基をもつリボースからなるヌクレオシド三リン酸がやってきて塩基どうしで水素結合する。このとき，DNA は塩基としてチミン(T)をもつが，RNA はチミン(T)をもたず，かわりにウラシル(U)をもっているので，DNA と RNA の塩基の対応は図 16 のようになる。

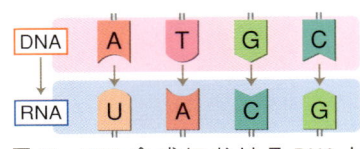

図 16　RNA 合成における DNA と RNA の塩基の対応

　その後，RNA ポリメラーゼが，移動しながら，ヌクレオシド三リン酸から 2 つのリン酸をはずして端から順に連結していき，DNA の塩基配列を写し取った新しい RNA 分子ができる。❶

　このように，2 本鎖 DNA の一方の鎖(鋳型鎖)の塩基配列に対応した RNA を合成することを**転写**という(図 18 ①)。

B | スプライシング

　真核生物の遺伝子では，DNA の塩基配列に，翻訳されない配列(**イントロン**)が含まれている場合が多い。転写によってできる RNA からイントロンが除かれる過程のことを，**スプライシング**といい，スプライシングを受けたあとの RNA が **mRNA**(伝令 RNA)となる。また，イントロンに対して，翻訳される塩基配列を**エキソン**という。真核生物の多くの遺伝子

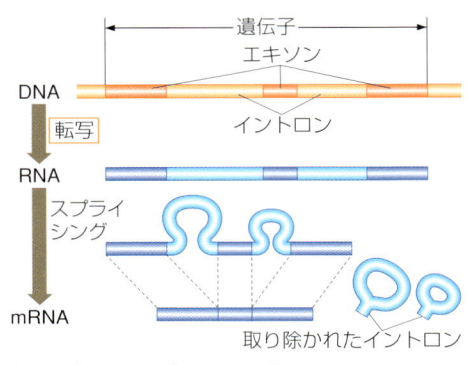

図 17　転写とスプライシング

では，複数のエキソンがイントロンで分断された構造をしている（図17，図18②）。

真核生物においては，転写・スプライシングの過程は核の中で行われる（図18）。

問4 ある2本鎖DNAの鋳型鎖が，GCCTGTAACの塩基配列をもつ場合，これをもとに合成されるRNAの塩基配列はどのようになるか。また，この合成されたRNAの塩基配列と，2本鎖DNAの鋳型鎖と対をなす非鋳型鎖の塩基配列には，どのような違いがあるか。

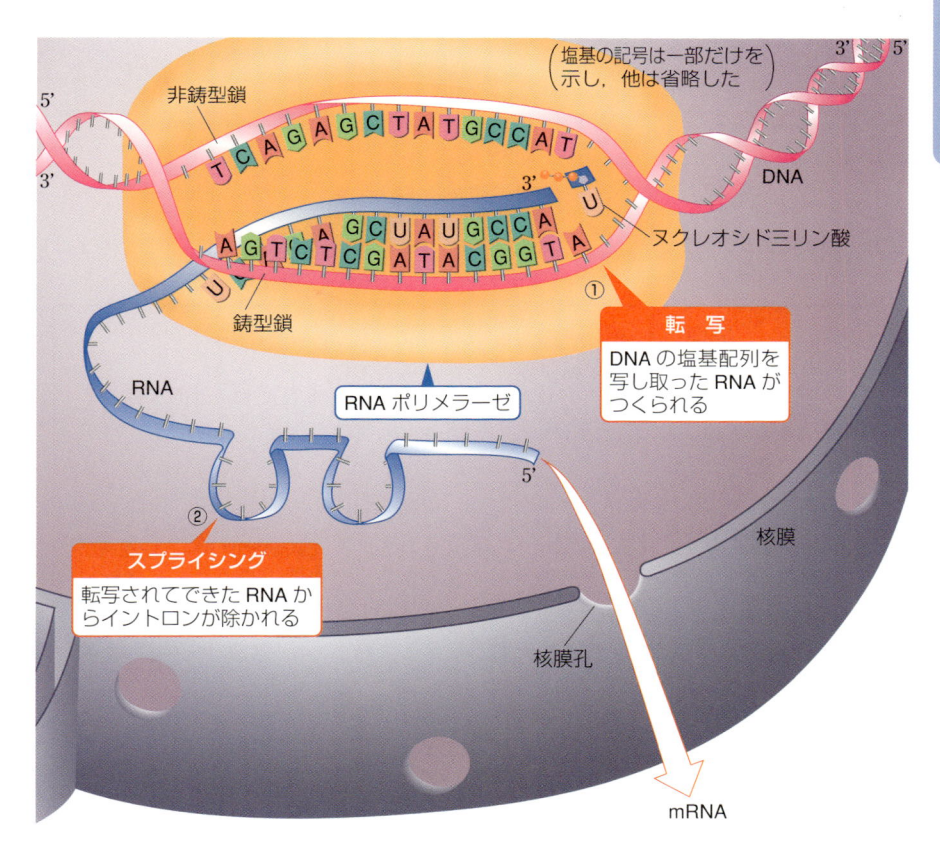

図18 真核生物の転写とスプライシング

---

❶ RNAは，5'→3'の方向に順に合成されていく。転写にはたらくRNAポリメラーゼはプライマーを必要としない点で，DNAポリメラーゼとは異なっている。
❷ スプライシングは原核生物の一部でも観察されている。

C 選択的スプライシング

転写されたRNAからmRNAがつくられるとき，スプライシングによって除かれる部分の違いによって，異なるmRNAができることがある。これを**選択的スプライシング**という。1つの遺伝子でも，どの部分が除かれるかによって，複数種類のmRNAがつくられ，その結果，複数種類のタンパク質が合成される（図19）。
▶ *p.54*

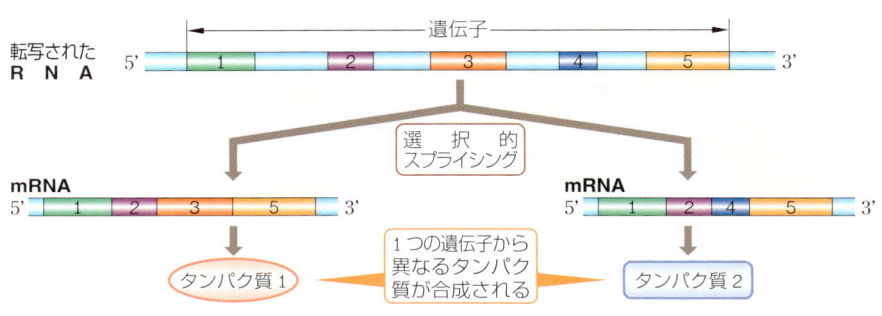

図19 選択的スプライシング

発展　転写後の過程 ― mRNA になる前に ―

真核生物においてタンパク質が合成されるとき，転写されたRNAは，スプライシングだけでなく，キャップやポリA尾部の付加などの修飾を受けてmRNAとなる。

転写されてできたRNAの5'末端のリン酸には，メチル基($-CH_3$)のついたグアニンヌクレオチドが結合する。この構造は**キャップ**とよばれ，リボソームがmRNAと結合するのに必要であると考えられている。また，転写されてできたRNAの3'末端には，200個にも及ぶ連続したアデニンヌクレオチドが付加される。この構造は**ポリA尾部**とよばれ，効率のよい翻訳に必要であると考えられている。

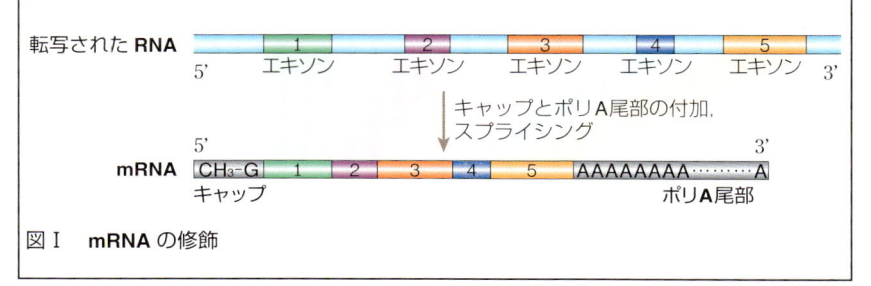

図Ⅰ　mRNA の修飾

3 翻 訳

A タンパク質合成にはたらく RNA

タンパク質合成においては，mRNA，tRNA，rRNAの3種類のRNAがはたらいている（図20）。

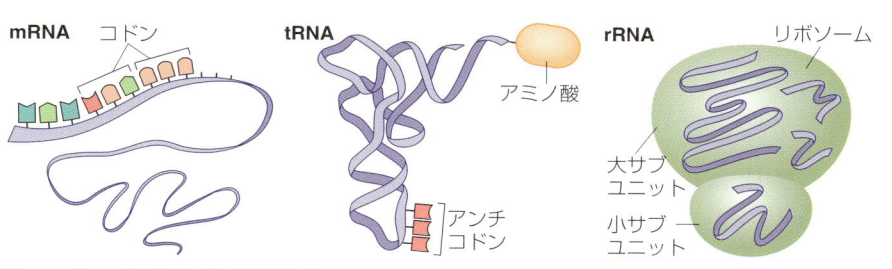

図20 タンパク質合成にはたらくRNA

核内で転写・スプライシングの過程を経てできた**mRNA**は，核膜孔から細胞質へ出て，タンパク質合成の場であるリボソームへ移動する。mRNAはDNAの遺伝情報を写しとったもので，mRNAにおける連続した塩基3個ずつの配列を**コドン**という。コドンがアミノ酸を指定している。

tRNA（転移RNA, transfer RNA）には塩基配列の異なるさまざまな種類があり，これらは，それぞれ特定のアミノ酸を結合して，リボソームに運搬する役割をもつ。tRNAは，運搬するアミノ酸の種類に応じた特定の塩基3個の配列（**アンチコドン**）をもっており，この部分でmRNAのコドンと結合する（図21）。

タンパク質合成の場となるリボソームは，大サブユニットと小サブユニットで構成されており，それぞれのサブユニットは，**rRNA**[❶]（リボソームRNA, ribosomal RNA）とタンパク質からできている。

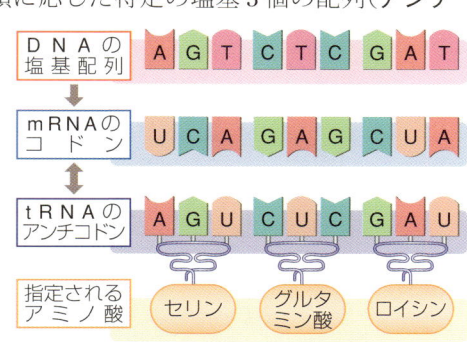

アミノ酸はペプチド結合によってつながる

図21 DNAの塩基配列とアミノ酸の対応

---

❶ rRNAには触媒の機能をもつものがあり，このようなRNAをリボザイムという。リボザイムが触媒機能をもつことはRNAが立体構造をとることとかかわっている。

B タンパク質の合成

タンパク質の合成はリボソームで行われる。

① 核膜孔を通って細胞質に出たmRNAにリボソームが付着する。
② mRNAのコドンに対応するアミノ酸を結合したtRNAが、アンチコドンの部分でmRNAのコドンと結合する。❶
③ tRNAによって運ばれたアミノ酸は、できつつあるタンパク質(ペプチド鎖)の末尾のアミノ酸とペプチド結合し、❶ アミノ酸を運んできたtRNAはmRNAから離れる。❶

　この過程は、mRNAの塩基配列がアミノ酸配列に読みかえられる過程で、遺伝情報の**翻訳**とよばれる。リボソームがmRNA上を移動しながらこのような過程が繰り返されて、DNAの遺伝情報通りのタンパク質が合成される❷(図22)。

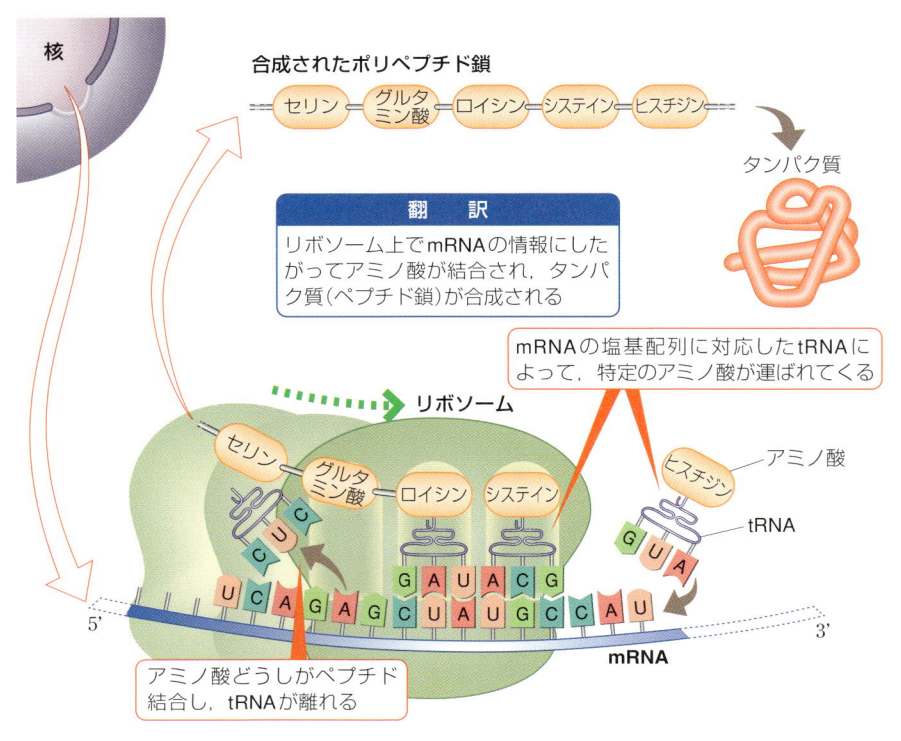

図22　タンパク質合成の過程

C｜コドンとアミノ酸

　mRNAのコドンがどのアミノ酸を指定するかは，1960年代の半ばまでにアメリカのニーレンバーグやコラナらによって解明された（表1）。その結果，64通りのコドンに対してタンパク質を構成するアミノ酸は20種類であり，複数種類のコドンが同一のアミノ酸を指定する場合があることがわかった。例えば，グルタミン酸を指定するコドンにはGAAとGAGの2種類がある。また，アラニンを指定するコドンにはGCU，GCC，GCA，GCGの4種類があり，最初の2つの塩基がGCならば，3番目がどの塩基でもアラニンを指定する。

　コドンの中にはほかの役割をもつものもある。AUGはメチオニンを指定すると同時に，タンパク質合成の開始点を指定する**開始コドン**としてはたらくこともある。また，UAA，UAG，UGAはアミノ酸を指定せず，タンパク質合成の終了を示す**終止コドン**としての役割をもつ。

表1　遺伝暗号表（mRNA）

1番目の塩基		2番目の塩基				3番目の塩基
		U	C	A	G	
U		UUU／UUC｝フェニルアラニン／UUA／UUG｝ロイシン	UCU／UCC／UCA／UCG｝セリン	UAU／UAC｝チロシン／UAA／UAG｝終止コドン	UGU／UGC｝システイン／UGA 終止コドン／UGG トリプトファン	U／C／A／G
C		CUU／CUC／CUA／CUG｝ロイシン	CCU／CCC／CCA／CCG｝プロリン	CAU／CAC｝ヒスチジン／CAA／CAG｝グルタミン	CGU／CGC／CGA／CGG｝アルギニン	U／C／A／G
A		AUU／AUC／AUA｝イソロイシン／AUG（開始コドン）メチオニン	ACU／ACC／ACA／ACG｝トレオニン	AAU／AAC｝アスパラギン／AAA／AAG｝リシン	AGU／AGC｝セリン／AGA／AGG｝アルギニン	U／C／A／G
G		GUU／GUC／GUA／GUG｝バリン	GCU／GCC／GCA／GCG｝アラニン	GAU／GAC｝アスパラギン酸／GAA／GAG｝グルタミン酸	GGU／GGC／GGA／GGG｝グリシン	U／C／A／G

❶リボソームには，tRNAのはたらきにかかわる3つの部位がある。リボソームの進行方向に近い1つ目の部位では，アミノ酸を結合したtRNAがmRNAに結合し，2つ目の部位では，伸長中のペプチド鎖に次のアミノ酸がつなげられ，3つ目の部位では，アミノ酸を離したtRNAがmRNAからはずれる。

❷できたタンパク質は立体構造をとり，糖鎖の付加やリン酸化など必要な修飾を受け，細胞内または細胞外へ輸送（▶ p.44）されて必要な場所で機能する。

思考学習　遺伝暗号の解読

ニーレンバーグらは，大腸菌をすりつぶした抽出液（リボソーム，各種の酵素，各種のアミノ酸，各種のtRNAなど，タンパク質の合成に必要なものがすべて含まれている）に，ウラシル(U)だけからなる人工的に合成したRNA(UUUUU…)を加え，タンパク質合成を行わせた。その結果，フェニルアラニンだけからなるポリペプチド鎖が合成された（図Ⅰ，1961年）。この結果は，人工RNAがmRNAとしてはたらき，UUUのコドンがフェニルアラニンを指定することを示唆した。

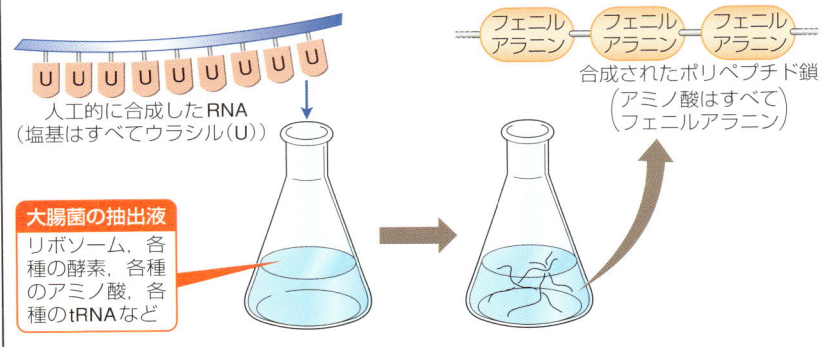

図Ⅰ　ニーレンバーグらの実験

同様に，特定の塩基配列をもつRNAを人工的に合成し，それを大腸菌をすりつぶした抽出液に加えて，以下の実験1～3のようにタンパク質合成を行わせた。

実験1． UGUGUG…（UGの繰り返し）の塩基配列をもつ人工RNAからは，システインとバリンが交互に配列したポリペプチド鎖が合成された。

実験2． UUGUUG…（UUGの繰り返し）の塩基配列をもつ人工RNAからは，ロイシン，システイン，バリンのいずれかだけからなる3種類のポリペプチド鎖が得られた。

実験3． GGUGGU…（GGUの繰り返し）の塩基配列をもつ人工RNAからは，グリシン，バリン，トリプトファンのいずれかだけからなる3種類のポリペプチド鎖が得られた。

考察　実験1～3の結果から，指定するアミノ酸の種類が判明したコドンがあれば，そのコドンとアミノ酸の種類をあげよ。

4 原核細胞のタンパク質合成

　真核細胞では，転写が核内で完了してから，翻訳が細胞質で行われる。すなわち，遺伝情報の転写と翻訳は，空間的にも時間的にもはっきりと分けられている。

　一方，原核細胞は，核膜がない，DNAが小さく環状である，転写されたRNAに対してスプライシングがほとんど起こらない，などの特徴をもつ。そのため，真核細胞とは異なり，DNAの遺伝情報の転写が始まると，転写途中のmRNAに次々とリボソームが付着して翻訳が始まる（図23）。

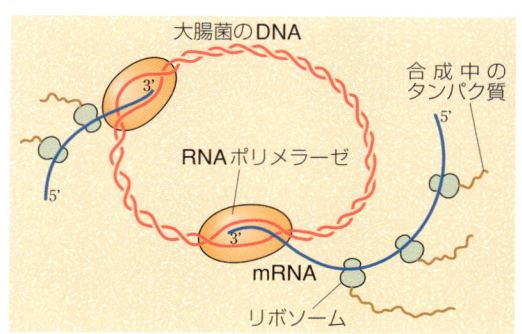

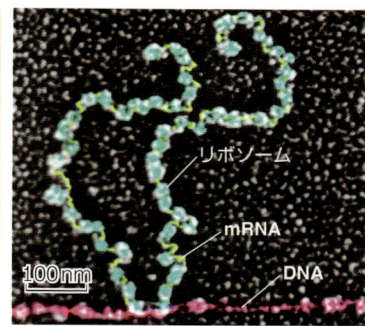

図23　原核細胞でのタンパク質合成（右の写真は電子顕微鏡写真に着色したもの）

発展　遺伝情報の逆転写

　真核細胞と原核細胞とではタンパク質合成のしくみに違いが見られるが，DNAの遺伝情報が，DNA―（転写）→ RNA ―（翻訳）→ タンパク質の順に伝達される点は共通している。

　ところが，ウイルスの中には，RNAを遺伝子としてもつものがあり，その中に，この流れに反して，感染した宿主細胞の中でRNAをもとにそれと相補的な塩基配列をもつDNAを合成するものがいる。このようなウイルスはレトロウイルスとよばれ，例えば，エイズ（AIDS，後天性免疫不全症候群）の原因となるHIV（ヒト免疫不全ウイルス）もその一種である。RNAからDNAを合成するはたらきは，DNAからRNAへの遺伝情報の転写の逆であり，**逆転写**とよばれる。レトロウイルスは，逆転写にはたらく**逆転写酵素**という酵素をもっている。

5 | 遺伝情報の変化と形質への影響

A | 遺伝情報の変化

　DNAは化学的に安定な物質で,通常,塩基配列は細胞内で安定に保たれる。しかし,放射線やある種の化学物質によって損傷を受けたり,複製時の偶然的な誤りによって,DNAの塩基配列が変化することがある。これを**突然変異**といい,突然変異は,形質にさまざまな影響を及ぼす場合がある。塩基配列の変化には,置換,挿入・欠失などがある。

❶ 置換　1つの塩基が別の塩基におきかわっても(置換),その塩基を含むコドンが同じアミノ酸を指定している場合には,正常な遺伝子と同じタンパク質が合成され,形質には影響を与えない(図24 ⓐ)。このような塩基配列の変化は,形質には現れない遺伝的な多様性をもたらす。

　1つの塩基の置換によって指定するアミノ酸が変化する場合は,形質に影響を与える(同図ⓑ)。ただし,その影響は,アミノ酸配列の変化によるタンパク質の立体構造や機能への影響の程度によって,生存にかかわるものからほとんど益も害もないものまでさまざまである。

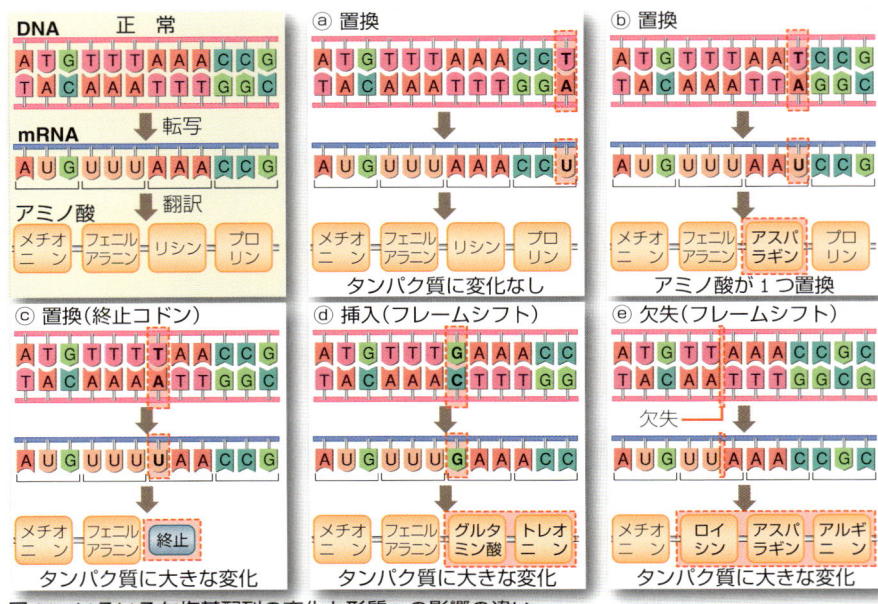

図24　いろいろな塩基配列の変化と形質への影響の違い

1つの塩基の置換によってアミノ酸を指定しない終止コドンが新たにできてしまうと，それ以降は翻訳されず正常なタンパク質が合成されなくなることから，形質に大きな影響を与えることが多い(同図ⓒ)。

❷ **挿入・欠失**　1つのヌクレオチドが挿入されたり(挿入)，失われたり(欠失)すると，コドンの読みわくがずれる**フレームシフト**が起こり，それ以降のアミノ酸配列が大きく変わる(同図ⓓ，ⓔ)。このような突然変異も形質に大きな影響を与える可能性が高い。

B｜鎌状赤血球貧血症

　DNAの塩基配列の変化が形質に影響する例として，**鎌状赤血球貧血症**がある。鎌状赤血球貧血症は，鎌の形(三日月形)に変形した赤血球が特徴的に見られる貧血症で❶，患者のヘモグロビンのβ鎖の遺伝子の1か所でTがAに置換している。この結果，ヘモグロビンのβ鎖を構成する146個のアミノ酸のうち，6番目のアミノ酸を指定するmRNAのコドンがGAGからGUGに変化し，翻訳されるアミノ酸がグルタミン酸からバリンに変わってタンパク質の立体構造が変わり，赤血球の変形とともに貧血症が引き起こされる(図25)。

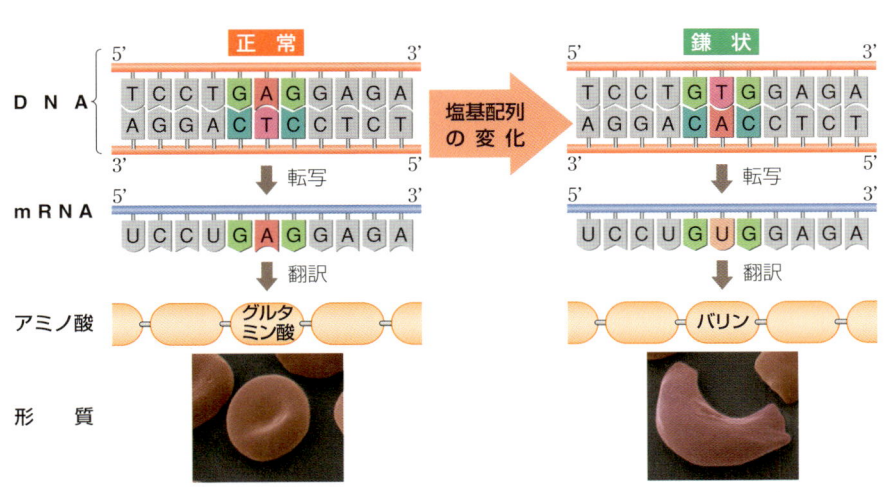

図25　鎌状赤血球貧血症の塩基配列の変化(写真は電子顕微鏡写真に着色したもの)

❶鎌状赤血球貧血症の患者は，重い貧血症を起こすために生存に不利である一方で，マラリア(マラリア原虫が赤血球に感染して発症する感染症)にかかりにくいという性質があり，マラリアの流行地域では，生存に不利であるとはいえない。

C ヒトの代謝異常

　フェニルアラニンは食物中のタンパク質に含まれるアミノ酸で，ヒトでは過剰に摂取されると図26左のような代謝経路で水と二酸化炭素にまで分解される。

　このうち，フェニルアラニンをチロシンに代謝する酵素Pの遺伝子が変化することによって，**フェニルケトン尿症**を発症することが知られている。この遺伝子は13個のエキソンと12個のイントロンから構成されているが，12番目のイントロンのはじめにあるCAという配列がCTに変化すると，スプライシングの際に12番目のエキソンが除かれてしまうため，その分のアミノ酸配列が失われて正常な酵素が合成されない（図26右）。その結果，フェニルアラニンからチロシンが合成できなくなり，血液中に蓄積したフェニルアラニンはフェニルケトンに変化して尿中に排出される。

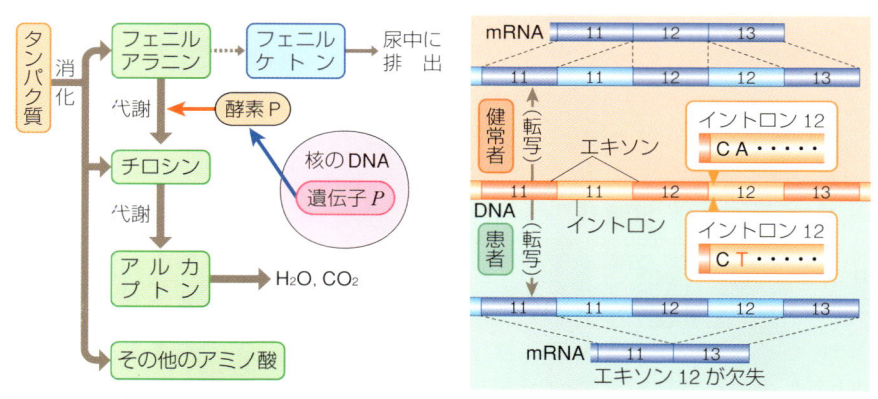

図26　タンパク質の代謝経路（左）とフェニルケトン尿症患者の遺伝子の変化（右）　フェニルアラニンが血液中に蓄積すると，細胞のアミノ酸の取りこみが阻害され，大脳の発達などに影響することが知られている。また，これ以外に，アルカプトンを代謝する酵素の遺伝子の変化によって体内にアルカプトンが蓄積するアルカプトン尿症も知られている。

D ゲノムの多様性

　塩基が1つ変化しても，指定するアミノ酸が変化しなかったり，変化してもタンパク質の機能にほとんど影響せず，生存にとって大きな不都合を与えない場合がある。このため，同じ種の中でも異なった塩基配列をもつ個体が多数存在している。

　ヒトの場合，ある2人の塩基配列を比較すると，約1300塩基対に1つの

割合で互いに異なる塩基対をもつ部分が存在すると推定されている(図27)。このように，個体間で見られる1塩基単位での塩基配列の違いを**一塩基多型（SNP）**といい，一塩基多型の存在はゲノムの多様性につながっている。

single-nucleotide polymorphism

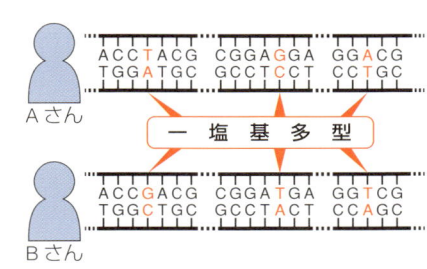

図27　一塩基多型

一塩基多型はDNA鎖の中に均等に存在するのではなく，イントロンの塩基配列に多いなど，部位によって差が見られる。

II　遺伝子とそのはたらき

発展　DNAの損傷と修復

　DNAの塩基配列の変化は，細胞の死やがん化を招くこともある。細胞にはDNA修復機構が備わっており，塩基配列の変化の蓄積を抑えている。

　放射線や化学物質は，DNAの塩基の構造を変化させるような損傷を与えることがある。例えば，チミン塩基が隣接する部分が紫外線を受けると，チミンどうしが結合する。このような箇所では複製や転写が正常に起こらなくなるため，細胞はこれを除去し，修復するしくみをはたらかせる。まず，修復タンパク質とよばれる複数のタンパク質の集合体が，異常のある1本鎖の20～30塩基分のヌクレオチド鎖を取り除く。ついで，DNAポリメラーゼとDNAリガーゼがはたらいて，もう一方の正常な塩基配列の1本鎖に相補的な塩基をもつヌクレオチドをつなげて，除かれた部分を修復する(図I)。

　DNAの修復機構はこれ以外にも複数存在し，遺伝情報を保護している。一方で，DNAの修復にはたらく酵素の異常による遺伝性の病気も多数知られている。

※ヒトの場合。大腸菌では12～13塩基分が除去される。図では8塩基分に減らして記載

図I　DNAの損傷と除去修復

Column　アカパンカビの栄養要求株の実験

　カビの一種であるアカパンカビの野生型の培養系統(野生株)❶は，糖と無機塩類，ビタミンの一種を加えただけの培地(最少培地)❷で生育する。

　アメリカのビードルとテイタムは，アカパンカビに放射線を当てて得られた突然変異株の中に，最少培地にアミノ酸の一種であるアルギニンを加えないと生育できないアルギニン要求株をみつけた。さらにくわしく調べた結果，野生株でアルギニンが合成される過程は図Ⅰのようになっていることがわかった。また，この突然変異株は次のような3つのグループに分けられることもわかった。

① アルギニンを与えると生育するが，アルギニン以外では生育しない。
② アルギニンを与えなくても，シトルリンを与えれば生育する。
③ アルギニンを与えなくても，シトルリンかオルニチンを与えれば生育する。

　これから，①はシトルリンをアルギニンに変える酵素Cをもたない突然変異株，②はオルニチンをシトルリンに変える酵素Bをもたない突然変異株，③はオルニチンの前駆物質をオルニチンに変える酵素Aをもたない突然変異株と考えられた。

　つまり，突然変異株①は酵素Cの合成にはたらく遺伝子Cに，突然変異株②は酵素Bの合成にはたらく遺伝子Bに，突然変異株③は酵素Aの合成にはたらく遺伝子Aにそれぞれ異常が起こっているために，それぞれ特定の酵素が合成されないと考えられた。このことから，1つの遺伝子は特定の1つの酵素の合成を支配しているという**一遺伝子一酵素説**が唱えられた(1945年)。

　現在では，選択的スプライシングによって，1つの遺伝子が複数のタンパク質の合成にはたらいたりすることもあることがわかっている。

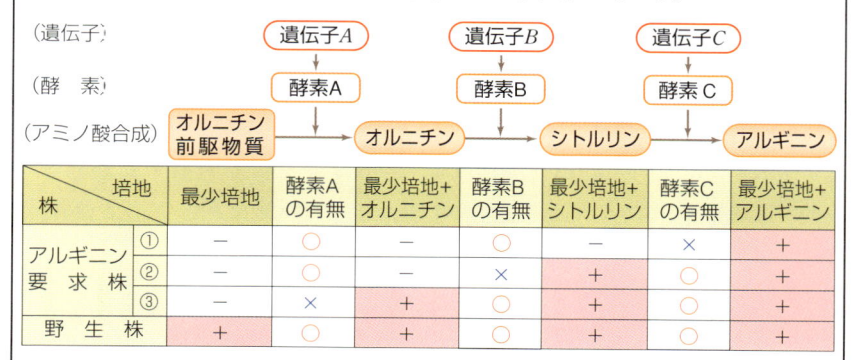

株＼培地		最少培地	酵素Aの有無	最少培地+オルニチン	酵素Bの有無	最少培地+シトルリン	酵素Cの有無	最少培地+アルギニン
アルギニン要求株	①	−	○	−	○	−	×	+
	②	−	○	−	×	+	○	+
	③	−	×	+	○	+	○	+
野生株		+	○	+	○	+	○	+

図Ⅰ　アカパンカビのアルギニン合成過程とアルギニン要求株の種類

❶自然界で最も多く観察される表現型(▶ p.126)を野生型という。
❷野生株の生育に必要な最低限の栄養分を含む培地を最少培地という。

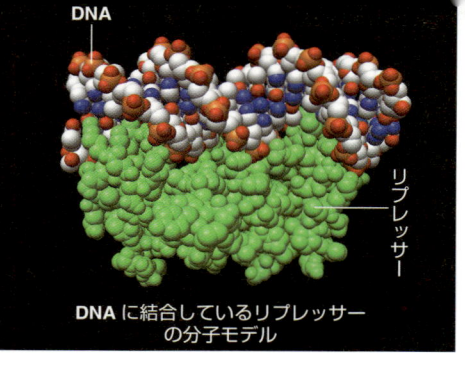

第4節 遺伝子の発現調節

DNAに結合しているリプレッサーの分子モデル

1 遺伝子の発現と調節

　多細胞生物のからだのすべての細胞は、もともと1個の受精卵が体細胞分裂によって増えたものである。したがって、すべての細胞は同じ遺伝情報(ゲノム)をもっている。

　しかし、それぞれの細胞で発現する遺伝子が異なることによって、異なるはたらきをもった細胞に分化している。
▶ p.76

A 遺伝子の発現

　遺伝子の中にはどの細胞でも常に発現しているものがある。例えば、ATP合成にはたらく酵素の遺伝子のように、細胞の生存に必要な遺伝子は常に転写されており、これを**構成的発現**という。

　一方、細胞がおかれた環境に応じて発現が変化する遺伝子がある。つまり、状況によって遺伝子が"オン"もしくは"オフ"になる。このように、遺伝子の発現が調節されている場合を**調節的発現**といい、この遺伝子発現の調節は、おもに転写開始段階の調節による。

B 調節遺伝子と構造遺伝子

　転写は、DNAの鋳型鎖にあるプロモーターとよばれる特定の塩基配列の部分に、RNAポリメラーゼが結合して開始する。プロモーター周辺には、**調節タンパク質**が結合できる**調節領域**があり、そこに調節タンパク質が結合したりはずれたりすることでその遺伝子の発現が調節される。このような、他の遺伝子の発現を調節する調節タンパク質の遺伝子を**調節遺伝子**という。これに対して、調節を受ける、酵素などのタンパク質の遺伝子は**構造遺伝子**とよばれる。

2 原核生物の転写調節

　原核生物では，互いに関連する機能をもつ複数の構造遺伝子が隣りあって存在して，**オペロン**という転写単位を構成している場合がある。オペロンを構成する構造遺伝子は，1つのプロモーターのもとで，まとまって調節タンパク質による転写調節を受け，1本のmRNAとして転写される。このような転写調節のしくみは，**ジャコブとモノー**(ともにフランス)によって最初に提唱された(オペロン説，1961年)。

A ラクトースオペロン

　ラクトースオペロンの構造遺伝子は，βガラクトシダーゼなどラクトースの分解にはたらく3種類の酵素の遺伝子である。ラクトースがないとき，**リプレッサー**(抑制因子)とよばれる調節タンパク質が**オペレーター**とよばれる調節領域に結合しているため，RNAポリメラーゼがプロモーターに結合できず，構造遺伝子の転写が妨げられて3種類の酵素は合成されない(図28a)。

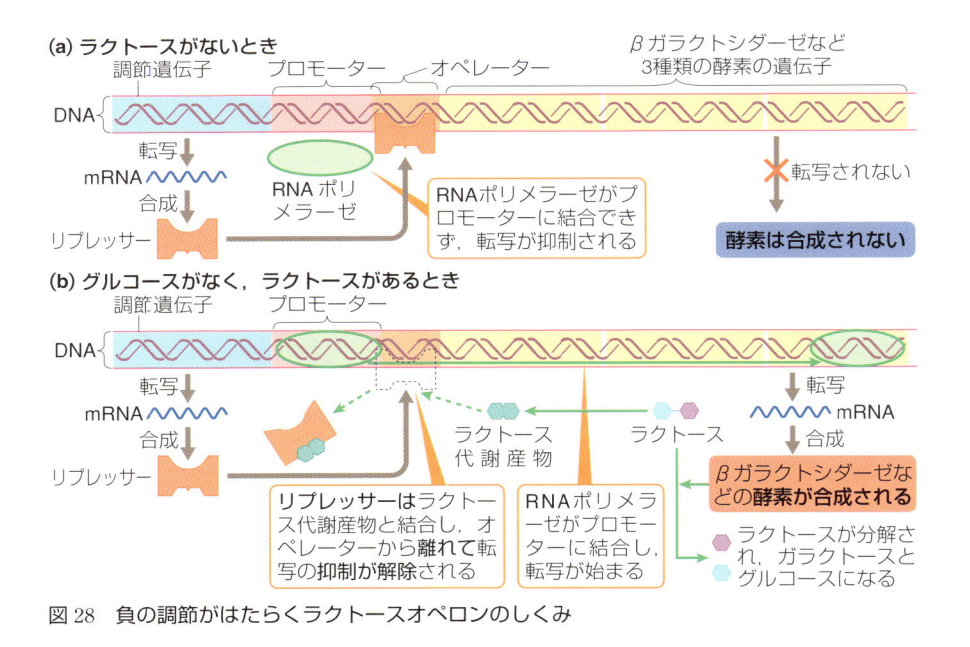

図28　負の調節がはたらくラクトースオペロンのしくみ

❶ グルコースがあるとき，大腸菌はラクトースやアラビノースを栄養分として利用しない。別のしくみがはたらいてラクトースやアラビノースの分解酵素の転写が抑制される。

グルコースがなく❶ラクトースがあるときには，リプレッサーにラクトースの代謝産物が結合することでリプレッサーはその立体構造が変化し，オペレーターに結合できなくなる。その結果，RNA ポリメラーゼがプロモーターに結合し，構造遺伝子が転写されるようになる（同図 b）。

　このような，リプレッサーによる調節を，**負の調節**という。

B｜アラビノースオペロン

　アラビノースという糖を大腸菌に与えると，大腸菌はアラビノースの分解にはたらく 3 種類の酵素を合成する。グルコースがなく❶アラビノースがあるとき，DNA に結合していた**活性化因子**はアラビノースと結合して立体構造が変化し，プロモーターに隣接する調節領域に結合するようになる。その結果，RNA ポリメラーゼによる 3 種類の酵素の転写が活性化される❷（図 29）。

　このような，活性化因子による転写の調節を，**正の調節**という。

　次ページのような観察＆実験で，転写調節について理解を深めよう。

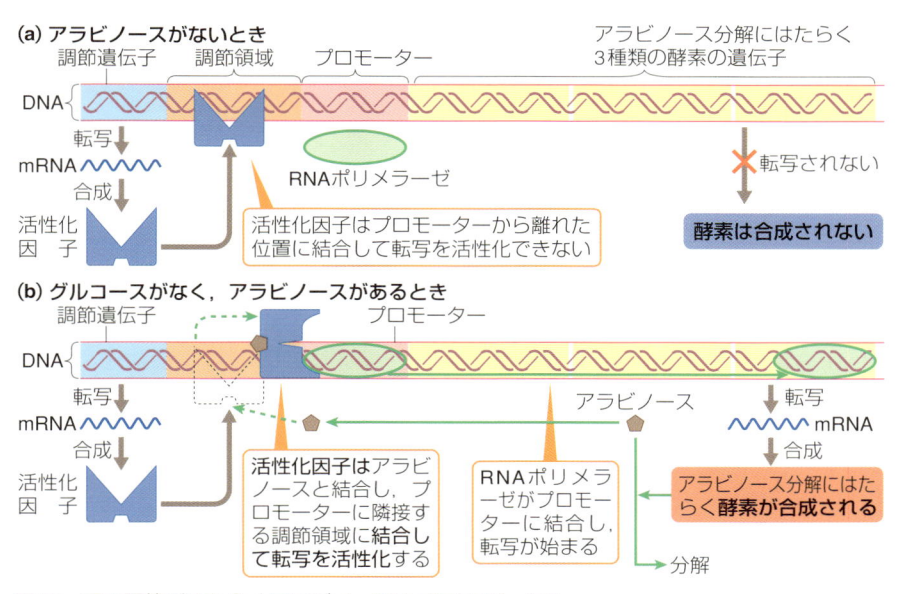

図 29　正の調節がはたらくアラビノースオペロンのしくみ

---

❷アラビノースオペロンの活性化因子は，アラビノースがないとき（図 29a）には，転写を活性化せず，抑制している。つまり，リプレッサーとしてはたらいている。

観察＆実験　トリプトファンオペロンのしくみ

　トリプトファンは，大腸菌にとって必要なアミノ酸であり，トリプトファン合成酵素の遺伝子は，通常は常に転写されている。しかし，トリプトファンが過剰になると，トリプトファン合成酵素の遺伝子の転写が阻害される。これは，過剰なトリプトファンが不活性型の調節タンパク質と結合してリプレッサーとなり，これがオペレーターに結合して，RNAポリメラーゼがプロモーターに結合するのを阻害するためである（負の調節）。

方法　上の文章を参考に，トリプトファンオペロンのしくみを図にまとめ，トリプトファン合成酵素の遺伝子の転写調節について，そのしくみを説明してみよう。図Iを拡大コピーして活用してもよい。

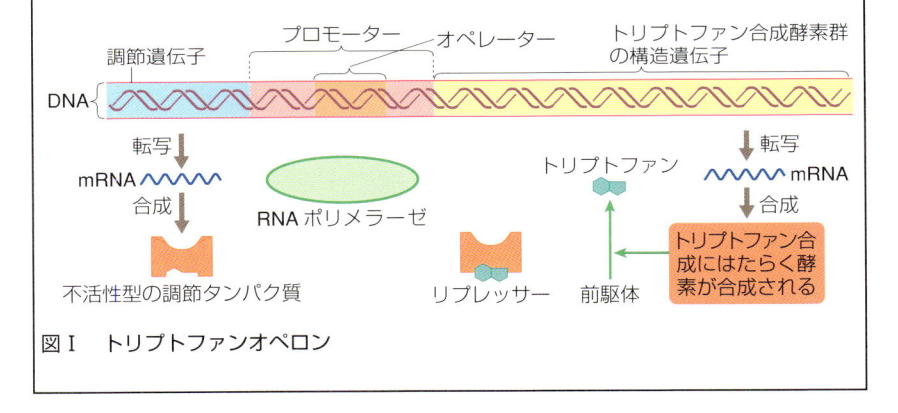

図I　トリプトファンオペロン

思考学習　オペロン説を発見した実験

　ジャコブとモノーは，大腸菌の野生株が，培地にラクトースがあるときのみβガラクトシダーゼを合成するのに対し，ラクトースの有無に無関係に常にβガラクトシダーゼを合成する突然変異株を2種類（A株，B株）みつけた。これらの突然変異株に野生株のラクトースオペロンの領域のDNAを導入すると，突然変異株と野生株の両方のラクトースオペロンがはたらくようになり，A株はラクトースの存在下でしかβガラクトシダーゼをつくらなくなったが，B株は常にβガラクトシダーゼをつくり続けた。

考察　A株，B株は，それぞれ，調節遺伝子，オペレーター，プロモーター，構造遺伝子のうちのどの領域に異常があったと考えられるか。

3 真核生物の転写調節

A 転写の調節

　真核生物においても，代謝に関係する酵素など細胞の生存に必要な遺伝子は，常に転写されている❶(構成的発現)。一方で，それ以外の遺伝子は，細胞周期や分化の段階に応じてそれぞれ次のように転写が調節されており，そのしくみは，原核生物よりも複雑で多様である。

　真核生物のRNAポリメラーゼは，多くの**基本転写因子**(調節タンパク質)とともに転写複合体をつくってプロモーターに結合する❷(図30 ⓐ)。

　プロモーターや遺伝子から離れた位置には転写調節領域があり，この領域に結合したリプレッサーや活性化因子などの**転写調節因子**が転写複合体に作用して転写を調節する(同図ⓑ)。1つの遺伝子に対して複数の転写調節領域があり，環境に応じて調節が行われる。同じ機能にかかわる遺伝子は，互いに離れた位置にあっても，同じ塩基配列の転写調節領域をもつことで，同じ調節タンパク質に調節されて協調的に発現する❷。

　真核生物のDNAは，タンパク質とともに密に折りたたまれた**クロマチン繊維**とよばれる構造をしている(同図右)。この状態では転写が起こらず，調節タンパク質の結合によってほどかれてから転写が始まる。

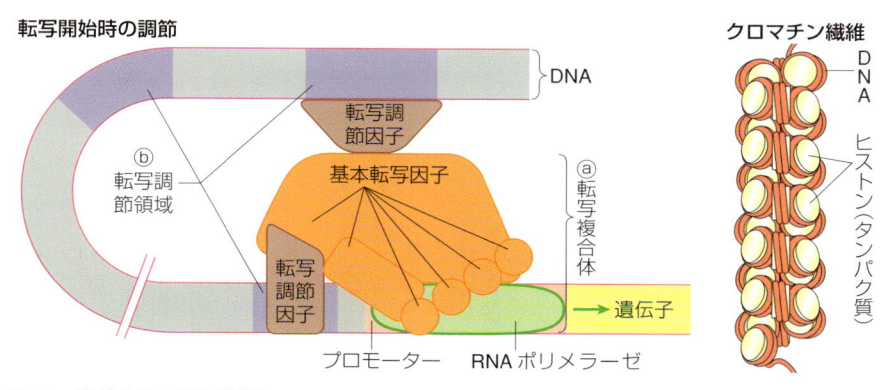

図30　真核生物の転写調節

❶このような遺伝子を**ハウスキーピング遺伝子**という。
❷原核生物ではRNAポリメラーゼが直接プロモーターを認識して結合する。また，同じ機能にかかわる複数の遺伝子はオペロンによってまとまって調節される(▶ p.94)。

B 調節遺伝子と細胞の分化

　多細胞生物の発生における細胞分化の過程では，ある調節遺伝子 A によってつくられた調節タンパク質 A が，さらに別の調節遺伝子 B や C の発現を促す場合がある。このような調節遺伝子による調節のしくみが連続的に起こって，細胞がそれぞれ特有の形やはたらきをもつように分化していく（図31）。

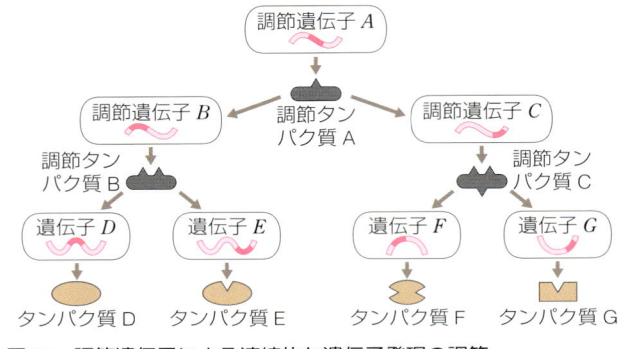

図31　調節遺伝子による連続的な遺伝子発現の調節

　からだの特定の場所に特定の器官ができるようにはたらいている調節遺伝子に突然変異が起こると，例えば，通常の2倍の4枚のはねをもつショウジョウバエや，花弁とおしべを欠いた花をもつシロイヌナズナなど，さまざまな突然変異体が生じることが知られている。
▶ p.171　　▶ p.178

C 遺伝子の発現調節と発生の進行

　ショウジョウバエやユスリカの幼虫の唾腺にある唾腺染色体では，パフとよばれる膨らんだ部分が観察できる。パフでは，転写が活発に行われている。

　パフの位置は，発生の進行に伴って図32のように変化していくことが知られている。このことから，発生の過程では，時

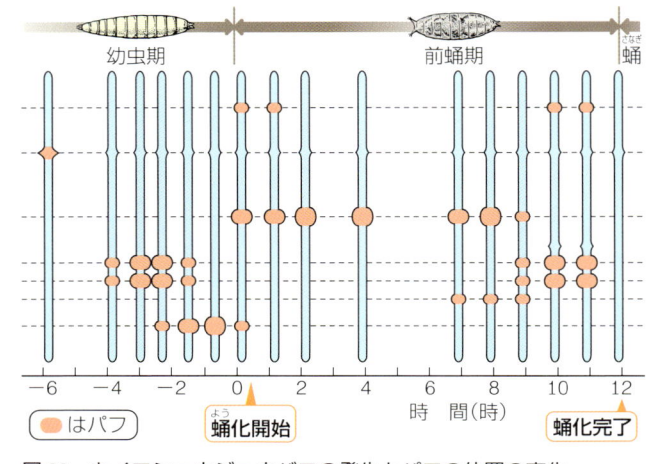

図32　キイロショウジョウバエの発生とパフの位置の変化

間とともにそれぞれの遺伝子の発現が調節されて，DNAの転写される部分が変わっていくことで発生が進行していくことがわかる。

観察＆実験　パフの観察

ショウジョウバエやユスリカの幼虫の唾腺の細胞には，ふつうの細胞の染色体の100～150倍もの大きさの唾腺染色体が見られる。この唾腺染色体を観察すると，特定の部分が膨らんでいることがある。これはパフとよばれ（図Ⅰ），DNAの一部がほどけて広がったものである。パフの部分では，DNAが転写されてRNAが合成されている。唾腺染色体のパフを観察し，パフの周辺にRNAが多く分布することを確かめよう。

準備　ユスリカの幼虫（アカムシ），検鏡セット，ピンセット，ろ紙，メチルグリーン・ピロニン溶液（メチルグリーンはDNAを青～青緑色に，ピロニンはRNAを赤桃色に染色する）

方法　① スライドガラス上でユスリカの幼虫の頭部を押さえ，5節目をピンセットでつまんで引き抜く。

② 唾腺と消化管などが頭部についたまま出てくるので，不要な部分を取り除き，唾腺だけをスライドガラスに残す。

③ 唾腺にメチルグリーン・ピロニン溶液を数滴落とし，10分間染色した後，余分な染色液を洗い流す。

④ カバーガラスをかけてろ紙をのせ，親指の腹で唾腺を押しつぶす。

⑤ 高倍率で検鏡し，パフとそれ以外の部分との色の違いを比較する。

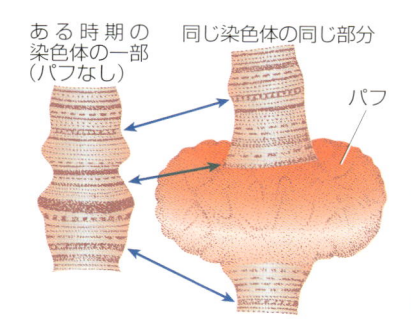

図Ⅰ　パフ

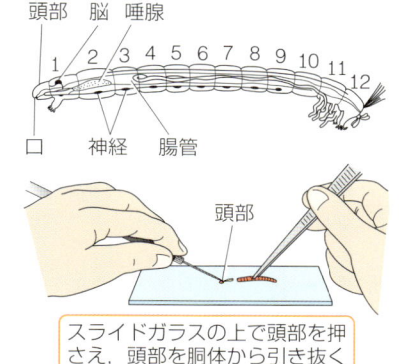

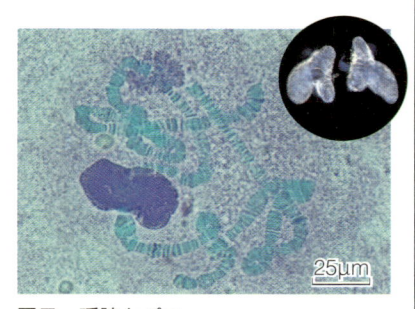

図Ⅱ　唾腺の採取

図Ⅲ　唾腺とパフ

参考 ホルモンによる遺伝子発現の調節

　ホルモンは、標的細胞の受容体で受け取られると、特定の遺伝子の発現を調節することで体内環境の調節にはたらいている。ホルモンには脂質に溶けやすい脂溶性ホルモンと水に溶けやすい水溶性ホルモンがあり、作用するしくみはそれぞれ異なる。

　生殖腺ホルモン・糖質コルチコイドなどのステロイドホルモンや甲状腺ホルモンなどは脂溶性ホルモンである。脂溶性ホルモンは、細胞膜の脂質二重層に溶けこむことができるので、細胞膜を通り抜けて細胞内にある受容体と結合する。これが転写を調節する転写調節因子となって、DNA に結合して特定の遺伝子の転写を促進する(図Ⅰa)。

　一方、インスリンなどのペプチドホルモンやアドレナリンなどは水溶性ホルモンである。水溶性ホルモンは、一般に細胞膜を通り抜けることができず、細胞膜表面の受容体に結合すると、細胞膜の内側で低分子物質❶がつくられる。この低分子物質が不活性状態であった転写調節因子に作用して活性化させ、その結果、特定の遺伝子の転写が引き起こされる(同図b)❷。

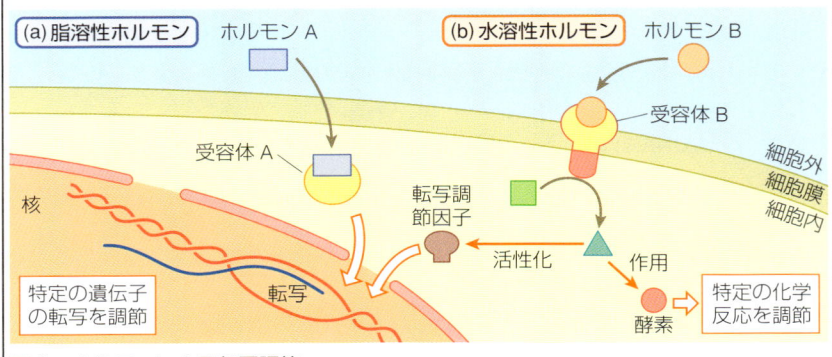

図Ⅰ　ホルモンによる転写調節

❶この低分子物質には cAMP(ATP が変化したもので環状 AMP ともいう)などがある。
❷水溶性ホルモンは、転写調節因子ではなく細胞内の酵素に作用してそのはたらきを調節することもある。

発展　発生と遺伝情報の発現

　生物の受精卵は，発生を始めると，はじめのうちは同じ形をした細胞に分かれていくだけだが，やがて，皮膚の細胞，神経の細胞，腸の細胞など，それぞれ違った形や役割をもつ細胞に分化していく。

　例えば，カエルでは，図Ⅰのような過程を経て，幼生（オタマジャクシ）になる。これは，からだを構成する細胞はどれも同じゲノムをもっているが，発生の段階に応じて，そのときに必要な遺伝子がはたらくことで分化が起こるためである。

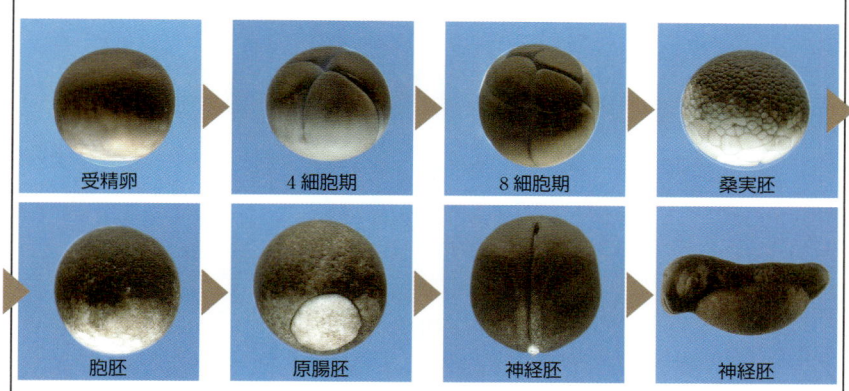

図Ⅰ　カエルの発生過程

受精卵 → 4細胞期 → 8細胞期 → 桑実胚 → 胞胚 → 原腸胚 → 神経胚 → 神経胚

　mRNAに結合し，青色や赤色に発色する物質を使うと，どの遺伝子がはたらいてmRNAを合成しているかを調べることができる。図Ⅱは，アフリカツメガエルの神経胚（しんけいはい）を用いた実験の結果で，部位によって合成されているmRNAが異なることがわかる。

アフリカツメガエルの神経胚に遺伝子Aの情報を転写したmRNAと結合すると赤く発色する物質Xと，遺伝子Bの情報を転写したmRNAと結合すると青く発色する物質Yを加える。

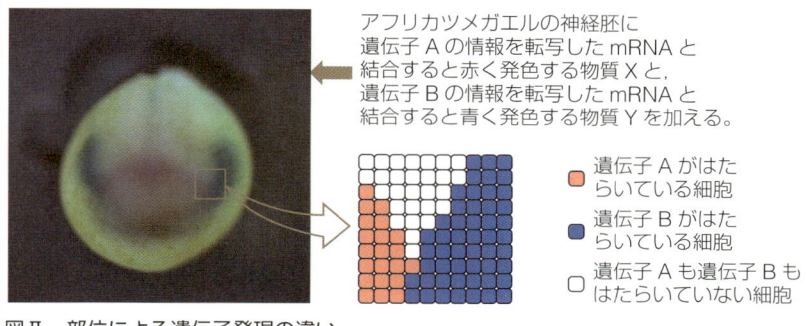

- 遺伝子Aがはたらいている細胞
- 遺伝子Bがはたらいている細胞
- 遺伝子Aも遺伝子Bもはたらいていない細胞

図Ⅱ　部位による遺伝子発現の違い

発展　転写後の遺伝子発現調節 ― RNA 干渉 ―

　遺伝子発現の調節は，おもに転写の調節，つまり mRNA の合成量の調節によって行われる。しかし，転写後にも mRNA に対してさまざまな翻訳の調節が行われる場合があり，その一例として **RNA 干渉**（**RNAi**）がある。
RNA interference

　RNA には，tRNA や rRNA 以外にも翻訳されない RNA が存在することが知られている。そのような RNA の中には，タンパク質と結合して mRNA を分解したり翻訳を阻害したりするものがあり（図Ⅰ），RNA のこのはたらきを RNA 干渉という。

図Ⅰ　RNA 干渉

　RNA 干渉を利用すると，特定の mRNA の翻訳を阻害するような短い RNA を人工的に導入することで，特定の遺伝子の機能を阻害することができる。このことから，遺伝子の発現を抑制することで治療効果が見こまれるような病気に対する治療法や予防法への応用が期待されている。

　RNA 干渉は，1998 年にファイアーとメロー（ともにアメリカ）によってセンチュウを用いた研究で発見され，その功績により 2 人は 2006 年にノーベル生理学・医学賞を受賞した。

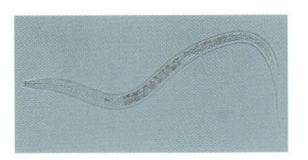

図Ⅱ　センチュウ

　しかし，RNA 干渉によって起こる現象は 1990 年にすでに観察されていた。アメリカのジョーゲンセンらは，ペチュニアの花の紫色をさらに濃くしようと，紫色の色素をつくる遺伝子を導入する実験を行ったが，紫色は濃くならず，反対に，色素がつくられない白い部分のあるまだら模様の花ができてしまった。この現象が RNA 干渉によるものであることは，後に明らかになった。

図Ⅲ　ペチュニア

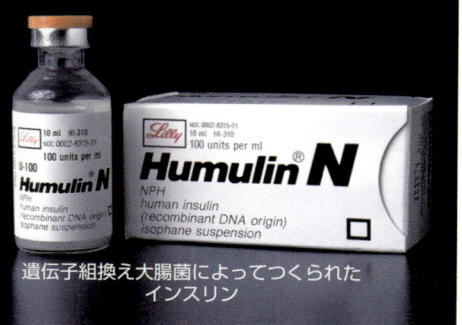

第5節 バイオテクノロジー

1 遺伝子組換え技術

　特定の遺伝子を取り出し，それを別の遺伝子につないで新しい遺伝子の組み合わせをつくる技術を**遺伝子組換え技術**という。この技術を利用して，ヒトのインスリンなど，目的のタンパク質を大量に生産できるようになった。遺伝子組換え技術の原理と方法を見てみよう。

A｜DNA の切断と連結

　制限酵素とよばれる酵素は，DNA の特定の塩基配列を識別してその部分を切断するはたらきをもつ。

　図33の例では，識別される塩基配列は回転対称となっており，2本のヌクレオチド鎖が数塩基ずれた位置で切断されるため，DNA の切断部には互いに相補的な塩基配列になった1本鎖の突出部ができる。同じ制限酵素で切断した DNA 断片を混合すると，相補的な塩基配列をもつ1本鎖部分が結合する。そこに **DNA リガーゼ**という酵素を作用させると切断部がつなぎ合わされ，新しい遺伝子の組み合わせをもつ**組換え DNA** ができる。

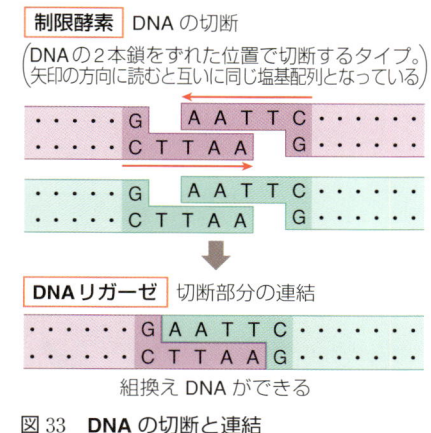

制限酵素　DNAの切断
（DNAの2本鎖をずれた位置で切断するタイプ。矢印の方向に読むと互いに同じ塩基配列となっている）

DNAリガーゼ　切断部分の連結

組換え DNA ができる

図33　DNA の切断と連結

❶「制限」は，細菌が自己防衛として，外来の DNA を切断してはたらきを制限することに由来する。さまざまな種類があり，それぞれ特定の塩基配列を識別して切断する。

B｜組換え DNA の導入

　組換え DNA は，ベクター(運び屋)に組みこまれて細胞に導入されることが多い。細菌は，細菌自身の DNA のほかに，**プラスミド**とよばれる独立して増殖する小さな環状の DNA をもち，細菌には，菌体外にあるプラスミドを細胞内に取り入れる性質がある。導入する細胞が大腸菌やパン酵母の場合，おもにプラスミドがベクターとして用いられる。動物細胞の場合は，宿主細胞に感染する性質をもつウイルスをベクターとすることが多い。植物細胞の場合は，アグロバクテリウムという細菌とそのプラスミドがベクターとしてよく用いられる。

　組換え DNA は，ベクターの感染力の利用，微細ピペットによる直接注入，電気刺激で細胞に穴を開けるなどの方法で細胞に導入される。

C｜細菌での遺伝子組換え

　例えば，大腸菌にヒトのインスリンを生産させる場合，図 34 のような方法が用いられる。プラスミドとヒトのインスリン遺伝子を含む DNA を同じ制限酵素で切断して混合し，DNA リガーゼを作用させると，ヒトインスリン遺伝子を含むプラスミドができる。❶このプラスミドを大腸菌に取りこませ，培養して増殖させると，増殖した大腸菌から多量のインスリンが得られる。

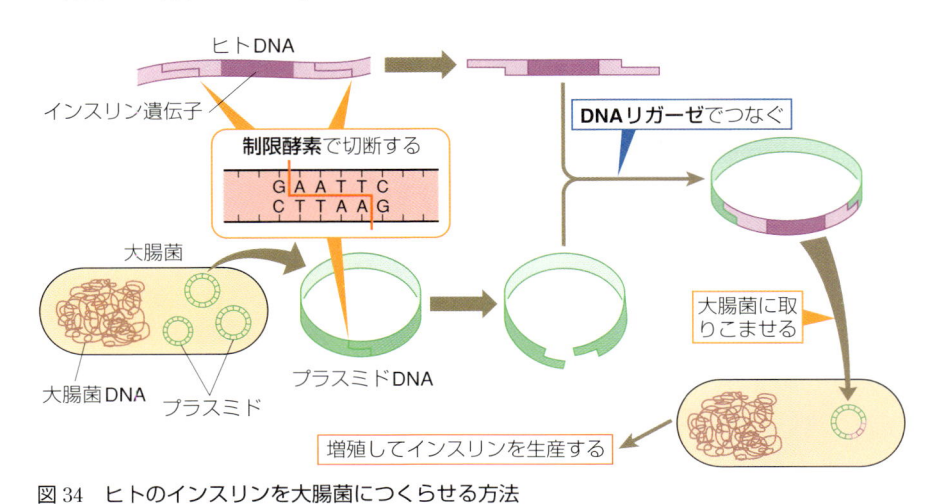

図 34　ヒトのインスリンを大腸菌につくらせる方法

❶ヒトのインスリン遺伝子にはイントロンが含まれている。大腸菌はスプライシングをしないので，あらかじめイントロンを除いたインスリン遺伝子を組みこむ必要がある。

2 | 生物への遺伝子導入

外来の遺伝子が導入され、その組換え遺伝子が体内で発現するようになった生物を**トランスジェニック生物**という。

A | 植物への遺伝子導入

植物では、**アグロバクテリウム**という細菌を用いた遺伝子導入が一般的である。アグロバクテリウムは、植物に感染すると、自身のプラスミドに含まれる遺伝子を宿主である植物のDNAに組みこんで腫瘍を形成させて寄生する(図35)。

図35　アグロバクテリウム
(右上写真は電子顕微鏡写真に着色)

アグロバクテリウムからプラスミドを取り出し、遺伝子組換え操作によって目的の遺伝子を組みこんだうえでアグロバクテリウムにもどして植物細胞に感染させると、一部の植物細胞で目的の遺伝子がDNAに組みこまれる。これを培養すると、目的の遺伝子を導入した植物体が得られる(図36)。

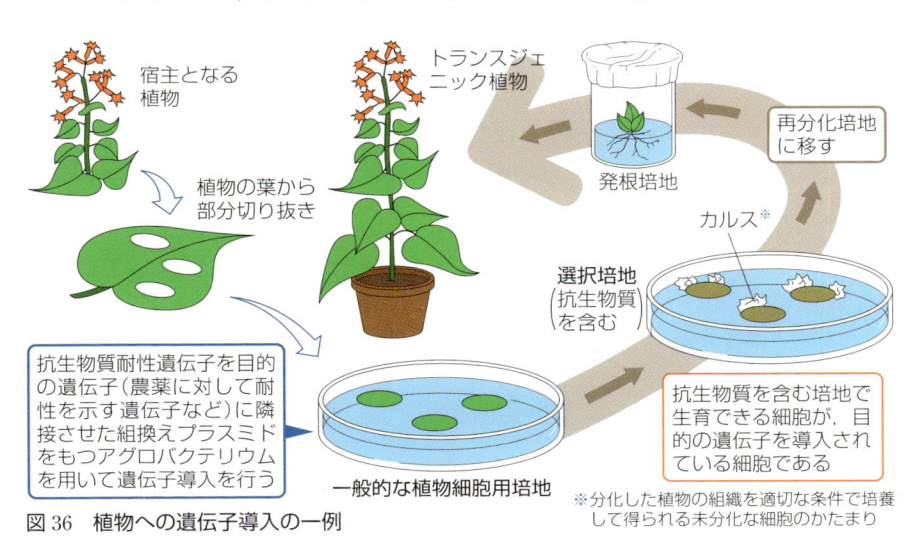

図36　植物への遺伝子導入の一例

- 宿主となる植物
- 植物の葉から部分切り抜き
- 抗生物質耐性遺伝子を目的の遺伝子(農薬に対して耐性を示す遺伝子など)に隣接させた組換えプラスミドをもつアグロバクテリウムを用いて遺伝子導入を行う
- 一般的な植物細胞用培地
- 選択培地(抗生物質を含む)
- カルス※
- 抗生物質を含む培地で生育できる細胞が、目的の遺伝子を導入されている細胞である
- 再分化培地に移す
- 発根培地
- トランスジェニック植物

※分化した植物の組織を適切な条件で培養して得られる未分化な細胞のかたまり

このような遺伝子導入によって、例えば、日もちのよい実をつけるトマトや、気温の低い地域でもよく育つイネ、ある除草剤に耐性のあるダイズ、害虫に対する抵抗性のあるワタなどの新品種がつくられている。

B 動物への遺伝子導入

哺乳類の受精卵では，受精後すぐには卵の核と精子の核が融合しない。この融合する前の精子の核に外来のDNAを微量注入し，そのまま発生を続けさせると，外来遺伝子を組みこんだトランスジェニック動物をつくることができる。外来遺伝子が生殖細胞でも保持されていれば，その子孫にも受け継がれていくことになり，ある外来遺伝子をもつ動物として代々維持していくことができる。動物への遺伝子導入の方法としては，ウイルスをベクターとして外来遺伝子を運ばせる方法などもある。

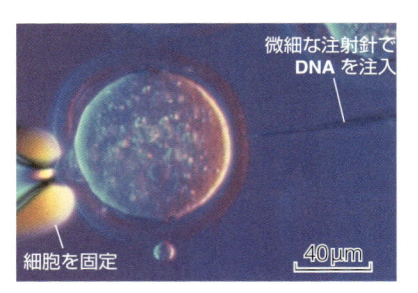

図37 DNAの細胞への注入

トランスジェニック動物の例として，ヒトの成長ホルモン遺伝子を組みこんだことにより，多量の成長ホルモンを分泌して大きくなったスーパーマウス（図38）や，**GFP**（緑色蛍光タンパク質）の遺伝子を組みこんだことにより，からだが緑色に光る（緑色蛍光を発する）マウス（図39）などがつくられている。

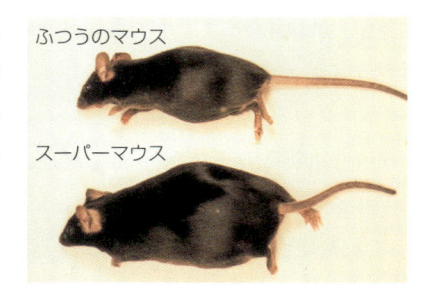

図38 スーパーマウス

トランスジェニックマウスはヒトの疾患モデルとしても利用されている。❶例えば，ヒトだけがもつあるウイルスに対する受容体の遺伝子を導入したトランスジェニックマウスを作製すると，マウスにそのウイルスを感染させることができるようになり，マウスを用いて感染・発症のメカニズムや，予防法・治療薬を研究することが可能になる。

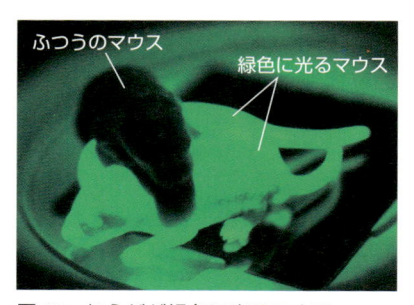

図39 からだが緑色に光るマウス

---

❶遺伝子導入とは反対に，ある遺伝子を破壊して作製した**ノックアウトマウス**も疾患モデルとしてよく用いられる。

参考　青いバラの作出

　バラは数千年前から栽培されてきた。過去 800 年の改良の歴史の中で，世界各地の野生種を人為的に交配することによって 25000 種以上のバラがつくりだされ，その色も赤・白・黄色などさまざまである。ところが，バラはもともと青色色素をつくる遺伝子をもっていないため，人為的な交配では花弁に青色色素を含む純粋な「青いバラ」をつくることができなかった。しかし，近年になって，図Ⅰのような青いバラが作出された。これは，遺伝子組換えの技術を応用したもので，多くの青い花に含まれる青色色素を合成するために必要な遺伝子をパンジーから取り出し，そ

図Ⅰ　青いバラ

れをバラに導入することによって，青色色素（デルフィニジン）を含む青いバラが，世界に先駆けて日本でつくりだされた。

参考　GFP の利用

　GFP（緑色蛍光タンパク質）は，オワンクラゲとよばれる生物がもつ，紫外線によって緑色の蛍光を発するタンパク質で，現在の生物学の研究においてはなくてはならないものとなっている。

　例えば，あるタンパク質がどこでどのように発現しているかを調べたい場合，GFP の遺伝子を，調べたいタンパク質の遺伝子の末端に組みこむ。すると，その遺伝子が転写されるとき，GFP 遺伝子も転写され，GFP のついたタンパク質ができる。細胞に紫外線を当てると，そのタンパク質がいつどこでどれくらいつくられるのかが，緑色の蛍光として示される。このように，GFP はある遺伝子の発現の有無を調べるときの目印として広く用いられている。

　GFP は日本の下村脩が発見し，下村はその功績で 2008 年にノーベル化学賞を受賞した。

図Ⅰ　GFP 組換え遺伝子の発現

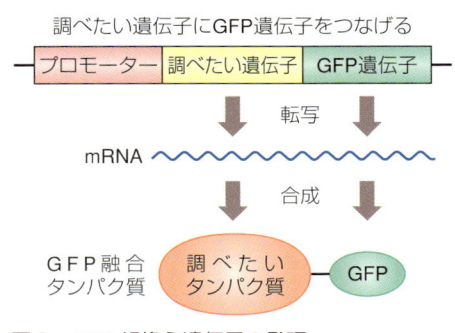

生物の教科書には、いつの時代でもかわらない定番の実験、例えば「細胞の観察」などがあるが、一方で、科学技術の進歩は目覚ましく、今日では、遺伝子組換え実験を高校でも行えるようになってきた。教科書で「探究活動」として取りあげられているそのような一例を、以下に紹介しておこう。

探究活動　遺伝子組換え実験

遺伝子組換え実験を体験するとともに、組換えが起こったかどうかを検証する方法を理解しよう。

実験の計画

遺伝子組換え生物は、遺伝子を導入してつくりだした新しい形質をもつ生物である。よって、実験室の外へ拡散させないようその取り扱いに注意を払わなければならない。本実験では、病原性もなく極めて安全性の高い大腸菌と、大腸菌のみに入るプラスミドをベクターとして用いる。

遺伝子組換えが起こったことを確認するために、アンピシリン耐性の遺伝子（amp^r、アンピシリン分解酵素βラクタマーゼの遺伝子）をもつプラスミドを用いる。大腸菌は、アンピシリンという抗生物質を含む培地では生育できない。しかし、amp^rをもつプラスミドを取りこむと、アンピシリンを含む培地で増殖できる大腸菌に形質転換する。

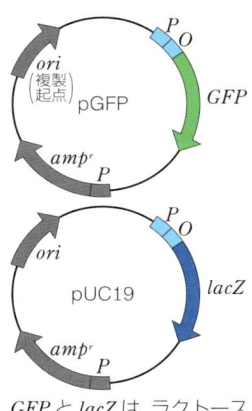

GFP と $lacZ$ は、ラクトースオペロンのプロモーター(P)とオペレーター(O)をもつ。

本実験では、次の2種類のプラスミドを用いる。
① pGFP…amp^r と GFP の遺伝子をもつプラスミド
② pUC19…amp^r と β-ガラクトシダーゼ(lacZ)の遺伝子をもつプラスミド

準　備

大腸菌(*E.coli* JM109)、プラスミド溶液(2種類のプラスミドを含む)、形質転換溶液❷、SOC培地❸、LB寒天培地(LB)1枚、アンピシリンを加えたLB寒天培地(LB/amp)3枚❹、X-gal、IPTG❺、マイクロチューブ2本(A, B)、白金耳、ピペット、コンラージ棒、チューブラック、恒温槽、恒温器、氷

！注意

・実験前後にはよく手を洗い、菌が実験台や衣類などにつかないように注意する。万が一付着したら70%エタノールでふき取る。実験後、菌が付着していると思われるものはすべてオートクレーブ装置で滅菌して廃棄する。

- 大腸菌を使用する実験操作は、すべてガスバーナーの下で行う。ガスバーナーの炎によってつくられる上昇気流によって、空気中の雑菌の混入を防ぐことができる。操作時にはやけどなどに注意する。
- 使用する器具などはすべて滅菌したものを用いる。

手 順

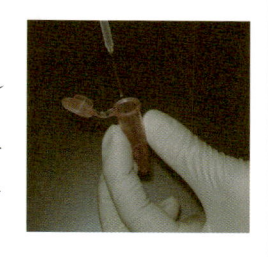

① マイクロチューブを2本(A、B)用意し、それぞれに形質転換溶液を250μLずつ入れて氷上におく。
② 大腸菌を培養した寒天培地から、白金耳を用いて大腸菌のコロニーを1つかき取り、マイクロチューブA、Bに加える。大腸菌が細かく分散するように、溶液とよく混合する。
③ 氷上に5分間静置する。
④ マイクロチューブBに、プラスミド溶液を50μL加え、よく混合する。

A	B
形質転換溶液 大腸菌	形質転換溶液 大腸菌 プラスミド溶液

⑤ 氷上に10分間静置する。
⑥ マイクロチューブA、Bを42℃の恒温槽に1分間浸した後、すばやく氷上にもどし、2分間静置する(ヒートショック)。 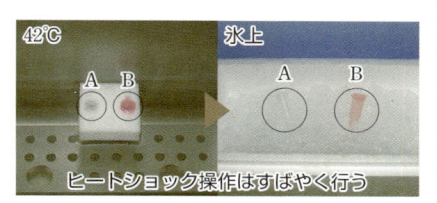
⑦ マイクロチューブA、BにSOC培地を260μLずつ入れて混合する。
⑧ 37℃の恒温器で10分間静置する。
⑨ アンピシリンを加えたLB寒天培地(LB/amp)1枚に、X-gal溶液65μLとIPTG溶液65μLを加え、コンラージ棒を使用して培地全体に広げる(LB/amp·X-gal·IPTG)。

---

❶「遺伝子組換え生物規制法」およびこの法にもとづく省令によって、遺伝子組換え実験における取り扱いが決められている。くわしくは文部科学省のホームページなどで確認できる。なお、このような規制のもとで安全に実験できるようにつくられたキットが市販されている(使用するプラスミドや試薬はキットによって異なる)。
　本書の実験では、株式会社島津理化のキットを用いている。これは、教育用に開発された実験教材で、一般の方への販売はされていません。また、高校等で実施する場合には、専門的な知識を有した指導者の下で行うことが必要です。
❷形質転換溶液は塩化カルシウム($CaCl_2$)を含む溶液で、Ca^{2+}が大腸菌の膜の透過性を高め、大腸菌がプラスミドを取りこみやすくして形質転換効率を上げる。
❸SOC培地は、グルコースなどを含んでおり、加熱(ヒートショック)によって細胞膜などにダメージを受けた大腸菌を回復させ、形質転換効率を上げる。
❹X-galは、βガラクトシダーゼによって分解されると青色に発色する物質である。
❺IPTGは、ラクトースオペロンで調節される遺伝子の発現を誘導する物質である。

⑩ マイクロチューブ内の大腸菌混合液を，130μLずつ右表のように寒天培地に植菌する。大腸菌が沈殿しているので，大腸菌混合液をよく混ぜてから植菌する。培地には，あらかじめ培地の種類とどの大腸菌を植菌するのかを書いておく。

	寒天培地	植菌
ⓐ	LB	A
ⓑ	LB/amp	A
ⓒ	LB/amp	B
ⓓ	LB/amp·X-gal·IPTG	B

⑪ それぞれ別々のコンラージ棒を使用して，培地全体に大腸菌混合液を広げる。力を入れすぎて培地を壊さないように注意する。
⑫ 寒天培地にふたをして逆さまにし，37℃の恒温器で18～24時間静置する。
⑬ 4枚の寒天培地について，コロニーの数，コロニーの色，紫外線を当てたときのコロニーを観察して結果をまとめる。

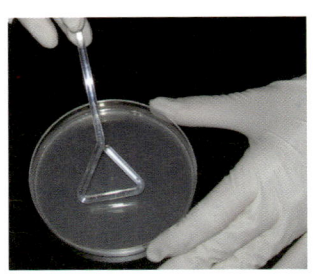

結　果

	ⓐ LB培地 プラスミドなし	ⓑ LB/amp培地 プラスミドなし	ⓒ LB/amp培地 プラスミドあり	ⓓ LB/amp培地 プラスミドあり X-gal·IPTG
自然光	多数の白いコロニー	コロニーなし		
紫外線照射				

設問 1. amp^r をもつプラスミドを用いる理由は何か。また，ⓐ～ⓒの寒天培地のコロニー数を比較し，違いの生じた理由を考察しよう。❶

---

❶ 1つのコロニーは，もとは1個体の大腸菌が分裂増殖したもので，1つのコロニーに含まれる大腸菌はすべて同じ遺伝子型をもつクローンである。

設問2. ⓒ、ⓓのそれぞれの寒天培地で、青いコロニーや紫外線照射で緑色に光るコロニーはあるか。あった場合、それはどのプラスミドを取りこんだ大腸菌と考えられるか。なかった場合、その理由は何か。

探究への道標
1. 通常の大腸菌はアンピシリンに非抵抗性で、アンピシリンを含む培地（LB/amp）では生育できない。プラスミド溶液を入れたマイクロチューブBにおいて大腸菌がプラスミドを取りこんでアンピシリン耐性を獲得すると、LB/amp で生育できコロニーを形成する。つまり、ⓒで生じたコロニーこそ遺伝子組換えをした大腸菌のコロニーであり、アンピシリン耐性遺伝子（amp^r）をもつプラスミドと LB/amp 培地を用いることで遺伝子組換えをした大腸菌のみを選択して生育させることができる。

    アンピシリンを含まない寒天培地（LB）ではすべての大腸菌が生育できるが、LB/amp では amp^r をもつプラスミドを取りこんだ大腸菌しか生育できない。したがってⓑはコロニーができない。また、プラスミドの取りこみの起こる確率は高くないので、ⓒのコロニー数はⓐよりも少なくなる。よって、コロニー数は、ⓐ＞ⓒ＞ⓑとなる。ⓑの実験は、用いた大腸菌が amp^r をもっていないことを示すための対照実験である。
2. ラクトースオペロンの誘導物質である IPTG を加えると *GFP* や *lacZ* が発現する。*GFP* が発現した大腸菌は紫外線照射によって緑色に光り、*lacZ* が発現した大腸菌は X-gal を分解して青いコロニーをつくる。

    ⓒでは白いコロニーが見られ、これは pGFP、pUC19 のいずれかを取りこんだことを示す。青いコロニーや紫外線照射により発光するコロニーは見られない。*GFP*、*lacZ* はいずれもラクトースオペロンのプロモーターとオペレーターをもつので、IPTG を与えないと発現しないためである（ただし、X-gal もないため、たとえ *lacZ* が発現していても青いコロニーは見られない）。なお、amp^r は別のプロモーターをもっており、IPTG がなくても発現する。

    IPTG を加えたⓓでは青いコロニーと白いコロニーが見られ、白いコロニーは紫外線照射で緑色に光る。青いコロニーの大腸菌は pUC19、緑色に光るコロニーの大腸菌は pGFP を取りこんでいる。

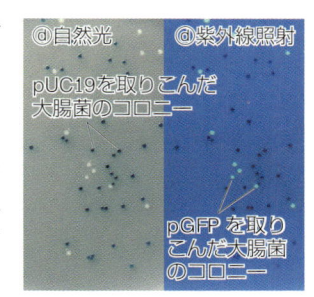

3 DNAの増幅と塩基配列の決定

DNA複製のしくみを応用して，同一のDNAを多量に増幅する方法やDNAの塩基配列を決定する方法が開発されている。これらは，遺伝子を扱うバイオテクノロジーにおいて欠かせない技術である。

A DNAの増幅

PCR法(ポリメラーゼ連鎖反応法)は，わずかなDNAをもとに，同じDNAを多量に複製(増幅という)させる方法で，その原理は次のようなものである。❶

① DNA溶液を約95℃に加熱すると，2本鎖DNAを形成する相補的な塩基どうしの結合が切れて2本の1本鎖DNAに分かれる。

② 50～60℃に下げると，1本鎖DNAの複製する領域の3'末端に，その部分と相補的な短い1本鎖DNA(プライマー)が結合する。プライマーは，新生鎖が伸長を開始する起点となる。

③ 約72℃とし，A，T，G，Cの4種類のヌクレオシド三リン酸を加え，耐熱性のDNAポリメラーゼ❷をはたらかせると，それぞれの1本鎖DNAを鋳型にして2本鎖DNAが複製される。

①～③を繰り返す(図40)。

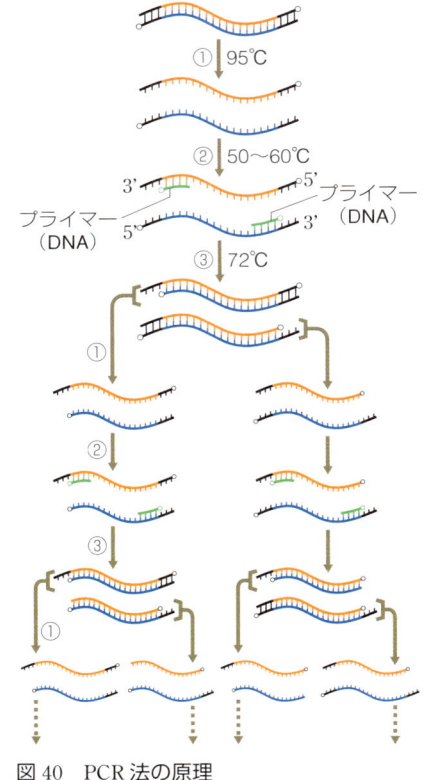

図40 PCR法の原理

問5 PCR法でこのサイクルを20回繰り返すと，理論上DNAは何倍に増幅されるか。また，30回繰り返すとどうなるか。

---

❶ ほかの方法でもDNAを増幅できる。目的のDNAをもつプラスミドを大腸菌に取りこませ，その大腸菌を増殖させると，目的のDNA(をもつプラスミド)も増えることになる。
❷ 高温の環境に生息する好熱性細菌という細菌がもつDNAポリメラーゼで，72℃でも失活しない。

観察&実験　DNAを増やそう

準備　ブタのDNA溶液，PCR反応液❶(プライマー，DNAポリメラーゼ，4種類のヌクレオチドを含む)，マイクロチューブ，マイクロピペット，チューブラック，電気ポット(95℃)，恒温槽(55℃，72℃)，ストップウォッチなど時間を計れるもの，氷，小型遠心機，電気泳動装置および電気泳動に使用する試薬類❶(DNA染色液，DNA分子量マーカー，アガロースゲル，泳動バッファー，ローディングバッファー)　▶p.114

方法　① マイクロチューブに，PCR反応液19μLとブタのDNA溶液1μLを加え，マイクロピペットで液を3回出し入れして穏やかに混合する。同じものを2本用意し，1本を電気泳動の対照用としてとっておく。
② マイクロチューブのふたをしめて，チューブラックにセットする。
③ 95℃の湯に2分間つける。❷
④ すばやく取り出し，55℃の湯に20秒つける。
⑤ 次に72℃の湯に30秒つける。
⑥ 95℃・10秒→55℃・20秒→72℃・30秒を1サイクルとして，これを40サイクル繰り返す。
⑦ ⑥の最後に72℃で2分間そのまま置き，その後，氷上で冷やす。
⑧ ⑦について，小型遠心機で5秒程度遠心した後，ローディングバッファーを加えて混合する。①でとっておいたものにも同様の処理をする。
⑨ アガロースゲルの3つのくぼみにDNA分子量マーカーと⑧で処理した2つの試料を別々に入れて電気泳動する。電気泳動終了後，ゲルをDNA染色液に浸してDNAを染色する。

　　！注意　電気泳動に使用するゲルや試薬には，人体に有害な物質も含まれているので，手袋を着用して直接触れないようにする。

考察　① 40回のサイクルを繰り返すと，DNAは何倍に増幅されるか。
② 電気泳動の結果，DNAの増幅を確認できたか。また，分子量マーカーと比較すると，増幅したDNAはどれくらいの大きさと推定されるか。

❶試薬は市販のキットなどを用いるとよい。組成や使用法はキットによって異なる。
❷実際には，方法の③〜⑦については専用の機器が用いられる。温度と時間，サイクル数をプログラムしておけば自動的に指定の温度変化が行われて反応が進む。

参考　電気泳動法

　DNAは負の電荷をもっており，電圧を加えると＋の方向へ移動しようとする。電気泳動法はこの性質を用いた手法で，DNAを分子量によって分離することができる。

　電気泳動は，図Ⅰのような装置で行う。

　2本の電極の間を緩衝液（泳動バッファー）で満たし，その中にアガロース（寒天の主成分）でできたゲルをおく。ゲルには試料を注入するくぼみ（ウェル）があり，試料は色素などを含むローディングバッファーと混合してウェルに注入する。電圧を加えるとDNAはアガロースゲルの中を＋極に向かって移動するが，ゲルが形成している小さな網目構造に妨げられ，長いDNAほど遅く，短いDNAほど速く移動する。この結果，塩基対数の違い（長さの違い）によってDNA断片を分離することができる。電気泳動後，ゲルをDNA染色液で染色すると，DNAが短い帯（バンド）として検出される（図Ⅱ上）。

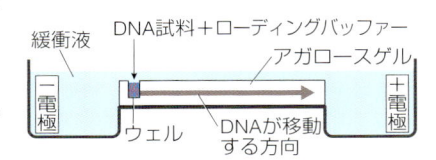

図Ⅰ　電気泳動法によるDNAの分離

　塩基対数がわかっている複数のDNA断片をDNA分子量マーカーとして，調べたいDNAと同時に電気泳動すると，調べたいDNAの塩基対数を推定することができる。まず，DNA分子量マーカーのそれぞれのバンドの移動距離とDNA断片の大きさ（bp：base pair，塩基対）の関係のグラフを描く❶（同図下）。そして，調べたいDNAのバンドの移動距離をグラフに当てはめると，調べたいDNAの塩基対数が推定できる。

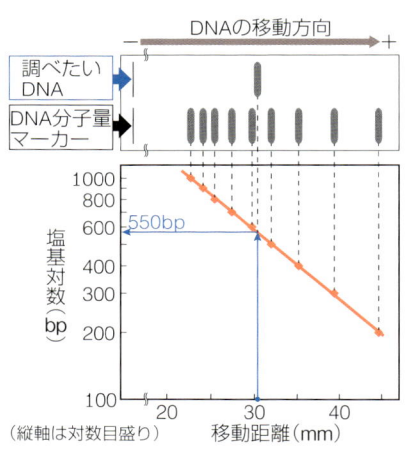

図Ⅱ　電気泳動の結果の例と塩基対数の求め方　この例では200bpから100bpごとに1000bpまでのDNA断片が含まれるDNA分子量マーカーを用いた。調べたいDNAは約550bpと推定できる。

---

❶この場合，縦軸（塩基対数）に対数目盛りを用いた片対数グラフ（▶ p.266）を描くと，移動距離と塩基対数の関係が直線となり，塩基対数を推定しやすい。

B｜塩基配列の解析

DNAの塩基配列は次のようにして解析することができる。

塩基配列を調べたい1本鎖DNAを鋳型として相補的なDNA鎖を合成させる。このとき，材料となるヌクレオシド三リン酸の中に，糖としてジデオキシリボースをもつもの（図41）を少量混ぜておくと，これを取りこんだDNAはそこで合成が止まる。合成が止まった場所によってさまざまな長さのDNA鎖ができるので，あらかじめ塩

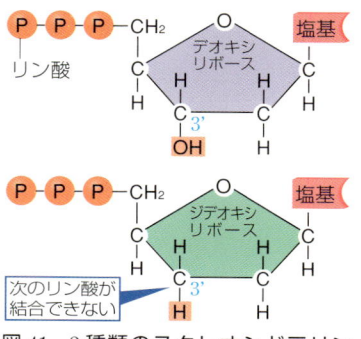

図41　2種類のヌクレオシド三リン酸

基ごとに異なる標識をつけておいて電気泳動をすると，そのパターンから塩基配列がわかる。約500塩基の配列の解析が可能である。

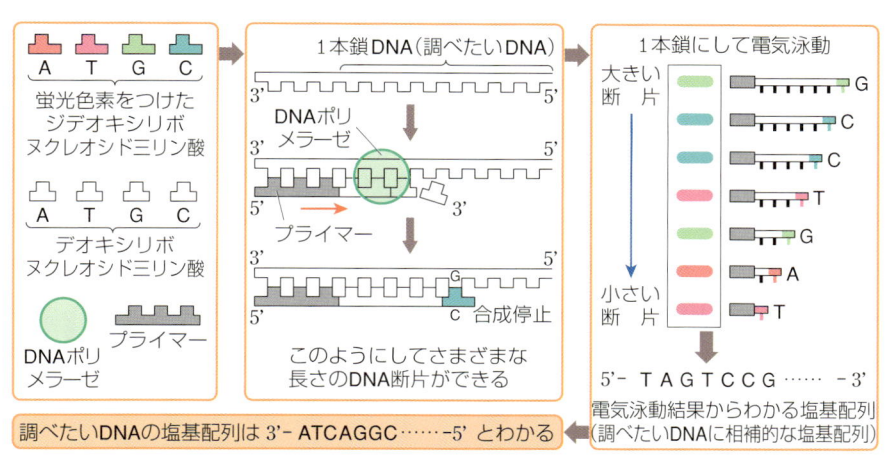

図42　塩基配列解析法（サンガー法）

調べたいDNAの塩基配列は 3'- ATCAGGC……-5' とわかる

電気泳動結果からわかる塩基配列（調べたいDNAに相補的な塩基配列）
5'- TAGTCCG ……-3'

ある生物の全塩基配列を解析したいときには，DNAを500塩基程度に小さく断片化し，それぞれのDNA断片の塩基配列を解析してそれらを並べてつなげるという方法がとられる。これには，先にDNA断片のつながっていた順番を明らかにしてからそれぞれのDNA断片の塩基配列を解析する方法と，先にDNA断片の塩基配列を解析してから，その情報をもとに断片のつながっていた順番を解析する方法の2通りがある。

4 DNAの遺伝情報と遺伝子，ゲノム

生物の細胞には，個体の形成や生命活動を営むのに必要な一通りの遺伝情報をもつDNAが含まれている。このようなDNAまたは遺伝情報の1組が**ゲノム**である。真核生物の体細胞には父方から受け継いだものと母方から受け継いだものの2組のゲノムが，卵や精子などの配偶子には1組のゲノムが存在している（図43上）。

ゲノムの大きさは塩基対の数で表される。表2にいろいろな生物のゲノムの大きさ（塩基対数）と遺伝子の数（推定値）を示した。

ヒトゲノムを構成するDNAには約30億の塩基対が含まれており，その中に約20500個の遺伝子があると推定されている。しかし，DNAのすべての塩基配列が，遺伝子としてはたらいているわけではない。遺伝子はDNA上に飛び飛びに存在していて（図43下），タンパク質のアミノ酸配列を指定している部分はDNAの塩基配列全体の1%程度にすぎないといわれている。残りの部分は転写されない配列である。❶

表2 いろいろな生物のゲノムの塩基対数と遺伝子数

生物名	ゲノムの塩基対数（およその数）	遺伝子数（推定値）
大腸菌	460万	4400
酵母菌	1300万	6200
ショウジョウバエ	1億8000万	13700
ヒト	30億	20500

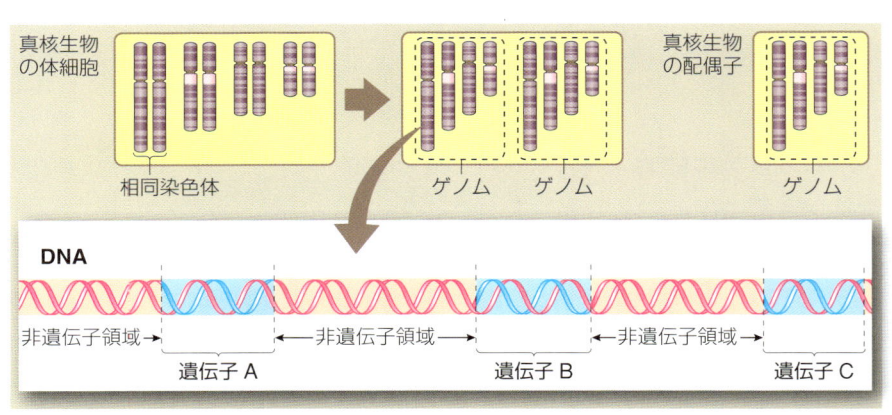

図43 ゲノム，DNA，遺伝子の関係

❶転写されても途中で取り除かれる配列もある（▶ p.80）。

現在，いろいろな生物について，その DNA の全塩基配列の解読が行われている。

DNA は遺伝子としてタンパク質のアミノ酸配列を指定しているので，DNA の塩基配列がわかれば，つくられるタンパク質のアミノ酸配列がわかり，遺伝子のはたらきや染色体上の位置の研究，発生・分化のしくみの研究などに役立てることができる。

ヒトの DNA の塩基配列については，2003 年に解読が終了しており，その成果がさまざまな研究に生かされている。

参考　ヒトゲノム計画
― 遺伝情報の解読と問題点

ヒトの1組のゲノムを構成する DNA には，約 30 億の塩基対が含まれている。1990 年に始まった国際プロジェクト「ヒトゲノム計画」は，ヒトの染色体の全塩基配列を調べ，さらにはその中のどこにどのような遺伝子が含まれるのかをつきとめるというものである。

このプロジェクトには日本の研究グループも参加し，21 番染色体の解読を担当した❶。2003 年 4 月には，ヒトのゲノムについておよそ 99 ％の塩基配列の決定がなされ，ヒト DNA のすべてがほぼ明らかになった。国際的な協力とコンピュータや分析装置の発達によって当初の予定より大幅にはやい達成であった。

さらに 2004 年 10 月には，かつて 100000 個ほどと推定されていたヒトの遺伝子数が，実際には約 22000 個ほどしかないことも発表された（現在では，20500 個ほどと考えられている）。

分子生物学の研究や，病気の原因の解明や薬品の開発といった医学の研究における，ヒトゲノム計画の成果による利点ははかり知れないと考えられる。また実用的な面では，遺伝子診断や遺伝子治療などに有用な情報がもたらされることも期待される。

ただし，これら遺伝子の個人情報は，プライバシーの保護として，十分に守られる必要がある。めざましい技術の進歩に対応して，法整備などで遺伝子情報の安易な利用を防ぐ必要がある。

---

❶日本の研究グループは，21 番染色体全解読のほかに 11 番染色体でも中心的な役割を果たし，18 番染色体では副担当を務めた。

Ⅱ　遺伝子とそのはたらき

5 遺伝子発現の解析

近年,さまざまな生物のゲノム情報が次々と明らかにされてきたことで,1つの生物の全遺伝子を対象にした網羅的な解析がなされるようになった。そのための技術の1つが,転写されたmRNAの量から遺伝子の発現パターンを解析する**DNAマイクロアレイ**である。

DNAマイクロアレイで使用されるチップには多数の小さなスポットがあり,各スポットにはそれぞれ異なる既知の配列をもつ1本鎖DNAが接着されている。そこに,特定の組織や細胞から抽出したmRNAに蛍光標識をつけたものをのせると,チップ上のDNAと相補的に結合する。あるスポットで蛍光が観察された場合,その組織にmRNAが存在する,つまりその配列をもつ遺伝子が発現していることを示す。

図44 **DNA**マイクロアレイに使用されるチップの例

例えば,がん細胞から抽出したmRNAを赤色で蛍光標識し,正常細胞から抽出したmRNAを緑色で蛍光標識して実験を行う(図45)。この場合,赤い蛍光が見られた遺伝子はがん細胞で過剰発現しており,緑の蛍光が見られた遺伝子は発現が少ないことを示しており,それら発現パターンに違いの見

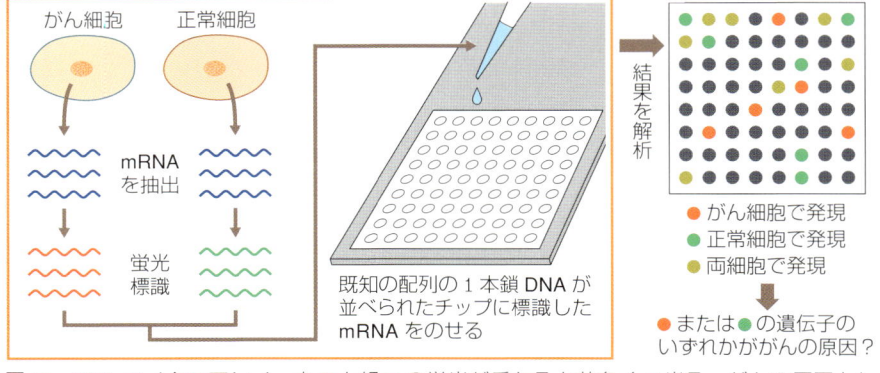

図45 **DNA**マイクロアレイ 赤●と緑●の蛍光が重なると黄色く●光る。がんの原因としては,●の遺伝子が発現していること,●の遺伝子が発現していないことが考えられる。

られた遺伝子を解析することで，がんの原因遺伝子の特定につなげることができる。また，ある物質を与えたときと与えないときの発現パターンを比較することで，その物質の治療薬としての効果を解析するのに利用したりすることもできる。

発展　バイオテクノロジーにおける mRNA の利用法

　DNA マイクロアレイなどの技術においては，組織や細胞から抽出された mRNA を利用する。ある細胞から抽出される mRNA がもつ情報は，その細胞で発現している遺伝子の情報のみである。遺伝子発現の解析などの実験には mRNA の情報が必須であるが，mRNA は，DNA と比べて不安定で分解しやすく，扱いにくい。そこで用いられるのが，mRNA をもとに合成した cDNA とよばれる DNA である。

　ある種のウイルスは，遺伝子として RNA をもち，RNA から DNA を合成するはたらきがある**逆転写酵素**をもっている。この逆転写酵素を用いて mRNA から合成した DNA を **cDNA**（相補的 DNA）という。実際の DNA マイクロアレイにおいても，組織や細胞から抽出した mRNA から cDNA を合成して実験に用いている。

　真核細胞の場合，cDNA は，ゲノム DNA には存在するイントロンが除かれている点でも扱いやすい。例えば，インスリンを大腸菌に合成させるとき，原核生物である大腸菌に導入するインスリン遺伝子はイントロンを除いたものでなければならない。スプライシングされてできた mRNA から cDNA を合成すると，イントロンが除かれた DNA が得られ，それを大腸菌に導入すると，目的のインスリンがつくられる。

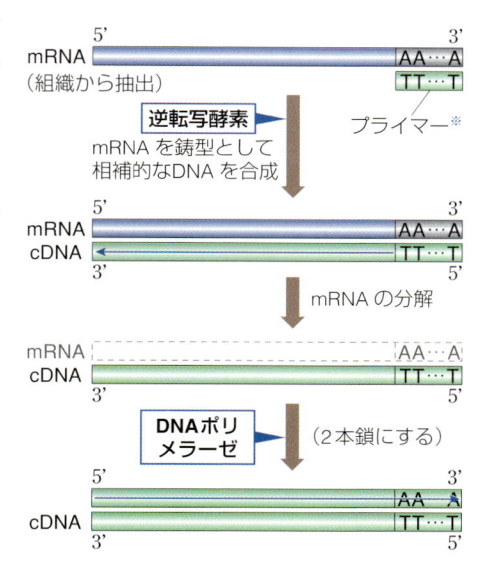

※真核生物のmRNAの末端には，アデニンヌクレオチドが並ぶポリA尾部とよばれる部分がある。ポリA尾部に相補的なチミンヌクレオチドが並ぶプライマーを用いれば，RNAのうち，mRNAのみが逆転写される。

図Ⅰ　cDNA の合成

参考　その他のバイオテクノロジー

　人類は古くから生物を利用して生活に役立ててきた。微生物による発酵を利用した酒造りなど、その歴史は深い。第5節では遺伝子を扱った技術について学習したが、バイオテクノロジーにはそれ以外にもさまざまな技術がある。

① **核移植**　核を取り除いたり紫外線で核を不活性化したりした未受精卵に、別の細胞の核を注入する技術を**核移植**という。核移植された卵が発生すると、核を提供した個体と同じ遺伝子型をもつクローン個体を得ることができる。

　体細胞の核を移植して得られる体細胞クローンは、遺伝的に同一の個体を得ることができる点で有効な方法であるが、成功率が低いこと、寿命が短い場合があることなど、課題も残っている。

② **細胞融合**　受精による交配が不可能な異なる生物の間でも、それらの細胞を融合させる(**細胞融合**)ことで雑種細胞をつくることができる。細胞を融合させる方法としては、センダイウイルスを用いたり、ポリエチレングリコールなどの化学物質、電気刺激や機械刺激による方法などがある。植物細胞では融合前に酵素を用いて細胞壁を除去する。

　動物の細胞融合の研究成果の1つとしてハイブリドーマがある。これは、抗体をつくるリンパ球と活発に増殖するがん細胞を融合させることで、1種類の抗体を大量に産生させ続けることができるようになったもので、病気

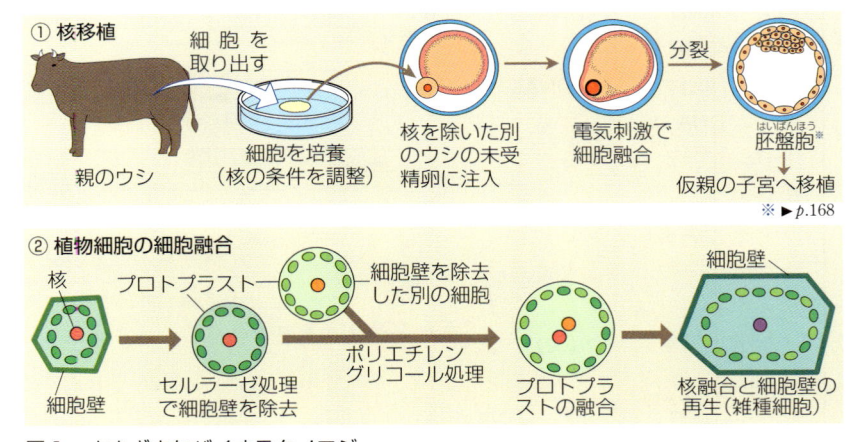

図I　さまざまなバイオテクノロジー

治療の研究などに用いられている。

③ **組織培養**　多細胞生物の組織から一部を取り出し、生育に必要な栄養分を与えて無菌的に生かしておくことを**組織培養**という。植物では、オーキシンという植物ホルモンを与えて組織培養を行うと、細胞が未分化な状態にもどって(脱分化して)増殖し、**カルス**とよばれる未分化な細胞塊をつくる。これに、サイトカイニンなどの植物ホルモンと栄養分を与えて培養すると、再び分化(再分化)して根や葉ができ、最終的にはもとの植物体と同じ植物体が得られる。

繁殖の難しい観賞用のランや希少植物の増殖は、組織培養によって盛んに行われている。また、近年、組織培養によって大量に胚をつくり、これを人工的なカプセルに包んだ人工種子の研究も進んでいる。

④ **バイオリアクター**　酵素や微生物などを用いて有用な物質を大量に生産する装置を**バイオリアクター**という。例えば、アルコール発酵に関する酵素を入れたカラムを用いると、グルコース溶液からエタノールを大量に効率よくつくることができる。酵素や微生物などが最大限にその機能を発揮できるよう最適化されており、エタノール以外にもアミノ酸や糖、抗生物質などの生産や、水や土壌などの浄化、微量物質の検出など、さまざまな分野に応用されている。

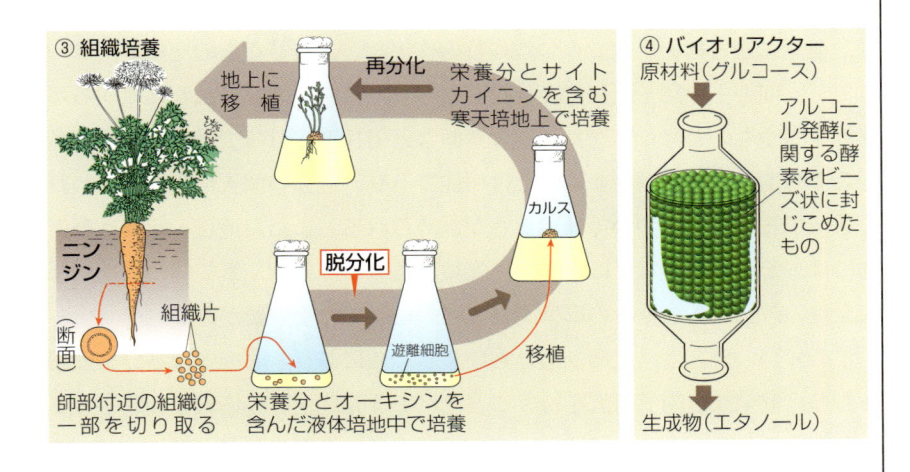

6 バイオテクノロジーと人間生活

A 医療技術の進展

　バイオテクノロジーはさまざまな疾患の治療や予防に利用されている。例えば、インスリンやインターロイキン、インターフェロン（抗がん剤として用いられる）など、多くの医薬品が遺伝子組換え大腸菌などによって生産されている（図46）。また、遺伝子欠陥のため正常なタンパク質を合成できない患者から体細胞を取り出し、正常な遺伝子を取りこませた後、患者の体内にもどすという遺伝子治療の研究も進められている。

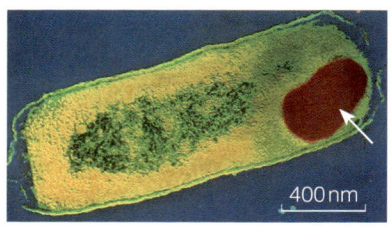

図46　インターロイキンを生産する大腸菌（電子顕微鏡写真に着色）　矢印は生産されたインターロイキンを示す

　さらに研究が進めば、治療前に患者の遺伝情報を調べ、その患者にあう薬を投与するという個人にあった医療（**テーラーメイド医療**）を行うことが可能になるかもしれない。また、遺伝情報から、かかりやすい病気がわかるようになれば、より効率的な予防が可能になるかもしれない。

B バイオテクノロジーの課題

　バイオテクノロジーの発達により、生命の根幹である遺伝子を操作することができるようになった。このような技術は、病気の治療法の飛躍的な進展や、農業に適さない土地で育つ農作物の作出など、有益なものを生み出す一方で、人間の生命観や人権に変化をもたらしたり、生態系を乱したりする可能性をもつものとなってきた。健康診断などで採取される少量の血液や組織からでも遺伝情報を解析することは可能であり、究極の個人情報ともいわれる遺伝情報の扱いについては慎重さが求められる。また、遺伝子組換え農作物には、その安全性などについて不安視する意見があり、継続的に長期的な安全性の評価や生態系への影響調査などを行っていく必要がある。

　この分野の研究は、生命創造ともいえる領域にあり、研究者は高い倫理観をもち、健全な目的で研究を行うことだけでなく、正確な情報を公開することも求められる。また、法律によるガイドラインの作成など、現状にあった研究環境の整備も必要である。

第3章
有性生殖と生物の多様性

1. 遺伝子と染色体
2. 減数分裂と遺伝情報の分配
3. 遺伝子の多様な組み合わせ

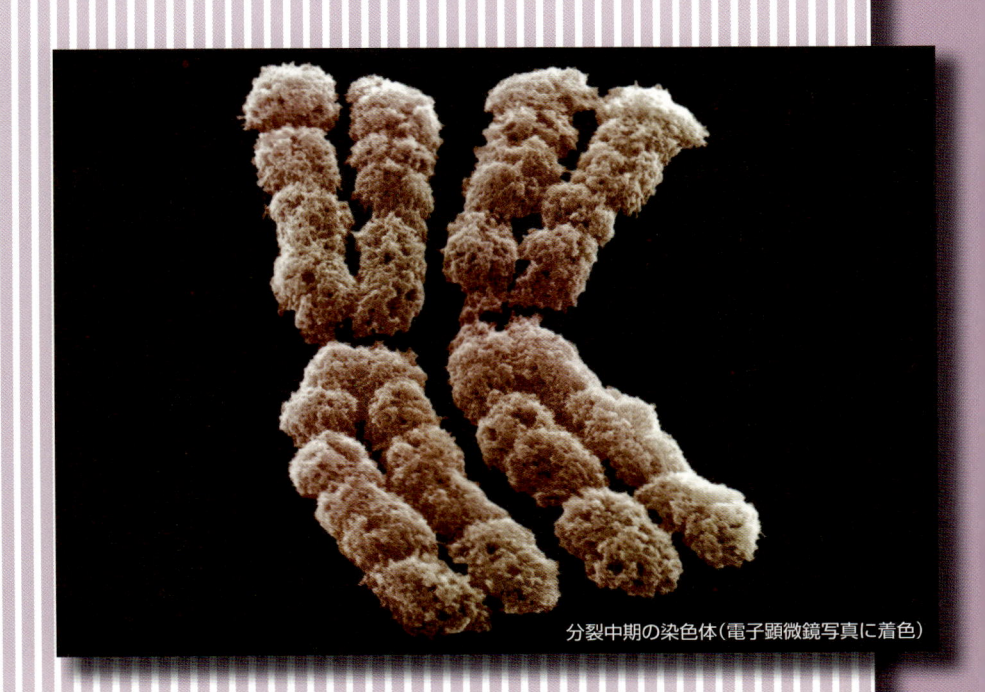

分裂中期の染色体（電子顕微鏡写真に着色）

分裂中期の染色体
(電子顕微鏡写真に着色)

第1節 遺伝子と染色体

1 染色体の構造

A 染色体の構造

　真核細胞では，DNAはヒストンとよばれるタンパク質に巻きついてヌクレオソームを形成している。通常ヌクレオソームは規則的に積み重なった**クロマチン繊維**とよばれる構造をつくっている。細胞分裂の際には，DNAの半保存的複製の後，複製されたDNA分子どうしは隣接したまま，それぞれがクロマチン繊維をつくり，さらに何重にも折りたたまれて，太く短いひも状の染色体が2本並んだ状態になる❶(図1)。これらの染色体は，複製されたDNA分子が隣接したままできたものなので，2本の染色体に含まれるDNAは同じである。

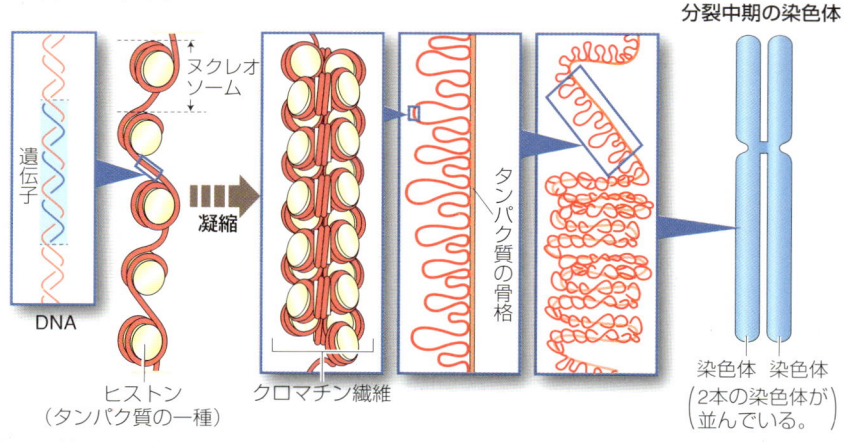

▶ p.72

図1　遺伝子と染色体

（図中ラベル：遺伝子／DNA／凝縮／ヌクレオソーム／ヒストン（タンパク質の一種）／クロマチン繊維／タンパク質の骨格／分裂中期の染色体／染色体　染色体（2本の染色体が並んでいる。））

❶細胞分裂の前期や中期では，染色体が縦裂して2本の染色体が動原体の部分で接着しているように見える。かつてはこのそれぞれを染色分体とよんで，2本が接着した染色体とは区別していたが，今はいずれも染色体とよんでいる。

B 染色体の構成

ヒトの体細胞には46本の染色体があり，44本は男女に共通して見られる染色体で，これを**常染色体**という。この他の2本は男女で構成の異なる染色体で，これを**性染色体**という。

通常1個の体細胞には大きさと形が同じ染色体が2本ずつあるが，この対になる染色体を**相同染色体**という。相同染色体はふつうn対あるので，染色体数は$2n$となる。ヒトの場合，染色体数は$2n=46$と表される(図2)。

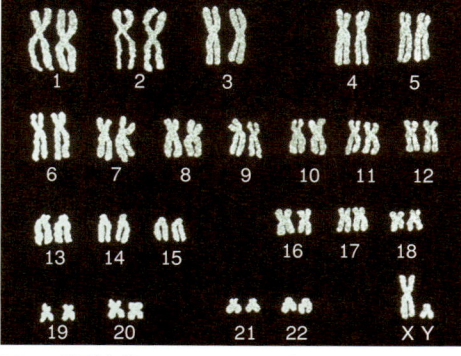

図2　分裂中期に見られるヒト(男子)の染色体

C 性と染色体

ヒトの性染色体は，女子では同形(ホモ型)であるが，男子では互いに形が異なる(ヘテロ型)。男女に共通して見られる性染色体を**X染色体**，男子にしか見られない性染色体を**Y染色体**という。Y染色体には，性決定に関係する遺伝子が存在している。

参考　性決定の型

ヒトのような性決定の様式を雄ヘテロの**XY型**という。また，同じような様式であるがY染色体のないものを**XO型**という(表I)。

生物によっては，雌の性染色体がヘテロ型で雄がホモ型のものもある。この場合，雌雄で見られる性染色体をZ，雌にしか見られない性染色体をWで表すことがあり，このような性決定様式を雌ヘテロの**ZW型**という。また，同様の性決定様式でW染色体がないものを**ZO型**という。

表I　性決定の型　Aは常染色体の1組を表す。

		雄ヘテロ		雌ヘテロ	
		XY型	XO型	ZW型	ZO型
染色体の構成	雄	2A + XY	2A + X	2A + ZZ	2A + ZZ
	雌	2A + XX	2A + XX	2A + ZW	2A + Z
生物例		ヒト,キイロショウジョウバエ	キリギリス,トノサマバッタ	ニワトリ,アフリカツメガエル	ミノガ,トビケラの一種

2 | 染色体と遺伝子

A | 染色体と遺伝子座

　ある形質に関する遺伝子は，染色体の特定の場所に存在し，その位置は同じ生物種では共通している。このような染色体に占める遺伝子の位置のことを**遺伝子座**という。

　例えば，ヒトの赤血球中のタンパク質(ヘモグロビン)に関する遺伝子は通常，正常な赤血球の情報をもつが，鎌状赤血球の情報をもつ場合もある。▶ p.89 すでに学習したように，これらは DNA の塩基配列がごくわずかに異なっている(図3)。これらの遺伝子は相同染色体の同じ位置，すなわち同じ遺伝子座に存在する。

　このように，共通の遺伝子座に存在する異なる型の遺伝子のことを**対立遺伝子**という。

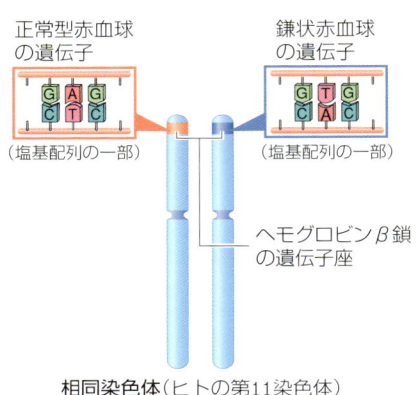

図3　遺伝子座と対立遺伝子

B | 遺伝子型

　個体や配偶子がもつ遺伝子は，アルファベットなどの遺伝子記号で表され，これを**遺伝子型**という。❶ 対立遺伝子は優性の遺伝子を A のように大文字で，劣性の遺伝子を a のように小文字で表すことが多い。体細胞では相同染色体が対になっているため，遺伝子型は AA，Aa，aa のように表される。

　遺伝子型が AA や aa のように，着目する遺伝子座の遺伝子が同じ個体を**ホモ接合体**といい，Aa のように異なる個体を**ヘテロ接合体**という(図4)。

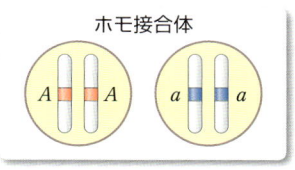

図4　ホモ接合体とヘテロ接合体

---

❶遺伝子型に対して，個体においてある遺伝子が現す形質のことを**表現型**という。
❷すべての遺伝子座の遺伝子がホモ接合になった生物の系統を**純系**という。

発展　ヒトの性染色体に存在する遺伝子

ヒトのもつ約20500個の遺伝子は23組の染色体の特定の遺伝子座に存在する。それらの遺伝子の中で，性決定に関係する遺伝子の遺伝子座はY染色体にある（図Ⅰ）。一方，X染色体には性決定に関係しない遺伝子の遺伝子座のみが存在し，ヒトのさまざまな形質の遺伝にかかわっている。

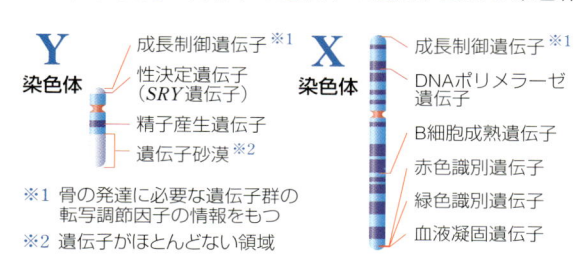

Y染色体：成長制御遺伝子※1，性決定遺伝子（SRY遺伝子），精子産生遺伝子，遺伝子砂漠※2

X染色体：成長制御遺伝子※1，DNAポリメラーゼ遺伝子，B細胞成熟遺伝子，赤色識別遺伝子，緑色識別遺伝子，血液凝固遺伝子

※1 骨の発達に必要な遺伝子群の転写調節因子の情報をもつ
※2 遺伝子がほとんどない領域

図Ⅰ　ヒトの性染色体に遺伝子座をもつ遺伝子

A｜Y染色体と性決定遺伝子

多くの哺乳類では，Y染色体に性別の決定に重要な役割を果たす遺伝子（SRY遺伝子）の遺伝子座が存在する。SRY (sex-determining region of the Y chromosome)遺伝子は発生中の個体において，生殖腺の体細胞を精巣に分化させる。分化した精巣からは男性ホルモンが分泌されて雄への分化が始まる。一方SRY遺伝子がはたらかなければ生殖腺の体細胞は卵巣に分化し，個体は雌になる。そのため，Y染色体をもつ個体でも，SRY遺伝子が欠損している場合などでは，雄への分化は起こらない。

B｜色覚関連遺伝子の遺伝子型と表現型

ヒトのX染色体には色覚に関係する遺伝子（赤色識別遺伝子 R，r・緑色識別遺伝子 G，g）の遺伝子座が存在する。これらの遺伝子のうちいずれかの対立遺伝子について，劣性遺伝子のみをもつと赤～緑の波長域の色が識別しにくくなる。

一般に女性はX染色体を2本もつため，劣性遺伝子をホモ接合でもたないかぎり，色覚異常にはならないと考えられる。しかし，哺乳類の雌では，発生途中にどちらか一方のX染色体がランダムに不活性化されてはたらきを失う（図Ⅱ）。

そのため，例えば，緑色識別遺伝子をヘテロ接合でもつ $X^G X^g$ の女性でも，網膜の中心部の細胞群で遺伝子 G を含むX染色体（X^G）が不活性化されている場合などでは，色覚異常となることもある。

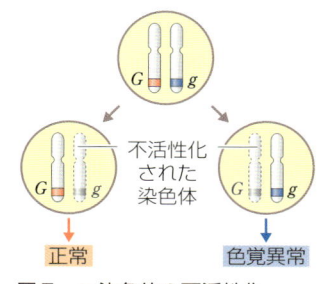

図Ⅱ　X染色体の不活性化

Ⅲ　有性生殖と生物の多様性

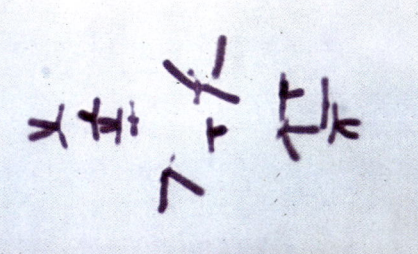

減数分裂第一分裂中期の染色体
（ツマグロバッタの精母細胞）
10μm

第2節 減数分裂と遺伝情報の分配

1 遺伝情報の分配

A 有性生殖

多くの多細胞生物では、生殖のために特別な細胞（**生殖細胞**）がつくられる。生殖細胞のうち、卵や精子などのように合体して新個体をつくる細胞を**配偶子**という。[1]

また、このような2種類の細胞の合体によって新しい個体をつくる生殖法を**有性生殖**という。

B 減数分裂と受精

有性生殖では2つの配偶子が合体して子ができる。そのため、もし配偶子の染色体数が親の体細胞と同じであれば、生じる子の染色体数は親の2倍になってしまう。しかし実際には、配偶子が形成される過程で、染色体数を半減させる特別な分裂（**減数分裂**）が起こっているため、生じる子の染色体数は親の体細胞の染色体数と同じになる。

ある1組の対立遺伝子 A、a について、相同染色体にそれぞれ遺伝子 AA と aa をもつ両親から子が生じた場合、図5のように、子は両親から1本ずつ染色体を受け継ぐため、親と同様に1組の遺伝子を

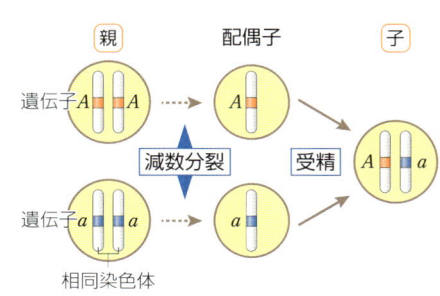

図5 配偶子形成と受精の際に見られる染色体数の変化

[1] 一般に配偶子の合体を**接合**といい、接合によってできる細胞を**接合子**という。また、卵と精子が合体することを**受精**という。

もつ。

　有性生殖では，両親のそれぞれから配偶子によって遺伝情報を受け継ぐため，子の遺伝情報は両親の遺伝情報を組み合わせたものになる。

参考　いろいろな生殖法と遺伝情報

　有性生殖を行う生物では，2つの配偶子の合体によって子が生じる。
　一方，配偶子によらない生殖法である**無性生殖**には，**分裂**，**出芽**，**栄養生殖**などの方法がある（図Ⅰ）。

分裂（ミドリムシ）　　**出芽**（ヒドラ）　　**栄養生殖**（ジャガイモ）

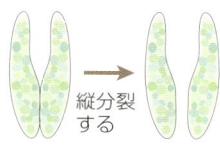

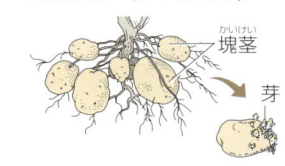

からだが2つに分かれて新個体となる

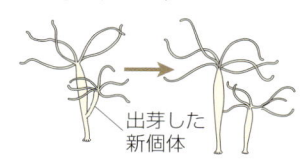

親のからだから芽が出るようにして新個体が生じる

茎や根など，親の器官の一部から新個体がつくられる

図Ⅰ　無性生殖の方法

　このような生殖法では，生じる新個体の遺伝情報は親とまったく同じになる（図Ⅱ）。そのため，植物をさし木などの方法によって人為的に栄養生殖で増やせば，もとの個体と同じ形質をもつ個体を得ることができる。このようにして，病気に対する耐性などをもつ植物を効率よく増やすこともできる。❶

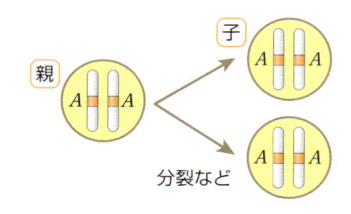

図Ⅱ　無性生殖と遺伝情報

　また，ふだんは分裂を行うゾウリムシは，環境条件が悪くなると，有性生殖である接合を行う（図Ⅲ）。ゾウリムシは大核と小核をもつが，接合によって小核に含まれているゲノムの1組を交換し，新しい遺伝情報の組み合わせをつくりだしている。

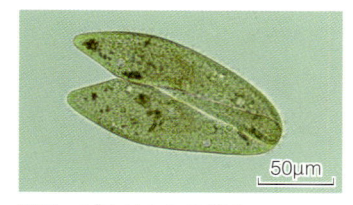

図Ⅲ　ゾウリムシの接合

---

❶茎や枝などの植物体の一部を切りとって土壌中にさし，根を発生させて新個体とすること。

Ⅲ　有性生殖と生物の多様性

2 減数分裂の過程

減数分裂は，**第一分裂**と**第二分裂**とよばれる2回の分裂からなる。減数分裂を行う母細胞では，分裂に先立って間期に核内に広がっている細いクロマチン繊維がほどけてDNAが複製される。これは体細胞分裂のときと同じ様式である。 ▶p.72

A 第一分裂

前期にはクロマチン繊維が凝縮して太く短いひも状になり，2本の染色体が並んだ状態となる。このとき2本の染色体はそのまま細胞の赤道面に並ぶのではなく，相同染色体どうしが**対合**し，**二価染色体**が形成される。つまり，1つの二価染色体は4本の染色体からできていることになる（図6）。

このとき，二価染色体を構成する相同染色体の間で交さが起こって，染色体の一部が交換される**乗換**

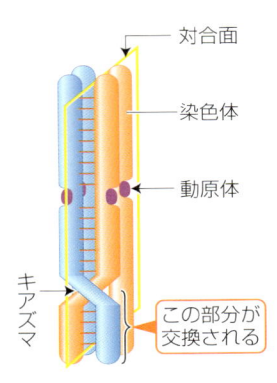

図6 二価染色体

間期 (母細胞)	第 一 分 裂		
	前 期	中 期	後 期
分裂前にDNAが複製される	クロマチン繊維は凝縮して染色体になり，相同染色体どうしが**対合**する	対合した二価染色体が赤道面に並ぶ	染色体が両極へ移動する

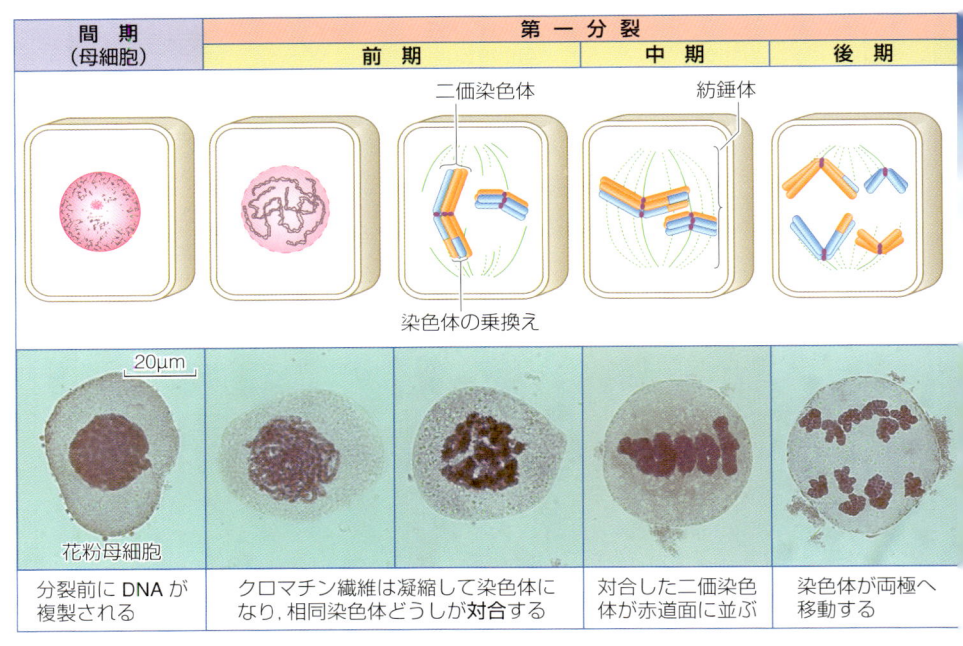

図7 減数分裂の過程　写真はヌマムラサキツユクサ($2n = 12$)の減数分裂。

えが起こる場合がある。染色体の交さが起こっている部位を**キアズマ**という。

中期には二価染色体が紡錘体の赤道面に並び，後期には二価染色体が対合面で離れて，それぞれが両極へ移動する。そして，終期には細胞質が二分されて，第一分裂は終了する。

このように，第一分裂では，相同染色体が一部を交換しながら分離するため，娘細胞に入った染色体は，母細胞の染色体と異なる場合もある。こうして生じる娘細胞は，相同染色体の一方ずつしかもたず，染色体数は母細胞の半数になっている。

B│第二分裂

第二分裂では，第一分裂で分離した染色体が中期に赤道面に並ぶ。後期には，2本の染色体が付着している面で分離し，それぞれが両極へ移動する。こうして，娘細胞1個当たりのDNA量は母細胞の半分になる。
▶ *p.69*

このようにして，減数分裂では，1個の母細胞から最終的に4個の娘細胞が生じる。

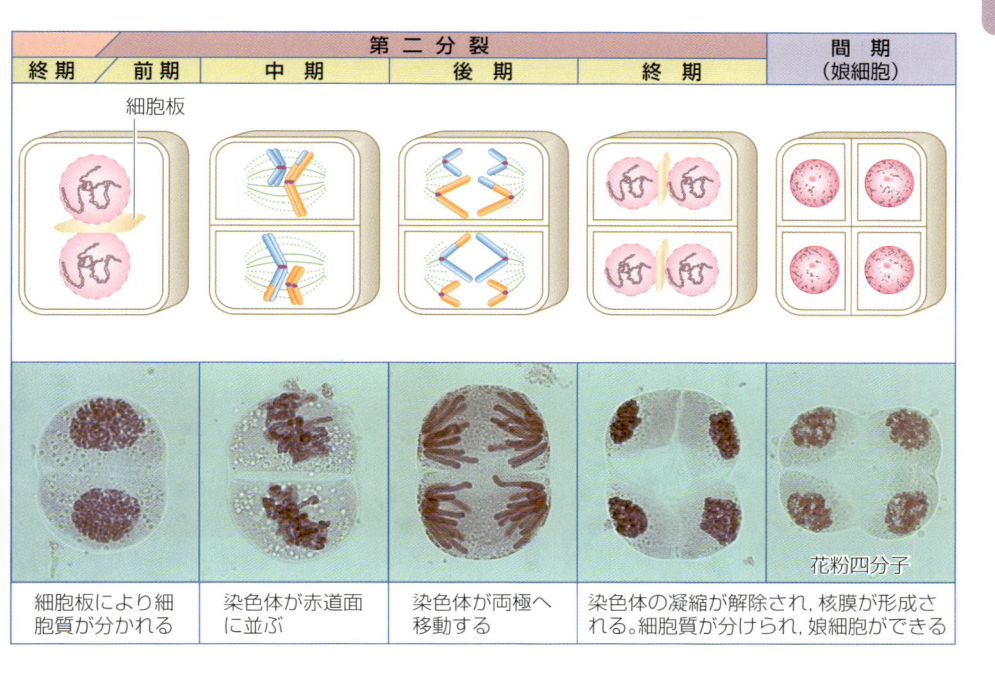

終期	前期	中期	後期	終期	間期（娘細胞）
細胞板により細胞質が分かれる		染色体が赤道面に並ぶ	染色体が両極へ移動する	染色体の凝縮が解除され，核膜が形成される。細胞質が分けられ，娘細胞ができる	花粉四分子

Ⅲ 有性生殖と生物の多様性

次のような観察＆実験を行って，減数分裂の過程を観察してみよう。

観察＆実験　減数分裂の観察

身近な植物を使って，減数分裂を観察してみよう。

準備　テッポウユリ・ムラサキツユクサ・ネギなどのつぼみ，検鏡セット，ピペット，ろ紙，酢酸アルコール（エタノール 30 mL ＋氷酢酸 10 mL の混合液），酢酸オルセイン液

方法　① つぼみを採取して酢酸アルコールに浸して固定する。
② 固定したつぼみをスライドガラスにのせ，ピンセットと柄付き針を使ってやくを取り出し，残ったかすを取り除く。
③ 酢酸オルセイン液をピペットで 1 滴落としてカバーガラスをかけ，ろ紙をおいてその上から押しつぶす。
④ 20 分ほど放置した後，低倍率で検鏡し，花粉や花粉になる前の細胞を探す。
⑤ 赤く染まった染色体の見られる部分を高倍率にし，いろいろな分裂段階の細胞を観察する。

談話室　コケ・シダの生殖

多くの動物では配偶子である卵と精子ができるときに，また，被子植物では花粉四分子と胚のう細胞ができるときに，減数分裂が起こる。それでは，胞子で増えるコケやシダでは，減数分裂は起こらないのだろうか。

私たちがふだん目にするシダは胞子をつくるからだ（胞子体）で，この胞子体で胞子が形成されるときに減数分裂が起こる。胞子が発芽すると前葉体とよばれる配偶子をつくるからだ（配偶体）ができる。前葉体で卵と精子がつくられ，それらの合体（受精）によってできた受精卵からふだん目にするシダのからだ（胞子体）が形成される。

したがって，このような減数分裂によって生じる胞子による生殖は，無性生殖には含めなくなっている。❶

図Ⅰ　イヌワラビの前葉体

❶アオカビなどの菌類では，からだの一部の細胞が体細胞分裂を行って胞子をつくる。このような減数分裂を経ないで生じる胞子による生殖は，無性生殖に含まれる。

第3節
遺伝子の多様な組み合わせ

スイートピーの花

1 減数分裂による遺伝子の組み合わせ

A 独立と連鎖

　生物がもつ遺伝子の数は染色体数に比べて非常に多く，1本の染色体には多数の遺伝子が存在している（図8）。

　このように同一の染色体に存在する遺伝子は**連鎖**(れんさ)しているという。連鎖している遺伝子は，染色体が切れないかぎり行動をともにする。

　これに対して，異なる染色体に存在する遺伝子は，**独立**(どくりつ)しているという。独立している遺伝子は，減数分裂において染色体が分かれる際，互いに影響しあうことなく，独立に配偶子に入る。❶

図8　ヒトの第11染色体　第11染色体にはこのほかにも多くの遺伝子が存在する。
- インスリンの遺伝子
- 赤血球構成タンパク質（ヘモグロビンβ鎖）の遺伝子
- 副甲状腺ホルモンの遺伝子
- 過酸化水素分解酵素（カタラーゼ）の遺伝子

　体細胞の染色体数が $2n=4$ の生物で，2組の相同染色体に図9のように3組の対立遺伝子 A, a と B, b と D, d が存在しているとすると，それぞれの遺伝子の関係は次のようになる。まず，遺伝子 D, d は，A, a と B, b のいずれの組とも異なる染色体に存在しており，これらは独立している。一方，遺伝子 A と B, a と b は同じ染色体に存在しており，連鎖している。

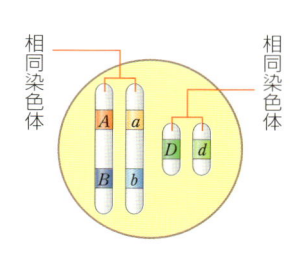

図9　3組の対立遺伝子

Ⅲ　有性生殖と生物の多様性

❶これを**独立の法則**(どくりつ　ほうそく)という（▶ p.141）。

B │ 遺伝子の独立

着目する遺伝子が独立している場合，配偶子における遺伝子の組み合わせはどのようになるのだろうか。

互いに独立している対立遺伝子 A, a と D, d について，減数分裂での染色体および遺伝子の分かれ方は，図10のようになる。

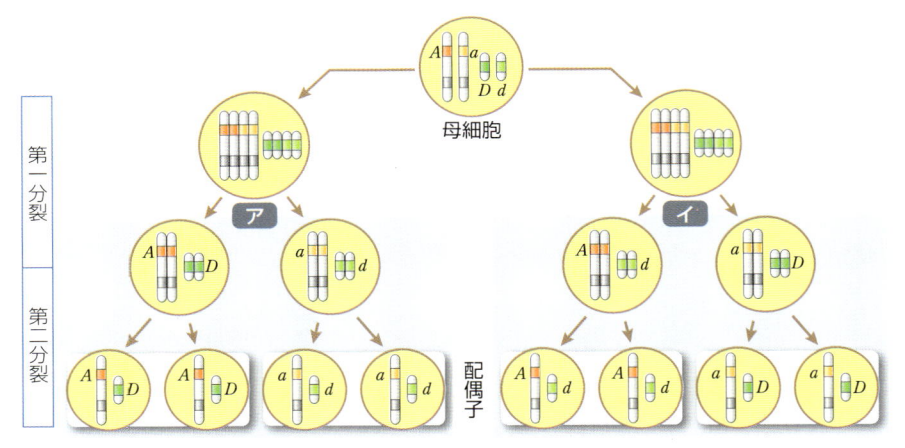

図10 遺伝子の独立と配偶子の組み合わせ 遺伝子 B, b は ■ で表している。

母細胞では分裂前にDNAの複製が行われる。その後，相同染色体が対合し，二価染色体ができる。

第一分裂中期の細胞では，赤道面に並んだ二価染色体の同じ遺伝子座に遺伝子 A, A, a, a が，もう一方の二価染色体の同じ遺伝子座に遺伝子 D, D, d, d が，それぞれ存在することになる。

第一分裂後期には，2組の相同染色体がそれぞれ対合面で分かれて娘細胞に入るが，このとき(ア)と(イ)の2通りの分かれ方がある。

(ア)の場合には AD と ad の2種類の配偶子が，(イ)の場合には Ad と aD の2種類の配偶子が生じる。

このように，$2n = 4$ の生物の場合，全体として4種類の配偶子が生じることになる。

問1 体細胞の染色体数が $2n = 6$ の生物で，3組の対立遺伝子 E, e と F, f と G, g がそれぞれ異なる染色体に存在する場合，配偶子の遺伝子の組み合わせは何通りになるか。

C 遺伝子の組換え

着目する遺伝子が連鎖している場合，配偶子における遺伝子の組み合わせはどのようになるのだろうか。

連鎖している対立遺伝子 A，a と B，b について，減数分裂でのこの染色体および遺伝子の分かれ方は，図11のようになる。

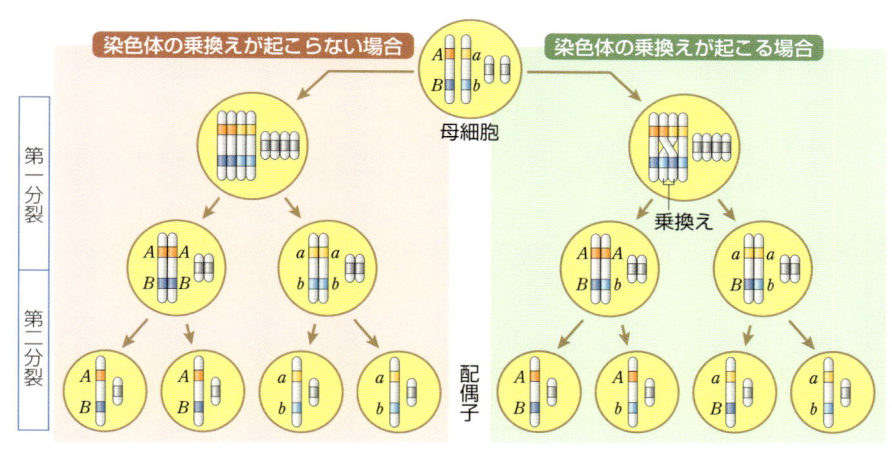

図11 遺伝子の連鎖と配偶子の組み合わせ　遺伝子 D，d は ■ で表している。

遺伝子 A と B，a と b が連鎖している場合，生じる配偶子は AB と ab の2種類のみとなる（図11 左）。

一方，これらの遺伝子の間で染色体の乗換えが起こる場合，乗換えを起こした相同染色体間では，新たな遺伝子の組み合わせができる。これを遺伝子の**組換え**という（図12）。組換えの結果，A と b，a と B という2種類の遺伝子の組み合わせも生じ，配偶子に含まれる遺伝子の組み合わせは4種類となる（図11 右）。

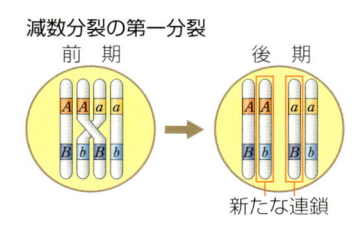

図12 遺伝子の組換え

このように，相同染色体間で乗換えが起こることによって遺伝子の組換えが起こり，配偶子の遺伝子の組み合わせは多様なものとなる。

問2　1組の相同染色体に2組の対立遺伝子の H と I，h と i がそれぞれ連鎖している生物では，①組換えが起こる場合と，②起こらない場合で，それぞれどのような配偶子が生じるか。

次のような観察＆実験を行って，配偶子の多様な組み合わせについて考えてみよう。

観察＆実験　染色体の乗換えと配偶子の組み合わせ

減数分裂の過程で染色体の乗換えが起こった場合，何通りの遺伝子の組み合わせをもつ配偶子ができるかを考えてみよう。

準備　インターネットが利用できるパソコン，『理科年表』，電卓

方法　① インターネットや『理科年表』などを使ってヒトの第1染色体に存在している遺伝子を調べ，その遺伝子地図をかく。
② ①の染色体の相同染色体には異なる型の対立遺伝子が存在すると仮定して，減数分裂の際に第1染色体のすべての遺伝子間で染色体の乗換えが起こるとすると，理論上，配偶子の遺伝子の組み合わせが何種類になるかを計算する。
　ただし，第1染色体以外の染色体については考えないものとする。

参考　二重乗換え

相同染色体間での染色体の乗換えはいくつかの決まった場所で起こり，特に乗換え頻度の高い場所をホットスポットという。

例えば，遺伝子AとB，aとbが連鎖している相同染色体において，$A-B$間に乗換えの起こりやすい場所①②がある場合，①②のいずれか一方のみで乗換えが起こると遺伝子の組換えが起こり，$A-b$，$a-B$という新たな連鎖が生じる(図Ⅰア)。しかし，①②の両方で染色体の乗換えが起こると$A-B$間の連鎖関係は乗換えが起こらなかった場合と変わらない(同図イ)。

このように1組の相同染色体間で2回の乗換えが起こることを**二重乗換え**といい，実際の減数分裂ではこのような現象も見られる。

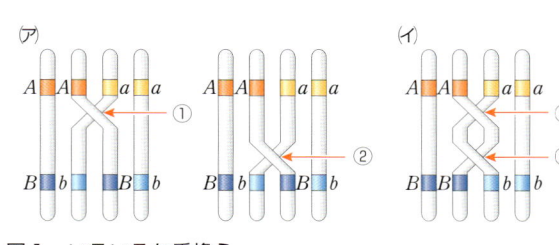

図Ⅰ　いろいろな乗換え

D 組換え価

連鎖している2つの遺伝子間では，ふつう一定の割合で組換えが起こる。生じた全配偶子のうち，組換えを起こした配偶子の割合を**組換え価**という。

$$組換え価(\%) = \frac{組換えを起こした配偶子の数}{全配偶子の数} \times 100$$

思考学習　スイートピーの花色と花粉の形の遺伝

スイートピーの花色と花粉の形について，次のような実験を行った。ここで着目する花色の遺伝子は，青紫色(B)が赤色(b)に対して優性，花粉の形の遺伝子は，長花粉(L)が丸花粉(l)に対して優性であることがわかっている。いま，青紫花・長花粉(遺伝子型 $BBLL$)と赤花・丸花粉($bbll$)を両親として交配すると，F_1(雑種第一代)❶ はすべて青紫花・長花粉($BbLl$)となった。

次に，F_1 を赤花・丸花粉($bbll$)と交配すると❷，次代には，青紫花・長花粉 192 株，青紫花・丸花粉 23 株，赤花・長花粉 30 株，赤花・丸花粉 182 株が生じた(図Ⅰ)。

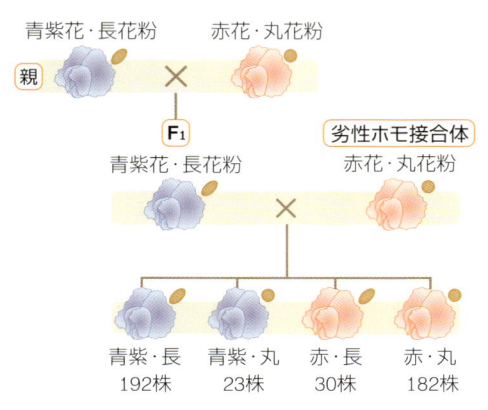

図Ⅰ　花色と花粉の形の遺伝

考察1. F_1 のつくる配偶子の遺伝子の組み合わせとその数は，どのような交配の結果から推測することができるか。

考察2. 2組の遺伝子 B，b と L，l が独立していると仮定すると，F_1 を赤花・丸花粉($bbll$)と交配した場合の次代の表現型の分離比はどのようになるか。連鎖していて組換えが起こらないと仮定すると，どのようになるか。

考察3. この交配の結果から，花色と花粉の形の遺伝子間での組換え価を小数第1位まで求めよ。

---

❶ 純系の親どうしの交雑によって生じた子を F_1(雑種第一代)，F_1 どうしの交配によって生じた子を F_2(雑種第二代)とよぶ。
❷ 劣性のホモ接合体を交配することによって，親の配偶子の遺伝子の組み合わせを調べることを**検定交雑**という。

Column　組換え価と染色体地図の作成

　現在では，遺伝子の本体が DNA であることはすでにわかっており，また，DNA の塩基配列を読み取ることもできるため，塩基配列から遺伝子の位置を決定することができる。それでは，このようなことが明らかになっていなかったころには，どのようにして遺伝子の位置を推定していたのだろうか。

　一般に，連鎖している2つの遺伝子間では，距離が遠くなるほど組換えは起こりやすくなる。そのため，組換え価は2つの遺伝子間の距離に比例していると考えられる。

　アメリカの遺伝学者モーガンの学生であったスタートヴァントは，組換え価の大小が遺伝子間の距離を反映しているのならば，遺伝子の順序を直線上に並べて遺伝子地図ができるはずだと考えた。そこで組換え価を遺伝子間の距離とし，1%を1cM（センチモーガン）と定義した。

　例えば，連鎖している3つの遺伝子 A, B, C について，$A-B$, $B-C$, $C-A$ 間の組換え価がそれぞれ2%，3%，5%であるとすると，これらの遺伝子は図Ⅰのように配列していることがわかる。

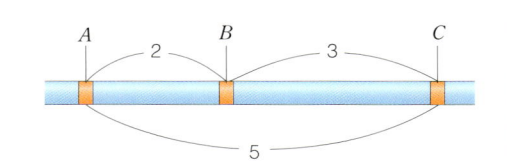

図Ⅰ　遺伝子の配列順序の決定

　このような3つの遺伝子間の組換え価を迅速に求める方法として**三点交雑法**がある（図Ⅱ）。三点交雑法では，3対の遺伝子のヘテロ接合体（$AaBbCc$）をつくり，この個体を劣性のホモ接合体（$aabbcc$）と交配することによって，次代の表現型の分離比から $A-B$, $B-C$, $C-A$ 間の組換え価を求める。

図Ⅱ　三点交雑法

　また，三点交雑をさまざまな形質について繰り返し行うと，染色体にある遺伝子の相対的位置を示す**染色体地図**を作成することができる。このようにして作成した染色体地図を遺伝学的地図という。❶

---

❶中期染色体を異なった種類の蛍光色素で染め分けるなど，細胞遺伝学の手法によって作成した染色体地図を細胞学的地図という。

2 受精による遺伝子の組み合わせ

対立遺伝子 A, a と B, b が同一の染色体，D, d が別の染色体に存在する $2n=4$ の生物が減数分裂によって配偶子を形成する場合，2組の対立遺伝子 A, a と D, d に着目すると，生じる配偶子は，$2^2=4$ 種類（AD, Ad, aD, ad）となる。

そして，両親のそれぞれが，この4種類の配偶子をもつとすると，受精によって生じる子の遺伝子の組み合わせは図13のようになる。

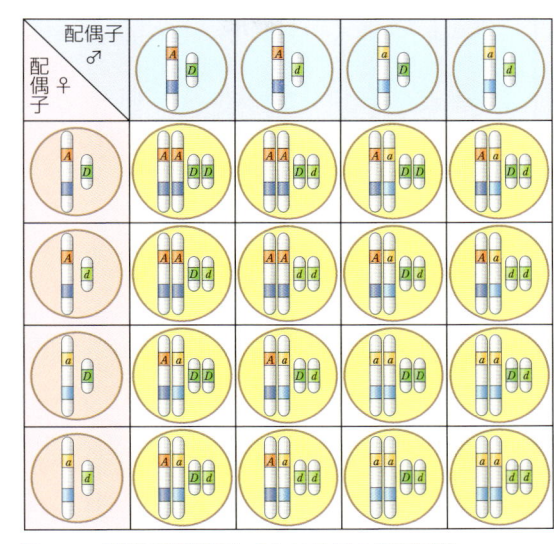

図13 4種類の配偶子から生じる子の遺伝子型

この表から，子の遺伝子型は，$AADD$, $AADd$, $AAdd$, $AaDD$, $AaDd$, $Aadd$, $aaDD$, $aaDd$, $aadd$ の9種類生じることがわかる。

さらに，配偶子形成の過程では，同一染色体に存在する遺伝子 A-B, a-b 間で組換えが起こる場合もある。このような組換えが生じた場合，親のつくる配偶子の組み合わせは8種類となる（図14）。

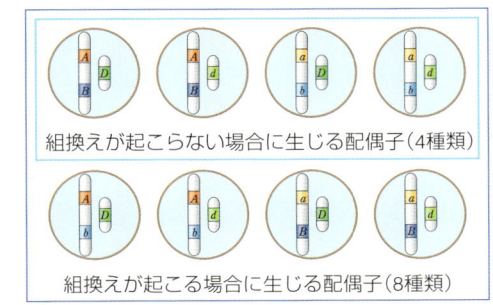

図14 組換えと配偶子の種類

実際には，1本の染色体に存在する遺伝子はさらに多い。そのため，生じる配偶子の種類は膨大なものとなり，受精によって生じる子の遺伝子型はより多様になる。

このように有性生殖では，減数分裂と受精の過程によって，きわめて多様な遺伝子の組み合わせが生じることになる。

談話室　メンデルの研究と遺伝の法則

　かつて高校で生物を履修した多くの方の中には，「高校の生物の中では遺伝が一番得意だった」といわれる方がおられるのではないだろうか。そう，一般に暗記ものと考えられがちな"生物"の中で，計算問題が中心で，数学や物理に近い"遺伝"は特異な分野で，一部のどちらかというと生物嫌いの人たちにおおいに好まれたのである。しかし，残念なことに，本書のどこを探しても，あの懐かしい計算問題は，ほとんど見られない。その大きな理由は，メンデルの遺伝の法則に関する学習が中学校へ移行されたためであるが，それと同時に，遺伝子の本体が DNA であることが明らかになって，遺伝のしくみが分子レベルで考えられるようになった今日，遺伝の学習も DNA が中心となることは，時代の流れといわざるをえないだろう。

図Ⅰ　メンデル

　しかし，そんな時代になってもメンデルの偉大な業績が色褪せることは少しもないわけで，メンデルを懐かしく感じられる方々のために，また，メンデルを知らない若者たちのために，メンデルの研究と遺伝の法則について，ここで少し触れておくことにしよう。

　19世紀の中ごろ，オーストリアの修道院の司祭であったメンデルは，エンドウのいろいろな遺伝形質の中から7組の対立形質を選び，それぞれの対立形質をもつものどうしをかけ合わせて，それらの形質の遺伝に一定の規則性があることを発見した(1865年)。

[1] メンデルの実験　メンデルは，自家受精を何代くり返しても同じ形質しか生じない系統(純系)のうち，丸形の種子だけをつける系統としわ形の種子だけをつける系統を選び出し，それらを親(P)として交配を行った。すると，雑種第一代(F_1)はすべて丸形の種子になった。次に，得られた F_1 の種子をまいて育て，自家受精をさせて雑種第二代(F_2)をつくると，丸形としわ形の種子がほぼ3：1の割合で現れた(図Ⅲ)。メンデルは他の6組の対立形質でも交配を行い，同様の結果を得た。

図Ⅱ　エンドウの花

[2] **メンデルの遺伝の法則** メンデルは，F_1 ではなぜ両親がもつ対立形質の一方しか現れないのか，F_1 では一見失われたかのように見えるもう一方の形質がなぜ F_2 では現れ，分離比が 3：1 になるのかなどを説明するために，次のように考えた。

(1) 個体の体細胞は，その遺伝形質を決める因子をもち，その因子は配偶子によって次の世代に伝えられる。

(2) F_1 は，両親からそれぞれの因子を受け継ぐ。したがって，F_1 の体細胞は，1 組の対立形質に関する因子をそれぞれ 2 つずつもつ。

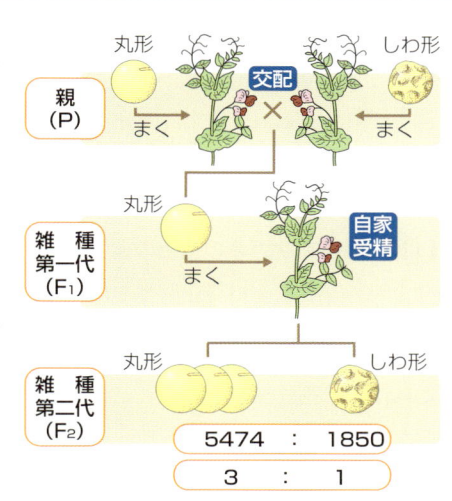

図Ⅲ　エンドウの種子の形の遺伝

(3) F_1 がもつ 1 組の対立形質に関する因子には，はたらきのうえで違いがあって，F_1 では，一方の形質のみが現れる。現れる形質を**優性形質**，現れない形質を**劣性形質**という。

(4) F_1 の体細胞がもつ 1 組の対立形質に関する因子は，生殖細胞の形成時にはそれぞれ分かれて別々の配偶子に入る。

メンデルの考えは，その後正しいことが証明され，(3) は**優性の法則**，(4) は**分離の法則**とよばれている。

さらにメンデルは，エンドウの種子の形と子葉の色のような 2 組以上の対立形質の遺伝について，

(5) 2 組の対立形質は，互いに影響しあうことなく独立して遺伝する。

と考えた。これが**独立の法則**である。

メンデルの研究は，発表された当時はそれを理解できる学者がいなかったので，その価値が認められなかった。彼の死後，1900 年になって，ド フリースとコレンス，チェルマクの 3 人が，それぞれ独自に遺伝の法則を再発見し，それ以来，メンデルが発見した遺伝の法則は，上記のような 3 つの法則にまとめられてきた。しかし，3 つのうち，優性の法則と独立の法則には例外が多く，とても法則とよべるようなものではなく，現代では，生物学史的な意味しかないとの考えが多くなっている。

談話室　いろいろな遺伝

　かつて高校の生物では，一見，メンデルの遺伝の法則にしたがわないかのように見える遺伝の例を，「いろいろな遺伝」として，あたかも一般的ではない特別の事例のように扱っていたことがある。しかし，遺伝のしくみがくわしくわかってくると，それらは特別な事例ではないことがわかってきた。

[1] マルバアサガオの花色の遺伝

　赤色花の純系と白色花の純系の交配で，雑種第 1 代（F_1）は両親の中間の形質である桃色花になる。これは，赤花遺伝子 R と白花遺伝子 r の優劣関係が不完全であることによるもので，メンデルの優性の法則があてはまらない例の 1 つである。ヒトの MN 式血液型の遺伝などでも同様の不完全優性の例が見られ，現代では，このような事例によって，優性の法則のほうが，法則と見られなくなっている。

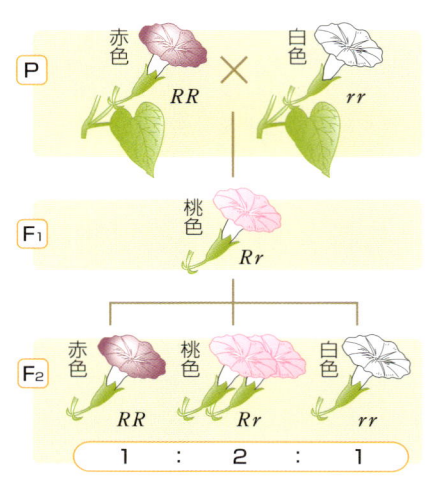

図Ⅰ　マルバアサガオの花色の遺伝

[2] 遺伝子の相互作用

　かつて，雑種第 2 代（F_2）の分離比が特徴的な値になることから，図Ⅱ〜Ⅴのような補足遺伝子や抑制遺伝子・同義遺伝子などとよばれる遺伝子の相互作用につい

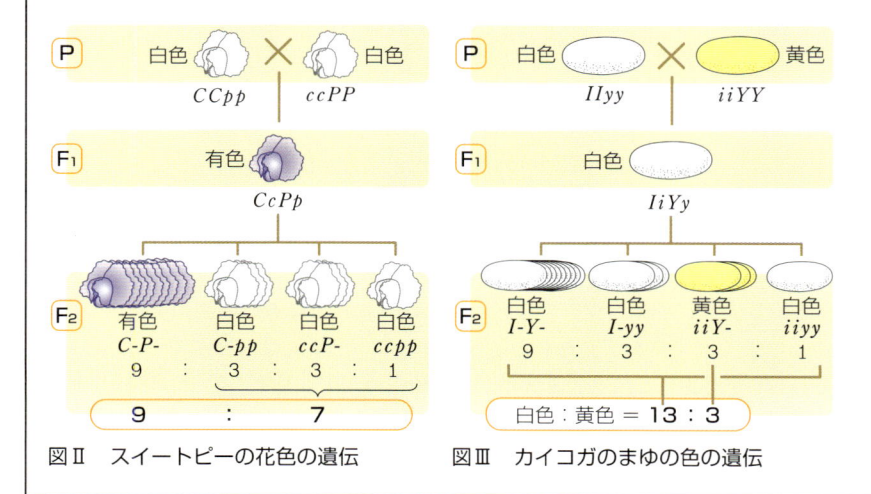

図Ⅱ　スイートピーの花色の遺伝

図Ⅲ　カイコガのまゆの色の遺伝

図Ⅳ　ナズナの果実の形の遺伝

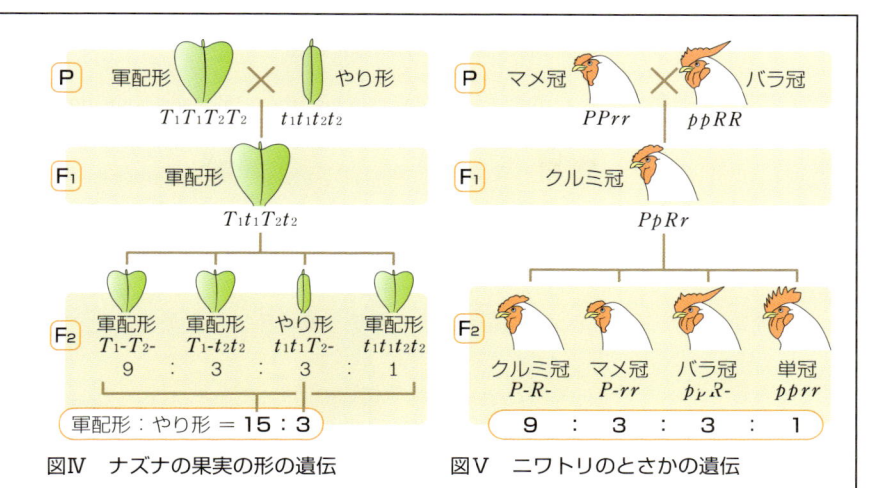

P　軍配形　×　やり形
$T_1T_1T_2T_2$　　$t_1t_1t_2t_2$

F₁　軍配形
$T_1t_1T_2t_2$

F₂
軍配形	軍配形	やり形	軍配形
$T_1\text{-}T_2\text{-}$	$T_1\text{-}t_2t_2$	$t_1t_1T_2\text{-}$	$t_1t_1t_2t_2$
9	: 3	: 3	: 1

軍配形：やり形 ＝ 15：3

図Ⅴ　ニワトリのとさかの遺伝

P　マメ冠　×　バラ冠
$PPrr$　　$ppRR$

F₁　クルミ冠
$PpRr$

F₂
クルミ冠	マメ冠	バラ冠	単冠
$P\text{-}R\text{-}$	$P\text{-}rr$	$ppR\text{-}$	$pprr$
9	: 3	: 3	: 1

て学習した記憶をおもちの方も多いと思われる。

　しかし，現代では，1つの形質の発現に2つ以上の遺伝子を必要とするのはごく一般的なことで，2つの遺伝子が関係する場合を，特別に名称をつけてあえて取り上げる必要はないと考えられている。

[3] ABO式血液型の遺伝　表現型はA型，B型，AB型，O型の4つで，もとになる対立遺伝子はA，B，Oの3つで，このような3つまたはそれ以上の遺伝子が対立遺伝子となっている場合，これらの遺伝子は複対立遺伝子とよばれる。

　このような3つまたはそれ以上の遺伝子が対立遺伝子となっている例もそれほどめずらしいものではなく，マウスの体色を決めている遺伝子（アグーチ遺伝子）では，50以上の対立遺伝子が存在することが知られている。

血液型（表現型）	遺伝子型
A 型	AA または AO
B 型	BB または BO
AB型	AB
O 型	OO

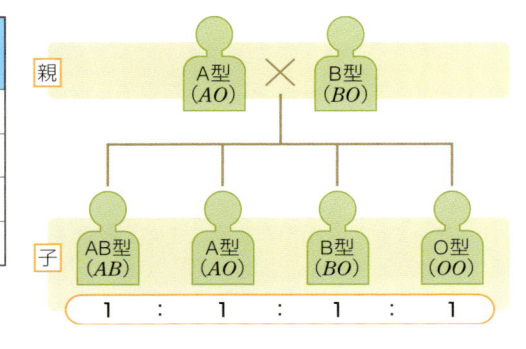

親　A型(AO)　×　B型(BO)

子
AB型	A型	B型	O型
(AB)	(AO)	(BO)	(OO)
1	: 1	: 1	: 1

図Ⅵ　ABO式血液型の遺伝

談話室　メンデルを読もう

　メンデルの法則が発表された論文 "Versuche über Pflanzen-Hybriden" は，1865年2月8日と3月8日の2日にわたって，ブルーノ自然科学例会で口頭発表され，1865年のブルーノ自然科学会誌 "Verhandlungen des naturforschenden Vereines in Brünn, IV Band, Abhandlungen, p.3〜47" に掲載された。この巻は65年版で，実際の出版は1866年とされているが，出版日がいつかは記録がない。この論文の新訳が岩波文庫で読める。メンデル「雑種植物の研究」岩槻邦男・須原準平の訳で，1999年に初版が発行されている。索引を入れて125ページである。

　内容は，グレゴール・メンデル著の「雑種植物の研究」の全訳(p.7〜76)と，解説図のついた詳しい訳注(p.77〜83)，メンデルの生涯と遺伝の法則に関する訳者らの解説(p.85〜120)，それに索引(p.121〜125)がついている。解説を読んでから，本論の「雑種植物の研究」に挑戦すると，より味わい深く読破できるだろう。「序言」に始まり，「実験に用いる植物の選択」「実験の分割と順序」と読み進めるうちに，メンデルが研究の準備にどれだけの時間を割いたか，植物をいかに鋭く観察していたか，仮説はどのように立てられたのかが手に取るようにわかってくる。純系と対立形質という概念もこのときすでに確立していたことがわかるだろう。「雑種の形態」で**優性の法則**が，「雑種の第一代目」で**分離の法則**が，「雑種の第二代目」と「その後の雑種世代」で**独立の法則**が，それぞれ語られることになる。論理の進め方の見事さをじっくり味わっていただきたい。後半の，「雑種の生殖細胞」や「他の植物の雑種についての実験」などでは，データを数学的に取り扱おうとするメンデルの姿勢と生殖というものについてのメンデルの考えをうかがい知ることができる。そして「結語」は，メンデルの時代精神が結実したものになっている。

　わかりやすい論文ではあるが，メンデルの遺伝の法則も教科書に載っているほどには単純に書かれていない点に注意して欲しい。何もないところから法則を見出すということは「こういうことなのだ」ということが実感できるだろう。メンデルが選んだエンドウの7対の対立形質については多くの教科書にも載っていたが，メンデル自身の表現とは微妙な差異があったことに気づいてもらいたい。たとえば，教科書の表で「さやの形」とあったのは「熟したさやの形」であり，「さやの色」とあったのは「未熟なさやの色」とメンデルは書いている。こうした細かな表現こそに，植物を友とし，詳細な観察を繰り返したメンデルの思いがこめられているような気がする。また，教科書で「子葉の色」とあるのは，メンデルでは「種子の胚乳の色」となっている。どうしてそうなっているかは本書の訳注を参照願いたい。

第4章
発 生

1. 動物の配偶子形成と受精
2. 初期発生の過程
3. 細胞の分化と形態形成
4. 植物の発生

サケの稚魚のふ化

ウニの卵に群がる精子　25μm

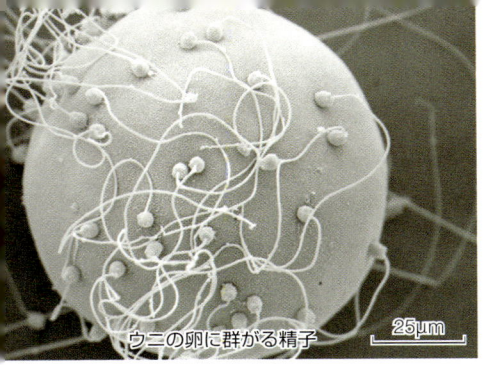

第1節 動物の配偶子形成と受精

1 動物の配偶子形成

　動物の雄がつくる配偶子である精子と，雌がつくる配偶子である卵は**始原生殖細胞**から生じる。始原生殖細胞は発生の初期から存在し❶，未分化な精巣や卵巣に移動して，そこで精原細胞や卵原細胞となる。

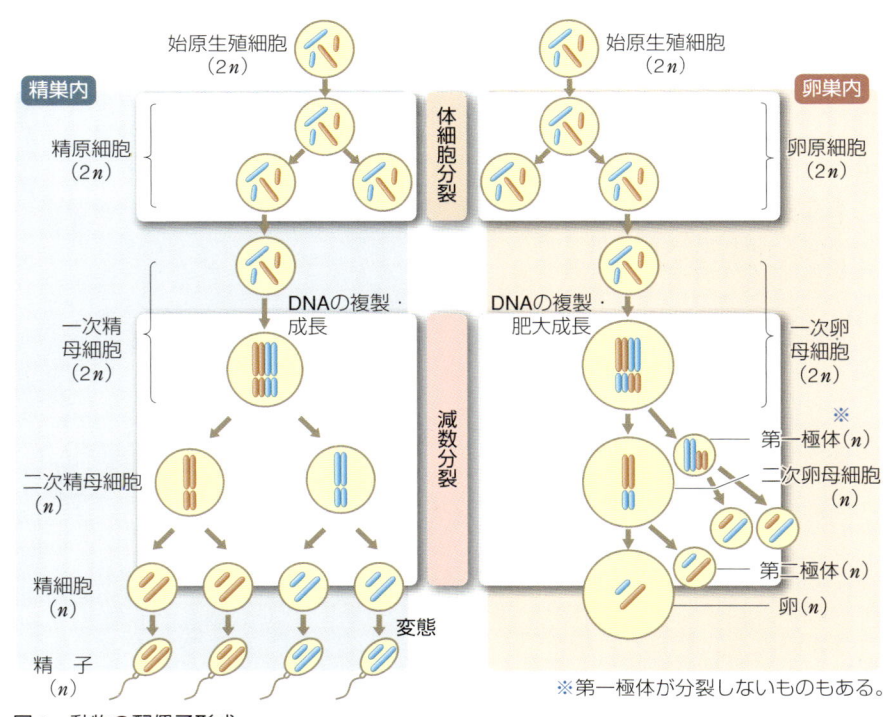

精巣内
- 始原生殖細胞（$2n$）
- 体細胞分裂
- 精原細胞（$2n$）
- DNAの複製・成長
- 一次精母細胞（$2n$）
- 減数分裂
- 二次精母細胞（n）
- 精細胞（n）
- 変態
- 精子（n）

卵巣内
- 始原生殖細胞（$2n$）
- 体細胞分裂
- 卵原細胞（$2n$）
- DNAの複製・肥大成長
- 一次卵母細胞（$2n$）
- 減数分裂
- 第一極体（n）※
- 二次卵母細胞（n）
- 第二極体（n）
- 卵（n）

※第一極体が分裂しないものもある。

図1　動物の配偶子形成

❶ヒトでは，受精後約3週間で，将来，生殖腺になるところ（生殖隆起）とは別のところで，大形の始原生殖細胞が現れる。始原生殖細胞は，その後，アメーバ運動によって生殖隆起へ移動する。

A 精子の形成

精巣内で，**精原細胞**($2n$)は体細胞分裂を繰り返して増殖する。一部の精原細胞は体細胞分裂後に**一次精母細胞**($2n$)になり，DNAの複製を終えると減数分裂を開始する。一次精母細胞は，減数分裂の第一分裂を終えると**二次精母細胞**(n)になり，DNAの複製を行わずに引き続き第二分裂を行い，4個の**精細胞**(n)になる（図1左）。

精細胞はその後，形を変えて**精子**となる。精細胞の中心体から**鞭毛**が伸び，鞭毛のつけ根あたりにミトコンドリアが集まると，核をはさんだ反対側ではゴルジ体のはたらきで膜に囲まれた**先体**がつくられる。核が凝縮し，鞭毛がさらに伸びると，先体と核を含む頭部，ミトコンドリアと中心体を含む中片部，鞭毛からなる尾部が形成され，精子となる（図2）。

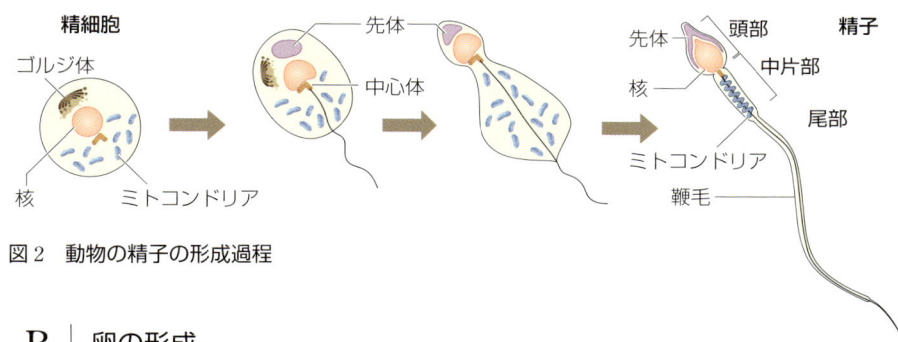

図2 動物の精子の形成過程

B 卵の形成

卵巣内で，**卵原細胞**($2n$)は体細胞分裂を繰り返して増殖する。一部の卵原細胞は体細胞分裂後に**一次卵母細胞**($2n$)になり，DNAの複製を終えると減数分裂を開始する。

減数分裂の第一分裂の前期は一般に長く，その間に卵黄，リボソーム，mRNAなど初期発生に必要な成分を細胞質内にためこみ，著しい肥大成長を行う。一次卵母細胞は，細胞質の大部分を受け継いだ**二次卵母細胞**(n)と，細胞質が非常に少ない第一極体(n)とに分かれる。二次卵母細胞はDNAの複製を行うことなく，引き続き第二分裂を行い，大きな**卵**(n)と小さな第二極体(n)とに分かれる（図1右）。第一極体も第二極体もその後崩壊する。

このように卵形成においては，肥大成長した一次卵母細胞の細胞質の大部分を1個の卵が受け継ぐことになる。

2 受精

有性生殖において単相(n)の卵と精子が融合し,それぞれの核も融合することにより,体細胞と同じ複相($2n$)の受精卵をつくりだす過程を**受精**という。受精は卵を刺激して発生を開始させる役割も果たす。これを**付活**という。

A 精子で起こる反応

ウニの場合,産卵期になると海水中に卵と精子を放出する。精子は,ミトコンドリアで合成される ATP のエネルギーを使って,鞭毛を動かして前進する。

精子が卵に近づくと,卵のまわりのゼリー層に含まれる物質に反応して,精子の頭部にある先体が壊れて内容物を放出する。すると頭部の細胞質中でアクチンフィラメントの束ができ,先端の細胞膜を押し伸ばして**先体突起**を形成する。この一連の反応を**先体反応**という(図3)。
▶ p.48

先体には卵膜を溶かす酵素が含まれているため卵膜に穴が開き,先体突起が卵の細胞膜と接触することによって受精が始まる。

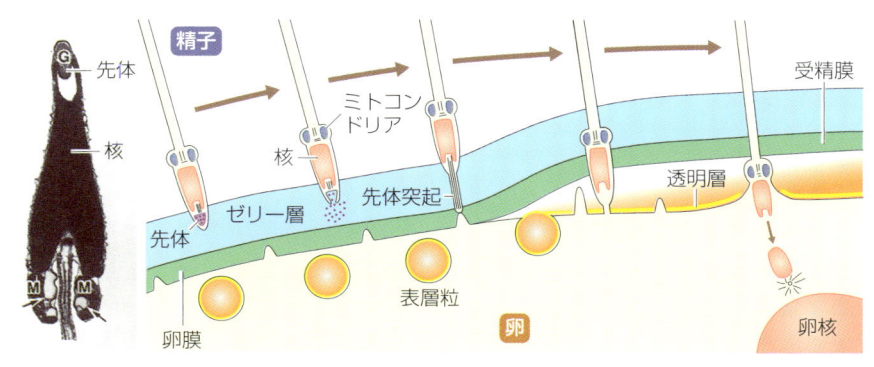

図3 バフンウニの精子の頭部(左)と精子の先体反応(右)

B 卵で起こる反応

ウニ卵の表層細胞質中には膜に囲まれた多数の**表層粒**がある(図4)。精子が卵に到達すると,卵の細胞質内でカルシウムイオン(Ca^{2+})濃度が高まることにより,表層粒の内容物が卵膜

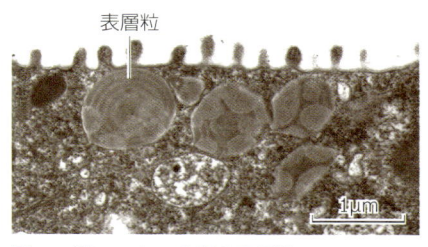

図4 バフンウニの卵の表層粒

の内側に放出される。表層粒の内容物は卵と卵膜をつなぐ構造物を分解し，卵膜の内側に張りついて卵膜を**受精膜**に変える。さらに，受精膜の内側に

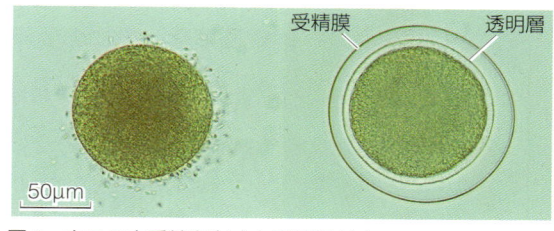

図5 ウニの未受精卵(左)と受精卵(右)

海水が流入して受精膜を高く上昇させる。表層粒の中には透明層を形成する物質が含まれているので，受精後に卵は透明層でおおわれる(図5)。受精膜は他の精子が卵に進入するのを防ぐ。

受精によって卵は付活されて，卵内ではタンパク質合成やDNA複製の引き金が引かれ，初期発生が開始する。

次ページのような観察&実験を行って，ウニの受精のようすを観察してみよう。

参考　多精受精の防止

ウニやカエルなどでは受精の際，1個の卵に1個の精子が進入する(**単精受精**)[1]。単精受精を行う生物では，偶然2個の精子が卵内に入ってしまうと正常に発生できないため，多精受精を防止するしくみがある。

通常，ウニ卵の細胞膜は内側が外側に対して負(−)となっているが，精子が卵に結合すると海水中のナトリウムイオン(Na^+)が卵内に流入し，内側が正(+)に逆転する(図I)[2]。これを**受精電位**という。内側が正(+)の間は精子が卵内に進入できないので，この細胞内外の電位差の逆転が非常に早い多精拒否の役割を担っている。

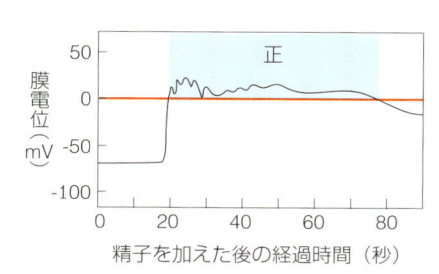

図I　卵の膜電位の変化

---

[1] イモリなどでは複数の精子が卵に進入するが(**多精受精**)，卵の核と融合するのはその中の1個である。
[2] 細胞膜の内側と外側に見られる電位差のことを**膜電位**という。

観察&実験　ウニの受精の観察

ウニの人工受精を行って，受精のようすを観察しよう。

準備　産卵期のウニ(バフンウニは1〜4月，ムラサキウニは6〜7月)，検鏡セット，時計皿，ビーカー，駒込ピペット，4%塩化カリウム溶液❶，海水(人工海水でも可)

方法　① ウニを逆さにおき，口器をピンセットで取り除く。
② 塩化カリウム溶液をスポイトで数滴入れる。
③ ウニの雌雄を，それぞれ海水の入ったビーカーの上におく。すると，雌は黄色の粒状の卵を，雄は白色の精子を，それぞれ放出する。
④ 精子を放出した雄のウニを乾いた時計皿に移して，さらに放精させる❷。
⑤ ③で採取した卵から塩化カリウムを取り除くため，ビーカーの上澄み液を捨て，海水をかえながら3回洗う。

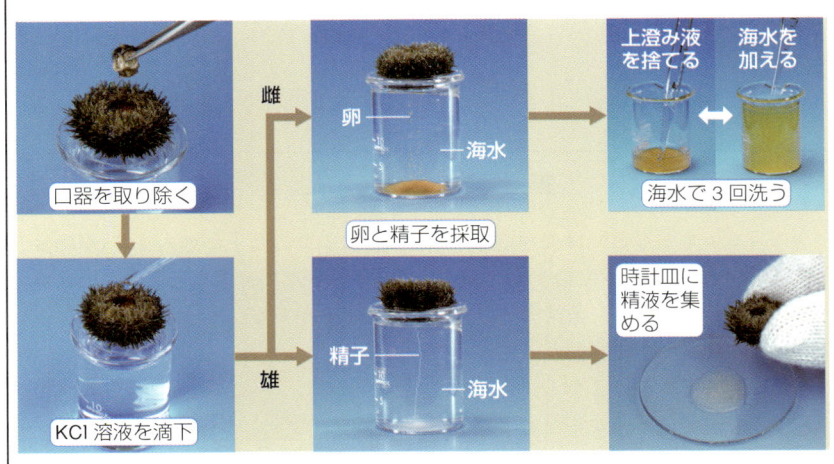

図Ⅰ　ウニの卵と精子の採取

⑥ 時計皿に卵を集め，スポイトでホールスライドガラスに取る。
⑦ ⑥を観察した後，検鏡しながら卵の入ったホールスライドガラスに海水で1000倍に薄めた精子液を加える。精子の接近や受精膜が形成されるようすを観察し，記録する。

考察　受精によってどのような変化が生じたか。

---

❶質量パーセント濃度
❷精巣の断片をピンセットで取り出して冷蔵庫で保存すると長もちする。

第2節 初期発生の過程

ヒキガエルの桑実胚　3mm

1 卵の種類と卵割

　動物の卵は、受精すると活発な細胞分裂を始め、**発生**を開始する。

　卵の極体を生じた部域を**動物極**、その反対側を**植物極**という(図6)。また、赤道面より動物極側を**動物半球**、植物極側を**植物半球**という。

　動物の受精卵は、短い周期で次々と細胞分裂を繰り返す。この発生初期に見られる細胞分裂を**卵割**といい、卵割によって生じた細胞を**割球**という。割球は成長を伴わずに分裂するため、しだいに小さくなる。

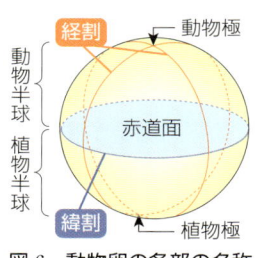

図6　動物卵の各部の名称

　卵に含まれる卵黄の量と分布は、卵割に影響を与える。例えば、ウニ卵は卵黄の量が少なく、ほぼ均等に分布するので**等黄卵**とよばれ、第三卵割までは大きさの等しい割球を生じる(**等割**)。これに対して、カエル卵は卵黄の量が多く、植物半球にかたよって分布するので**端黄卵**とよばれる。カエル卵の第三卵割は赤道面より動物極側で起こり(**不等割**)、動物極側の割球は植物極側の割球よりも小さくなる(図7)。

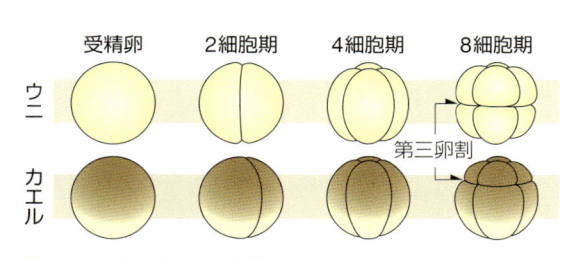

図7　ウニとカエルの卵割

Ⅳ 発生

---

❶動物極と植物極を通る面で起こる卵割を経割といい、赤道面に平行な面で起こる卵割を緯割という。ウニもカエルも第一卵割と第二卵割は経割で、第三卵割は緯割である。

2 ウニの発生

A 受精から胞胚まで

ウニでは，8細胞期までは各割球の大きさは等しい（図8）。第四卵割が起こると，動物半球に8個の**中割球**が生じ，植物半球にそれぞれ4個の**大割球**と**小割球**が生じる。さらに分裂して細胞数が増すと胚はクワの実のように見えるため，**桑実胚**❶とよばれる。この時期には胚の内部に**卵割腔**とよばれる空所ができ，しだいに大きくなる。さらに卵割が進むと**胞胚**となり，卵割腔は**胞胚腔**とよばれるようになる。この時期には胚の表面に繊毛が生じて胚は回転運動を開始し，**ふ化**が起こる。遊泳するようになった胞胚では植物極側の細胞層が肥厚し，動物極側と植物極側の区別が明確になる。さらに，小割球由来の細胞が胚の内部に遊離して**一次間充織細胞**となる。

❶多細胞生物が発生を始めた初期の個体を**胚**という。

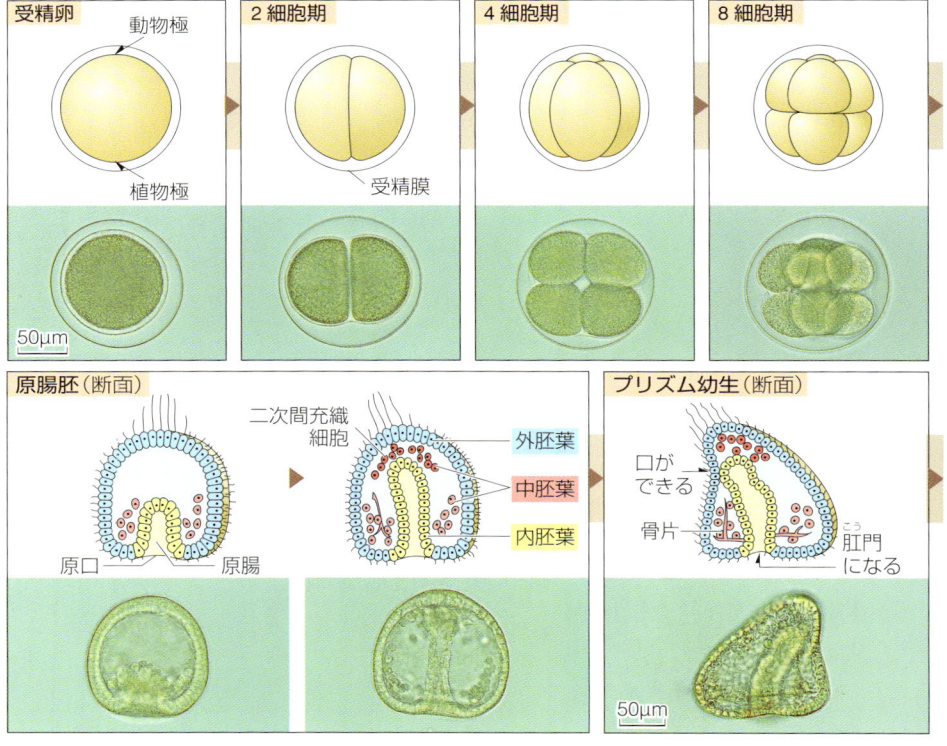

図8 ウニの発生

B 原腸胚から幼生まで

続いて植物極付近の肥厚した細胞層が胚の内側にもぐりこみ始める。これを**陥入**といい，陥入によって新たにできた空所を**原腸**，原腸の入口を**原口**という。この時期の胚は**原腸胚**とよばれる。原腸の陥入がしだいに深くなると，原腸の先端から大割球由来の細胞が内部に遊離し，**二次間充織細胞**となる。胚を構成する細胞は，外側をおおう**外胚葉**，原腸の壁を構成する**内胚葉**，その中間に位置する**中胚葉**に分かれる。

やがて原腸の先端が外胚葉に到達すると，そこに将来口が開き，原口は**肛門**となる。原腸は食道，胃，腸にくびれ，一次間充織細胞がつくる骨片が伸びて胚は大きく変形し，**プルテウス幼生**になる。プルテウス幼生は繊毛運動によって口側を前にして遊泳し，食物を食べて成長する。プルテウス幼生はやがて**変態**してウニの成体になる。

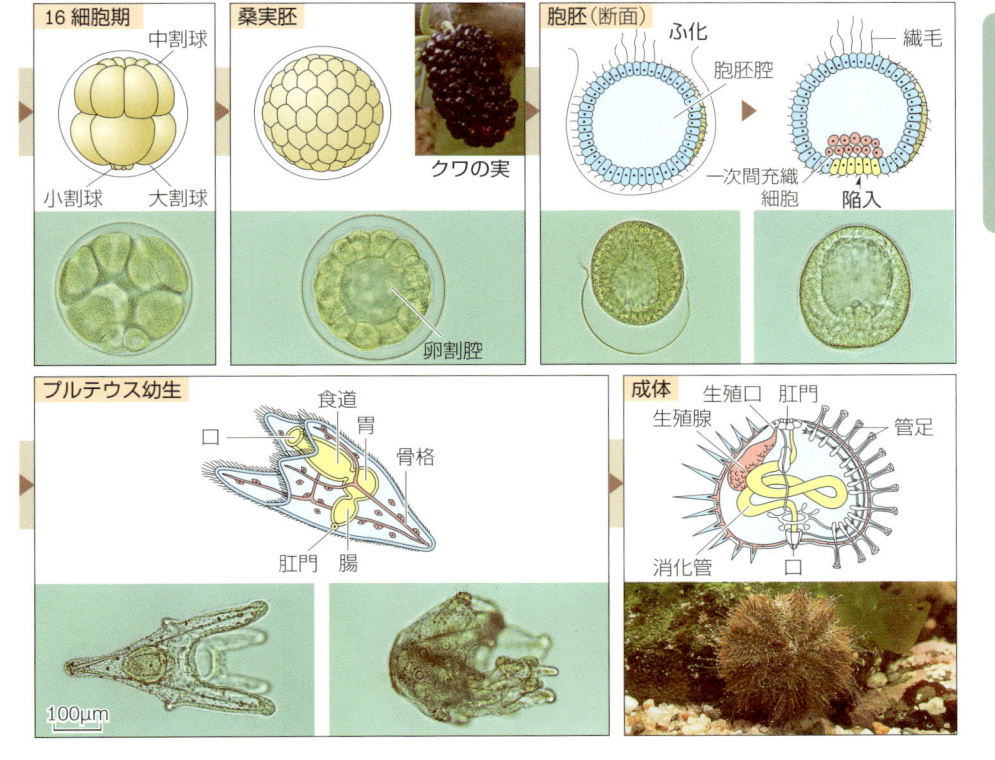

3 カエルの発生

A 受精から胞胚まで

カエルの未受精卵では，色素粒の多い動物極側と少ない植物極側とが見分けられる。受精の際，精子は動物半球から1個だけ卵内に進入し，精子の核と卵の核が融合する。第一卵割までの間に，卵の表層全体が内側の細胞質に対して約30°回転する（**表層回転**）。この回転によって，精子進入点の反対側の赤道部に，周囲と色の濃さの異なる三日月状の領域（**灰色三日月環**）が生じる（図9）。灰色三日月環が生じた側は将来の背側となり，精子進入点の側は将来の腹側となる。

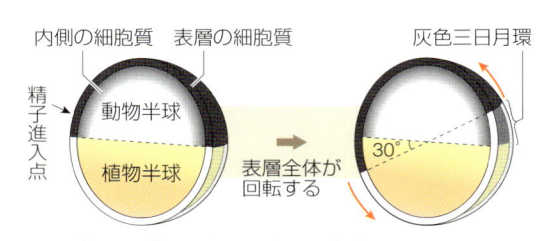

図9 精子の進入によって生じる変化

第一卵割は通常，動物極，植物極，精子進入点付近を通る面で，灰色三日月環を二分するように起こる。第一卵割面は，将来胚の左右を分ける面（正中面）と一致する。第三卵割は赤道面よりやや動物極側で起こり，8細胞期

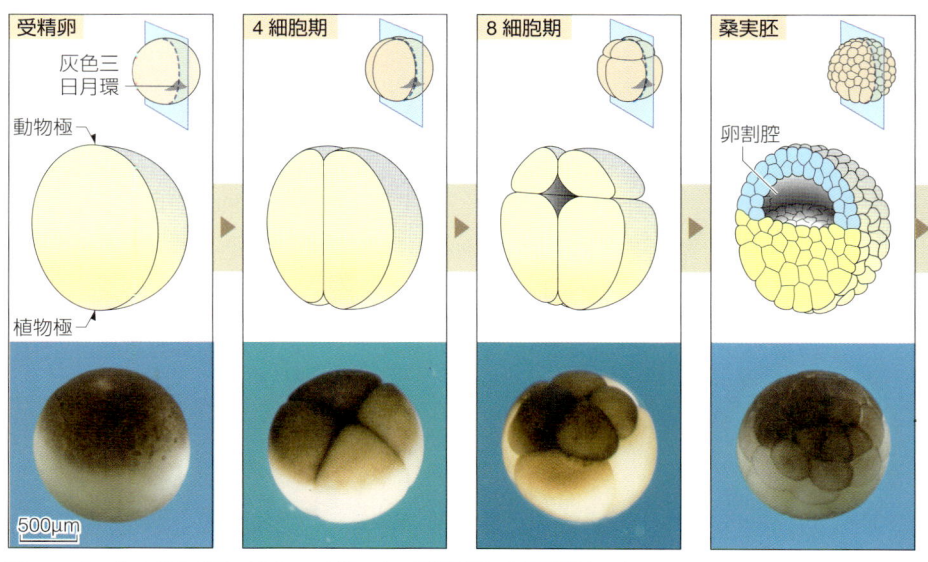

図10 カエルの発生（アフリカツメガエルの受精卵から原腸胚まで）

の割球は動物極側の方が植物極側よりも小さくなる（図10）。

32から64細胞期の胚は桑実胚とよばれる。卵割が進むにつれて胚の内部では卵割腔がしだいに大きくなり，やがて胞胚になる。ウニとは異なり，カエル胚では卵割腔は動物半球にかたよって形成される。

B｜原腸胚

原腸胚になると，陥入が始まって原腸ができる。

原口は，精子進入点の反対側の赤道面よりもやや植物極側に形成される。原口部の細胞は胚の表面側が収縮し，内部に長く伸びた形となるため，**フラスコ細胞**とよばれる（図11）。この細胞の変形は，胚表面の部分が内部に陥入するきっかけとなる。

発生が進むと原腸が拡大し，胞胚腔はやがて消滅する。原腸の先端部の内胚葉は外胚葉に接し，そこに将来，口ができる。

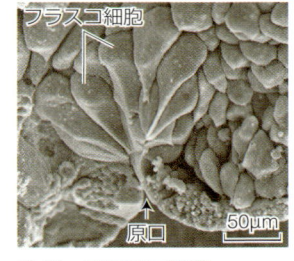

図11　フラスコ細胞

この間，原口は円弧を描くように両側面に広がり，やがて左右がつながって円となる。この原口で囲まれた植物極側の円状の部分は，植物半球の穴に卵黄が豊富な細胞塊で栓をしたように見えるため，**卵黄栓**とよばれる。

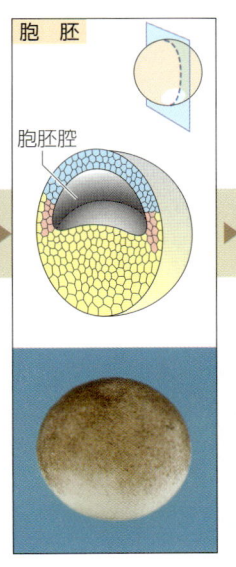

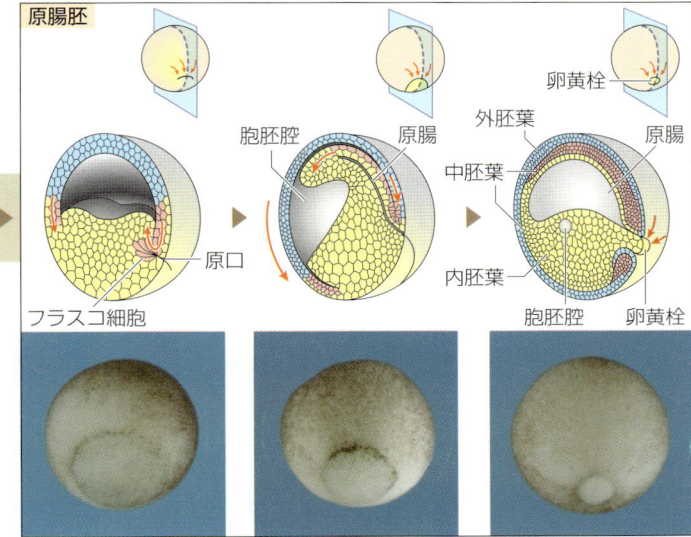

原口よりも動物極側の表面の細胞は，伸び広がりながら卵黄栓をしだいにおおい，最終的に細くて小さな穴が残る。この位置に肛門ができる。

C｜神経胚から幼生まで

原腸の陥入が終わると，**神経胚**になる。

初期の神経胚では，将来さまざまな器官がどこに生じるかという基本的な配置がすでに決まっており，前後軸・背腹軸・左右軸という3つの軸を備えた幼生の原型ができ上がっている（図12）。

神経胚期には，背側の外胚葉にしゃもじ型にふちどられた**神経板**が現れる（図13）。神経板をふちどる肥厚した部分を神経しゅう，中心部の溝を**神経溝**という。

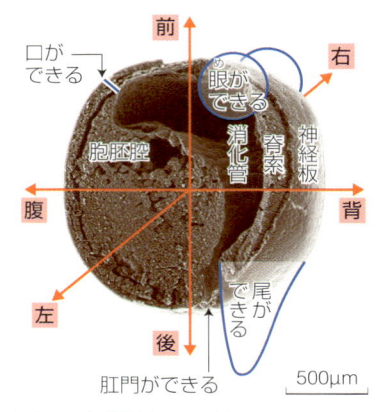

図12 初期神経胚の断面

神経しゅうはしだいに盛り上がりながら正中線に近づく。左右の神経しゅうが正中線でつながると，外側の細胞は表皮となって背側をおおい，神経板

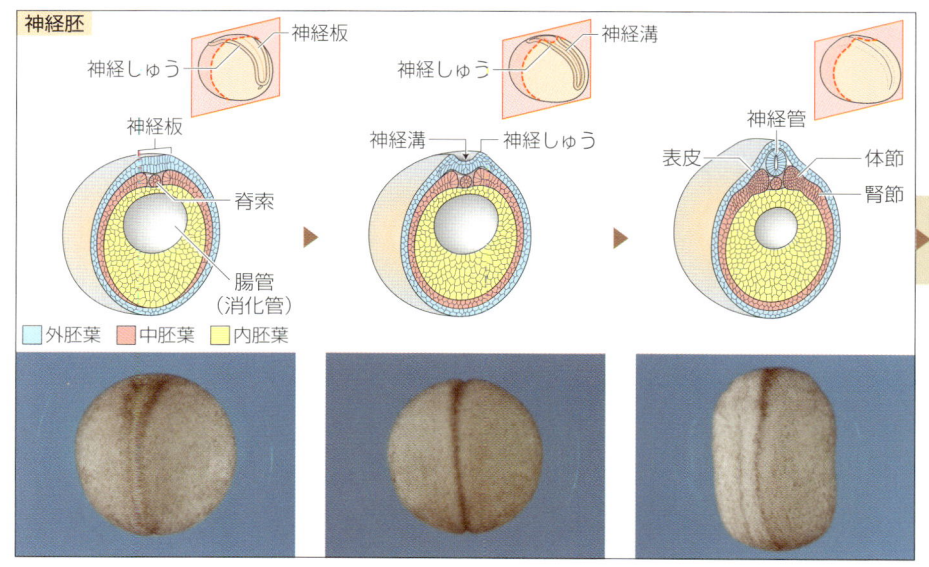

図13 カエルの発生（アフリカツメガエルの神経胚から尾芽胚まで）

であった部分は胚の内部で**神経管**を形成する。これが将来，脳や脊髄などの**中枢神経**になる。胚は神経胚期に前後に伸び始め，神経管が閉じるとさらに伸びる。

やがて尾のもとになる膨らみが生じ，胚は**尾芽胚**になる。尾芽胚は頭部からふ化酵素を分泌し，受精膜を溶かしてふ化する。

幼生（おたまじゃくし）になると口が開き，食物を摂取して成長する。やがて後足が形成され（図14），次いで前足が形成される。水中生活に適した皮膚から陸上生活に適した皮膚に変わり，尾の細胞が死んで吸収され，えら呼吸から肺呼吸に変わると，カエルになる。

図14　アフリカツメガエルの幼生
発生が進み後足が形成されている。

次ページのような観察＆実験を行って，カエルの発生過程を観察してみよう。

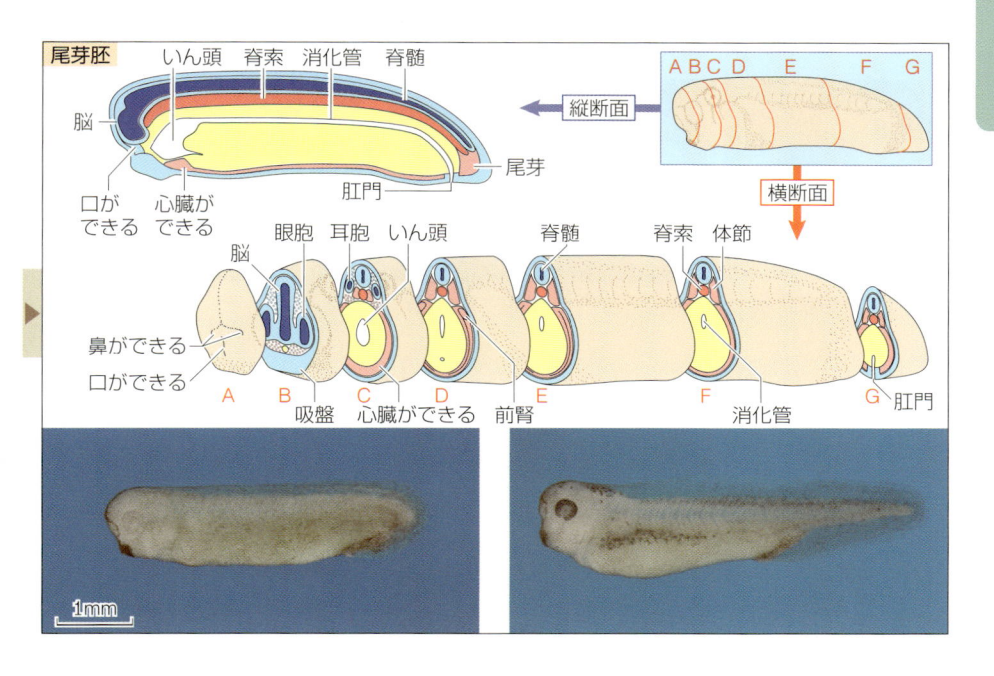

尾芽胚
いん頭　脊索　消化管　脊髄
脳
口ができる　心臓ができる　肛門　尾芽
ABCDEFG
縦断面
横断面

眼胞　耳胞　いん頭　脊髄　脊索　体節
脳
鼻ができる
口ができる
A　B　C　D　E　F　G
吸盤　心臓ができる　前腎　消化管　肛門

1mm

Ⅳ 発生

観察＆実験　カエルの発生の観察

アフリカツメガエルの胚を準備し，発生のようすを観察しよう。

準備　アフリカツメガエルの雌雄，実体顕微鏡，産卵用容器，注射器，先端口の大きいスポイト，ペトリ皿，生殖腺刺激ホルモン，固定液（1%グルタールアルデヒド）❶，サンプル管，かみそりの刃，ろ紙

事前準備　1. カエルの産卵　カエルの大腿部から注射針を刺し，背中の皮下に生殖腺刺激ホルモンを注射する（雌：450単位，雄：300単位）。水の入った産卵用容器に雄と雌をいっしょに入れ，板などでふたをし，おもしをのせる。やがて雌雄は抱接して10時間前後で産卵を開始し，数時間かけて産卵・放精する。

2. 胚の固定　いろいろな時期の胚を固定液の入ったサンプル管に入れ，30分以上固定する。

方法　① 固定液を捨てて，サンプル管の中の胚を水でよく洗う。
② 胚をペトリ皿に移し，実体顕微鏡を用いて胚の外部形態を観察する。
③ 胚をろ紙の上にのせ，胚を傷つけないように注意しながら，ピンセットで胚を静かに転がして，まわりのゼリー層を除く。❷
④ 観察する面を決めた後，かみそりの刃で胚を半分に切断する。❸
⑤ 水の入ったペトリ皿に胚を入れ，断面を上に向けて観察する。

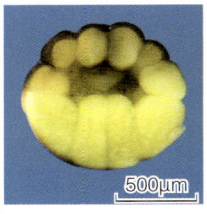

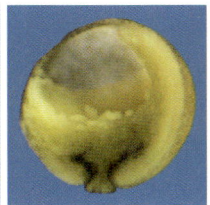

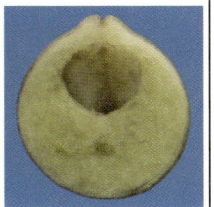

図Ⅰ　胚の断面（左から桑実胚，胞胚，原腸胚，神経胚）

考察　① 発生が進むにしたがって，胚の大きさは変化したか。
② 各時期の胚はどのような特徴をもっていたか。

---

❶体積パーセント濃度
❷胚の入ったペトリ皿に1.5%チオグリコール酸ナトリウム液と1，2滴の4%水酸化ナトリウム液（ともに質量パーセント濃度）を加え，数十秒ペトリ皿を動かしてゼリー層を取り除く方法もある。その後，3倍希釈したリンガー液で胚を数回洗ってから固定する。この場合，事前準備での固定は行わない。
❸両刃のかみそりの刃を斜めに折ってできた鋭角の部分を使うと切りやすい。

4 胚葉の分化

初期の神経胚は，すでに外層，中間層，内層の3層に分かれており，それぞれを外胚葉，中胚葉，内胚葉という。
▶ *p.156*

外胚葉組織である神経管は神経胚期に胚の内部に取りこまれる。また，神経管と**表皮**の境目から**神経冠細胞（神経堤細胞）**とよばれる細胞群が生じ，胚の内部に遊走して，後に末しょう神経や色素細胞などに分化する。

中胚葉からは最初に**脊索**が分化するが，脊索は後に退化する。尾芽胚期になると，中胚葉組織は背側から**体節，腎節，側板**の区別が明確になる。体節からは骨格，骨格筋，真皮などが，腎節からは腎臓が，側板からは体腔上皮，心臓，血管，内臓筋などが生じる。

内胚葉からは，咽頭，食道，肺，胃，肝臓，すい臓，腸管，ぼうこうなどが生じる（図15）。

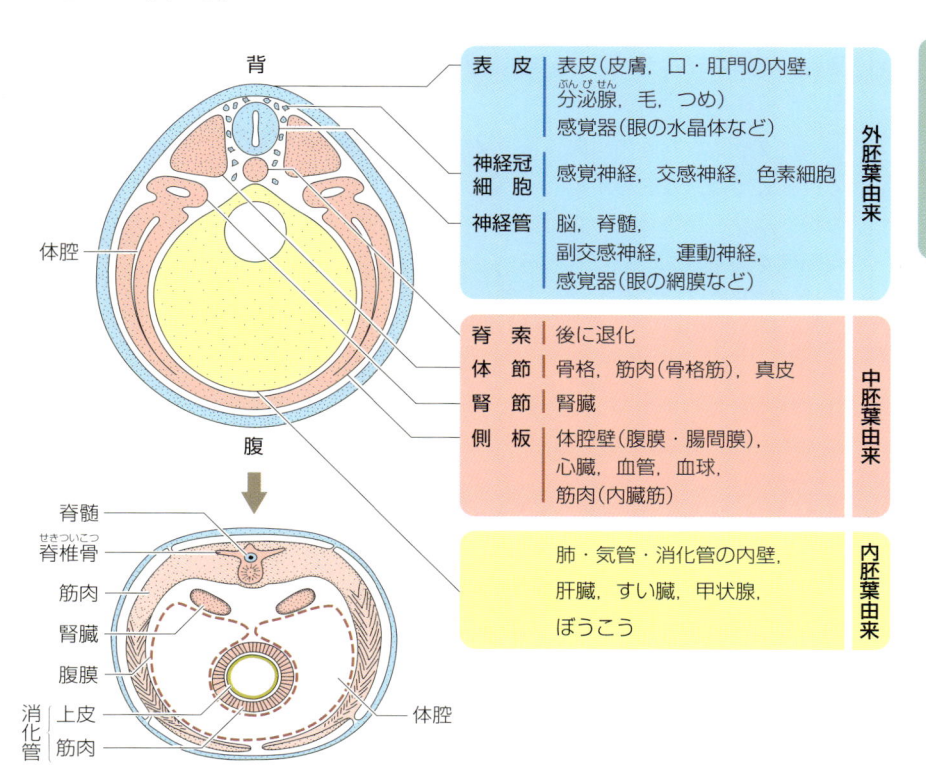

図15 脊椎動物における3胚葉の分化

参考　プログラムされた細胞死

　動物の器官形成の過程では，決められた時期に決められた細胞が死んで失われていく**プログラムされた細胞死**が見られる。

　プログラムされた細胞死では多くの場合，細胞膜や細胞小器官が正常な形態を保ちながらDNAが断片化し，まわりの細胞に影響を与えることなく縮小・断片化して死んでいく。このような細胞死を**アポトーシス**という（図Ⅰ）。これに対して，外傷などによって引き起こされ，細胞内の物質を放出して死んでいくような細胞死を**壊死**という。このとき，放出された物質によって周囲に炎症などが起こる場合もある。

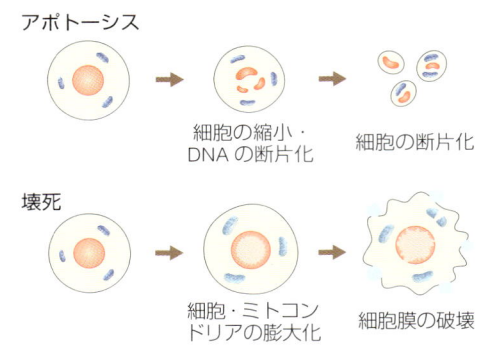

図Ⅰ　アポトーシスと壊死

　プログラムされた細胞死の例としては，ヒトの手足の指やニワトリの後肢の指の形成がある（図Ⅱ）。これらは，はじめはいずれも平たい細胞のかたまりとして生じるが，発生が進むにつれて指と指の間の細胞が死んで失われ，残った部分から指の形ができる。水鳥の後肢には水かきがあるが，それは，ここでの細胞死の起こり方がヒトやニワトリに比べて少なく，指と指の間に細胞が残るためである。

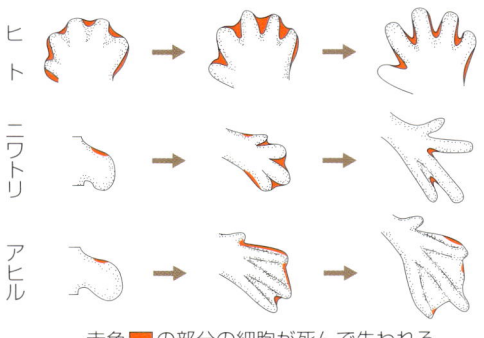

図Ⅱ　指の形成と細胞死

　このような細胞死は，脳・心臓・骨格・神経組織などが形成されるときや，カエルの幼生の変態時に尾が縮むときなどにも見られる。これは，細胞の死ではあるが，正常な発生や生体機能の維持にはなくてはならない重要なしくみである。

参考　形づくりにおける細胞接着分子の役割

脊椎動物の神経胚では，背側の外胚葉から表皮や神経管などが形成される。このとき，細胞層のつなぎかえが起こるが，これには細胞の接着にかかわる分子(**細胞接着分子**)のはたらきが関係している。

細胞接着分子の1つに，**カドヘリン**というタンパク質があり，カルシウムイオン(Ca^{2+})の存在下ではたらく(図Ⅰ)。カドヘリンにはいくつかのタイプがあり，同じタイプのカドヘリンを細胞表面にもつ細胞どうしが強く接着する。

例えばニワトリでは，神経管形成の前には，背側の外胚葉全体にニワトリの上皮で見られるE-カドヘリンが発現しているが(図Ⅱa)，発生が進むと，神経板ではN-カドヘリンが，神経しゅうではカドヘリン-6Bが，それぞれE-カドヘリンにかわって発現するようになる(同図b)。このため，神経胚の中期に左右の神経しゅうが正中線で出合うと(同図c)，同じタイプのカドヘリンをもつ細胞どうしが接着し，表皮の内側に神経管が形成される。やがてN-カドヘリンの発現は神経管の背側まで広がり，この領域ではN-カドヘリンとカドヘリン-6Bがともに発現するが(同図d)，ここから生じて遊走を始めた神経冠細胞では，これらのカドヘリンの発現は見られなくなっている。

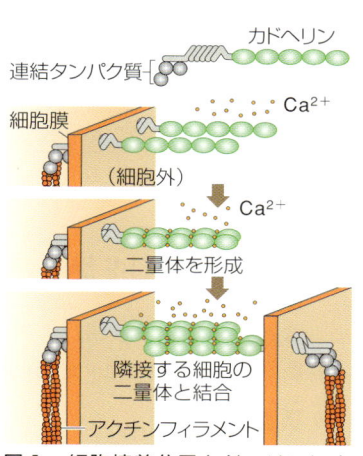

このように，細胞接着分子は，組織や器官が形成される過程で重要な役割を果たしている。❶

図Ⅰ　細胞接着分子カドヘリンによる細胞の接着

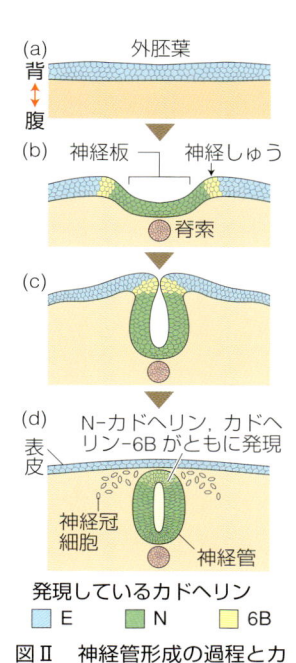

図Ⅱ　神経管形成の過程とカドヘリン

---

❶多くのがん細胞では，カドヘリンの細胞接着機能が低下したり失われたりしている。そのため，細胞接着とがんの転移との関係についての研究も行われている。

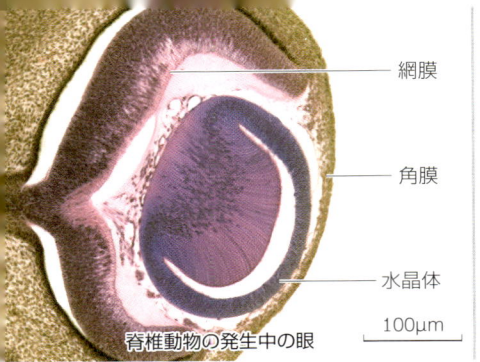

脊椎動物の発生中の眼
- 網膜
- 角膜
- 水晶体

100μm

第3節 細胞の分化と形態形成

1 誘導と形成体のはたらき

　細胞は周囲の細胞との相互作用によって特定の組織に分化する。このような，胚のある領域が隣接する他の領域に作用してその分化を引き起こすはたらきを**誘導**という。

A 中胚葉誘導

　発生過程での最初の誘導は，胞胚期に見られる。

　イモリの胞胚を3つの領域に切り分けて培養すると，次のような結果が得られた（図16）。

　単独の培養では，領域A（アニマルキャップ）は外胚葉組織である表皮だけに分化し，領域Cは未分化の内胚葉のままであった。

　しかし，領域Aと領域Cの組み合わせ培養では，外胚葉組織と内胚葉組織に加えて，単独培養では生じなかった脊索，体節，側板などの中胚葉組織も分化した。また，後の実験で，中胚葉組織はすべて領域Aに由来することがわかった。

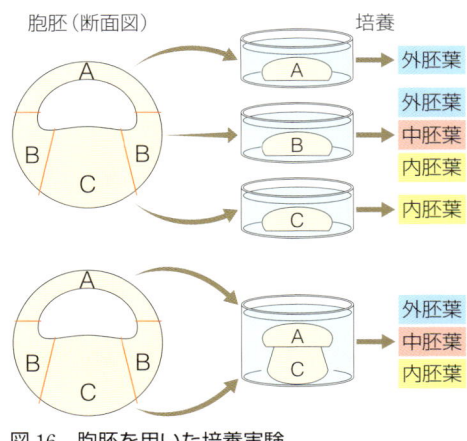

図16　胞胚を用いた培養実験

　このように，予定内胚葉が予定外胚葉を中胚葉に分化させるはたらきを**中胚葉誘導**という。

❶胞胚の背側にはβ-カテニンとよばれるタンパク質が蓄積している。β-カテニンをもつ予定内胚葉は，接している赤道部の領域から背側の中胚葉である形成体を誘導する。

B 形成体による誘導

胞胚期に誘導された中胚葉の背側の領域は，自分自身は脊索や体節などの中胚葉組織に分化するとともに，予定外胚葉域から神経を誘導し（神経誘導），前後軸と背腹軸を備えた胚軸構造を形成する。このようなはたらきをもつ胚の領域を**形成体（オーガナイザー）**という（図17）。
▶ p.167

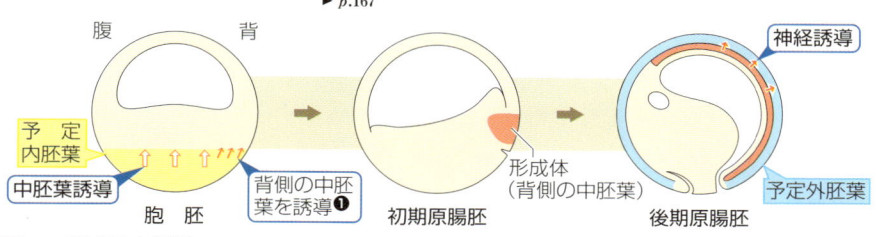

図17　形成体と誘導

C 誘導の連鎖

神経誘導によってできた神経管は，前方部が**脳**になり，後方部が**脊髄**になる。神経胚の後期には，脳の両側に**眼胞**とよばれる膨らみが生じ，その先端がくぼんで杯状の**眼杯**になる（図18）。

尾芽胚期になると，眼杯からの誘導によって，接している表皮は肥厚してくびれ，**水晶体**になる。さらに水晶体は，接する表皮から**角膜**を誘導する。動物の発生過程においては，このような**誘導の連鎖**によって複雑な構造がつくられる。

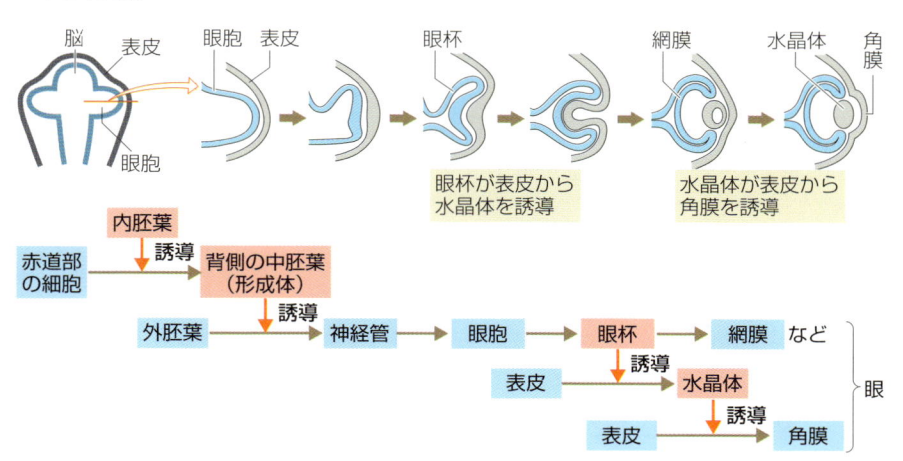

図18　眼の形成過程

2 誘導のしくみと細胞の分化

A 神経誘導のしくみ

　誘導によって細胞の分化が引き起こされる際, 細胞間ではどのようなことが起こっているのだろうか。

　アフリカツメガエルの胞胚の動物極側(アニマルキャップ)は, 単独で培養すると表皮に分化するが(図19a), 形成体と接触させて培養すると神経に分化する(同図b)。このことから, アニマルキャップは形成体からの誘導を受けて神経に分化していると考えられてきた。しかし実際には, アニマルキャップの細胞間で表皮分化を誘導する相互作用が起こっていることがわかった。

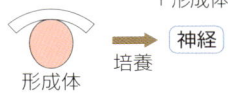

図19　アニマルキャップの分化

　これに関与する分子がBMP(骨形成因子)とよばれるタンパク質である。アニマルキャップでは, 個々の細胞がBMPを分泌し, それを受容体で受け取ることにより, 表皮分化を引き起こす遺伝子発現が誘導されている(図20a)。

　一方, 形成体は, BMPに結合して受容体との結合を妨げるタンパク質(ノギン, コーディンなど)を分泌することによって, 表皮誘導を阻害し, 神経分化を引き起こすように作用している(同図b)。

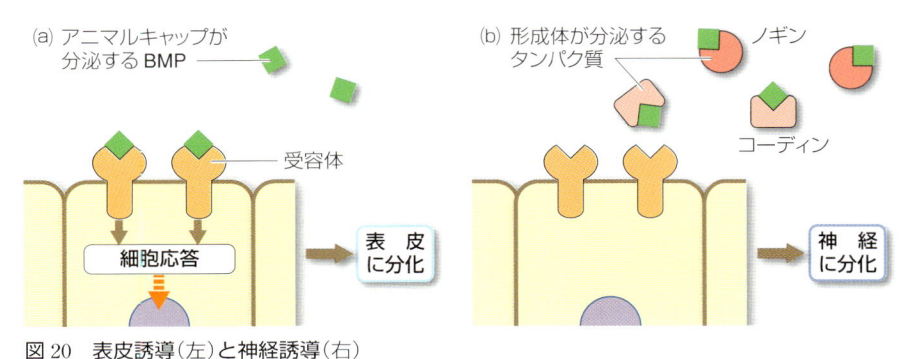

図20　表皮誘導(左)と神経誘導(右)

B タンパク質のはたらきと胚の背腹軸形成

　このようなタンパク質の相互作用は, 表皮と神経の分化だけでなく, 胚全

体の背腹軸を決定する上で重要な役割を果たす。

アフリカツメガエルの胞胚の各部域からは将来，図21のような組織ができる。これらの組織は，胚の全域で分泌されるBMPを，形成体から分泌されるBMPの阻害タンパク質が阻害することによってつくられる。

外胚葉でBMPを阻害すると背側の組織である神経になり，中胚葉でBMPを阻害すると阻害タンパク質の濃度勾配にしたがって，脊索・体節・腎節・側板のような組織が背腹軸に沿ってできる。

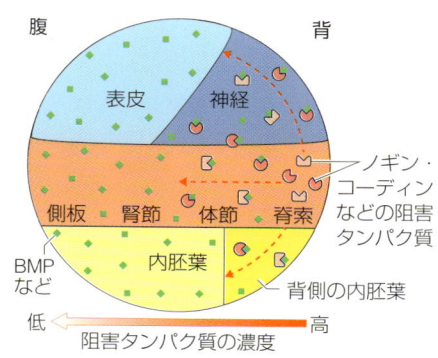

図21 **形成体による背腹軸の形成** 胞胚期にはBMPは胚の全域で発現している。原腸胚期になると，形成体から分泌されるBMPの阻害タンパク質が，細胞外でBMPに結合してそのはたらきを阻害する。このように，BMPのはたらきが抑制されることにより，背側の組織が誘導され，将来の背腹軸が形成される。

参考　原基分布図

フォークトはイモリのさまざまな胚表部域を生体染色用の色素で染め分ける**局所生体染色**を行い，その染色部域を追跡することによって，胚のある部域が将来どの組織に分化するかという**予定運命**を調べた（1926年）。このような胚の予定運命を示したものを**原基分布図**という（図Ⅰ）。

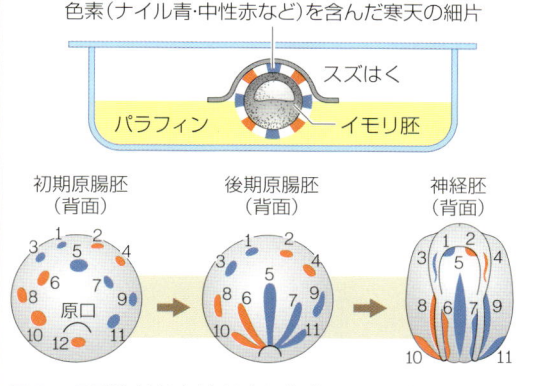

イモリの胞胚の原基分布図

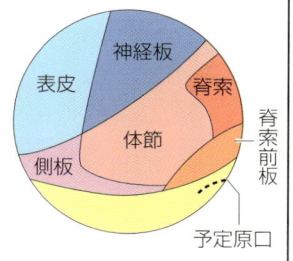

原基分布図は種によって異なるが，組織の基本的な配置には共通性が見られる。

図Ⅰ　局所生体染色法（左）と作成された原基分布図（右）

Column シュペーマンの実験と形成体の発見

　形成体の存在を発見したのはドイツのシュペーマンである。彼はイモリの胚を用いてさまざまな実験を行い、生物の発生のしくみを調べた。

1. 予定運命と決定

　イモリの原腸胚の各胚域はそれぞれ定められた予定運命をもっている。シュペーマンは、この原腸胚の胚域を互いに交換移植し、移植片のその後の発生運命を調べた(1921年)。これを交換移植実験という。この実験では、移植片に由来する組織と宿主胚に由来する組織を見分けるため、色の異なる2種類のイモリが用いられた。

　初期原腸胚から予定表皮域と予定神経域をそれぞれ切り取り、交換移植をすると、それぞれの移植片は移植された場所の予定運命にしたがって、予定表皮域は神経に分化し、予定神経域は表皮に分化した(図Ⅰa)。

　同様の実験を初期神経胚で行うと、移植片は切り出した部域の予定運命にしたがって、神経板に移植された予定表皮域は表皮に分化し、予定表皮域に移植された神経板は神経に分化した(同図b)。

(a) 初期原腸胚　予定神経域を予定表皮域に移植　→　予定神経域は表皮に分化　表皮

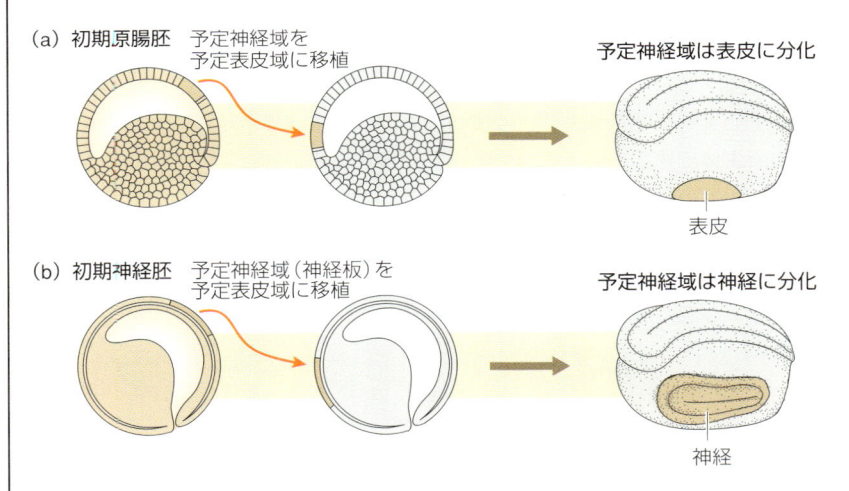

(b) 初期神経胚　予定神経域(神経板)を予定表皮域に移植　→　予定神経域は神経に分化　神経

図Ⅰ　交換移植実験

　この結果から、移植片の予定運命は、初期原腸胚では変更可能であるが、初期神経胚になると変更できなくなっていることがわかった。

　このように、細胞は発生が進むにつれて、異所に移植されても本来の予定運命にしたがうようになる。細胞の予定運命が確定されることを**決定**という。

2. 形成体の発見

さらにシュペーマンは弟子のマンゴルドとともに，色の異なる2種類のイモリを用いて，一方の初期原腸胚の原口の動物極側（**原口背唇部**）をもう一方の初期原腸胚の腹側赤道部に移植する実験を行った。

すると，移植片は正常発生と同じように陥入を始め，宿主胚の腹側に新たな神経板が形成され，さらに前後軸と背腹軸を備えたもう1つの胚（**二次胚**）が生じた（図Ⅱ）。二次胚がどちらの細胞に由来するのかを調べると，脊索や体節など，中胚葉性の組織の一部は移植した原口背唇部に由来していたが，外胚葉性の神経，中胚葉性の体節や腎管，内胚葉性の腸管などは宿主胚の細胞に由来していた。

つまり，宿主胚に由来する組織は，移植した原口背唇部からの誘導によってつくられたことがわかった（1924年）。

シュペーマンは，このように胚の軸構造を誘導するはたらきをもつ原口背唇部を**形成体**（**オーガナイザー**）と名づけた。

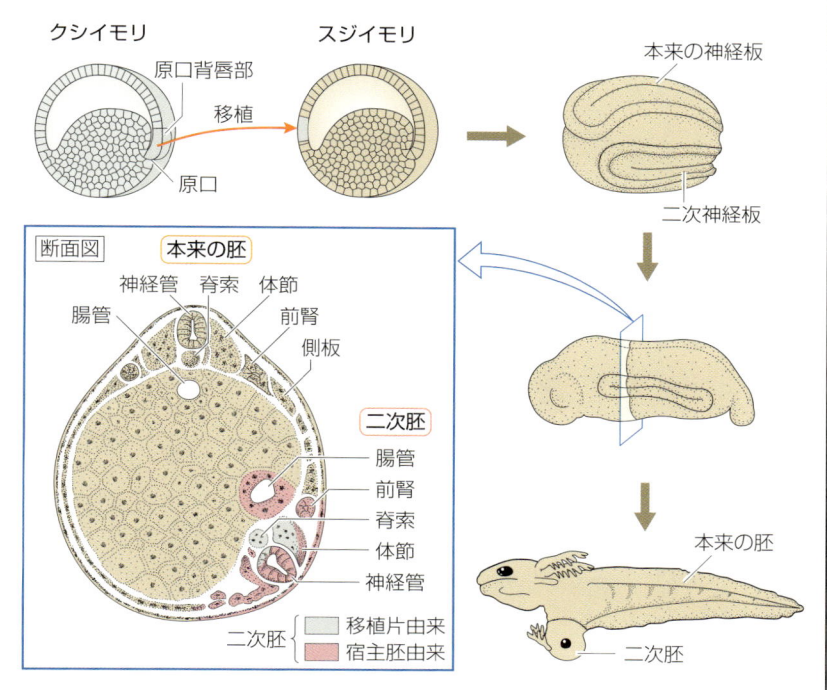

図Ⅱ　移植された原口背唇部による二次胚の誘導

参考 細胞の分化能－ES細胞とiPS細胞－

A ヒトの配偶子形成と発生

　ヒトの女子が誕生したとき，卵巣内では減数分裂が開始されており，雌性配偶子はすべて一次卵母細胞になっている。❶ この一次卵母細胞は，減数分裂の第一分裂前期で止まったまま，その後数十年の長期にわたり，卵巣内で維持される。

　思春期になると，約28日周期の生殖腺刺激ホルモンの変化が起こり，これに伴って，卵巣内では一次卵母細胞の1個が減数分裂を再開し，卵巣から腹腔内に**排卵**される。排卵された卵母細胞は，輸卵管内に取りこまれ，減数分裂の第二分裂中期で再び停止する。卵が輸卵管内で精子と出会って精子が卵に進入すると，その刺激によって卵の第二分裂が完了し，やがて卵の核と精子の核が融合する。

　ヒトの卵は比較的卵黄の少ない等黄卵で，卵割は等割である(図Ⅰ)。受精卵が卵割を繰り返すと，約1週間で内部細胞塊と栄養外胚葉からなる**胚盤胞**(胞胚に相当)になる。そのころ子宮内膜に着床し，複雑な形態形成を経て，約8週間で内部細胞塊から胎児の形ができあがる。子宮内で羊水に浸かった胎児は，胎盤を通じて母体から栄養分や酸素の供給を受けて成長し，受精から平均266日で誕生する。

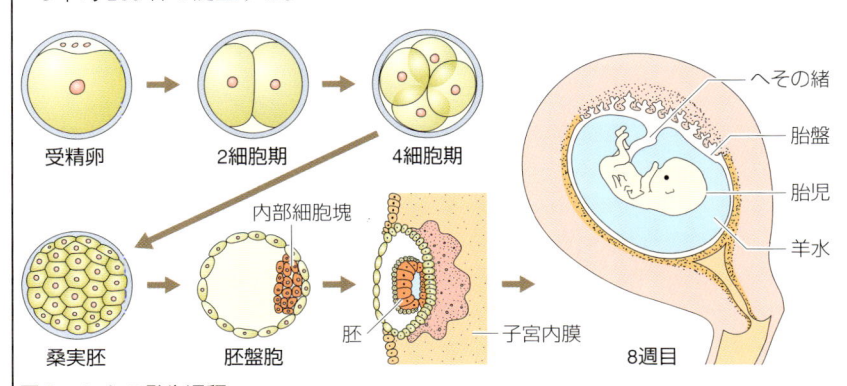

図Ⅰ　ヒトの発生過程

B ES細胞

　胚の細胞は将来さまざまな組織に分化する能力(多分化能)を備えているが，

---

❶女性では誕生前に減数分裂が開始されるのに対し，男性の生殖細胞の減数分裂は性徴期に始まり，その後は精巣内で精子形成が行われ続ける。

発生が進むにつれてほとんどの細胞は多分化能を失う。哺乳類の胚盤胞から内部細胞塊を取り出し，多分化能と分裂能を維持したまま培養細胞として確立したものが **ES細胞**（**胚性幹細胞** embryonic stem cells）である（図Ⅱ）。

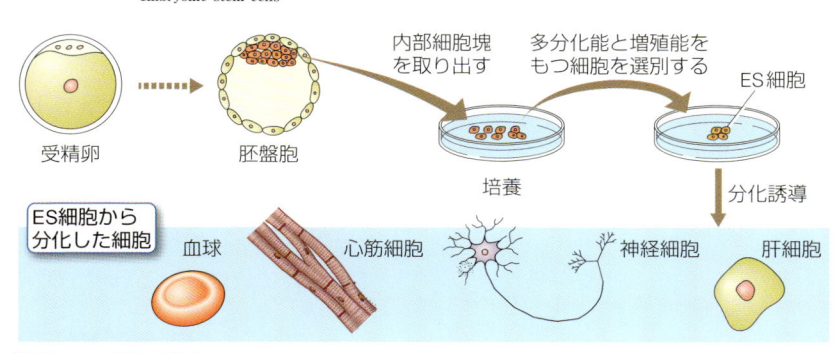

図Ⅱ　ES細胞の分化

ES細胞は培養条件によってさまざまな組織や器官に分化させることができるため，再生医療への応用が期待されている。しかし，ES細胞は胚からしか得られないため，ヒトへの応用には倫理的な問題が指摘されている。また，他人の細胞を移植することによる拒絶反応の問題もある。

C｜iPS細胞

2006年に京都大学の山中伸弥らの研究グループは，マウスの皮膚から採取した体細胞に，胚細胞や幹細胞で発現している数種類の遺伝子を導入することにより，ES細胞と同様の多分化能と分裂能を備える細胞（**iPS細胞：人工多能性幹細胞** induced pluripotent stem cells）をつくり出すことに成功した。その後，ヒトでもiPS細胞が作製された（図Ⅲ）。iPS細胞は，胚を使わなくても得られ，患者本人の体細胞を用いることができるため，倫理的な問題と拒絶反応の問題を回避することができる。

導入する遺伝子の種類，がん化の可能性，多分化能獲得のメカニズム，組織分化の誘導，器官の構築などについてはまだ研究段階であるが，近い将来に再生医療への応用が期待されている。

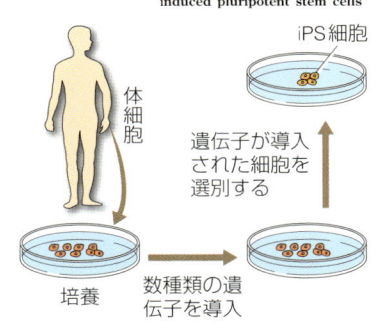

図Ⅲ　iPS細胞の作出

3 形態形成を調節する遺伝子

複雑なからだが構築される過程では、部域や段階に応じてさまざまな遺伝子が発現している。❶ショウジョウバエの初期発生の過程では、どのような遺伝子がはたらいているのだろうか。

A ショウジョウバエの発生

ショウジョウバエの初期発生では、核分裂だけが進行する（図22a〜b）。13回目の核分裂が終了すると、表層部の5000〜6000個の核の周囲に細胞膜が形成されて、中央部には卵黄を含む多核の1個の細胞が残る❷（同図c）。その後、原腸陥入が起こり（同図d）、14体節からなる幼虫のからだができる（同図e）。幼虫は脱皮を繰り返し、やがて蛹を経て成虫になる（同図f）。

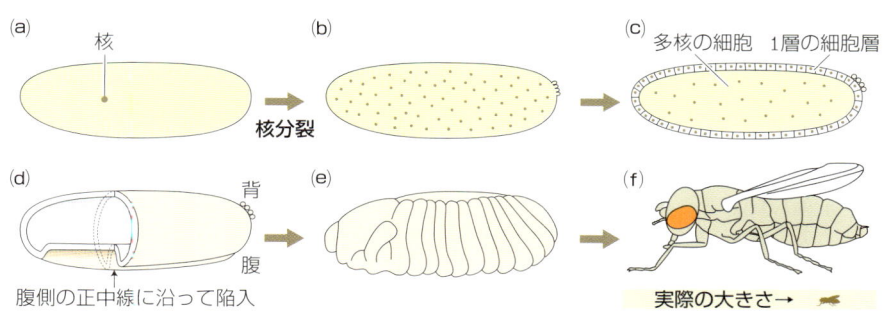

図22　ショウジョウバエの発生過程

B ショウジョウバエの前後軸の形成

ショウジョウバエのからだの前後や端を決める遺伝子のmRNAは卵形成中に合成されて卵に蓄積しており、**母性効果遺伝子**とよばれる。その例として、ビコイド遺伝子やナノス遺伝子がある。

母性効果遺伝子のmRNAは卵内の特定の場所に局在している。卵の前方にはビコイド遺伝子のmRNAが、後方にはナノス遺伝子のmRNAが局在している（図23上）。

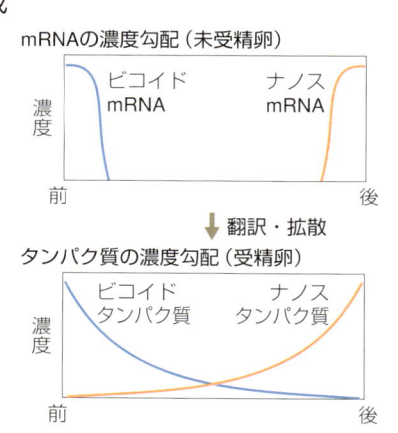

図23　前後軸形成のしくみ

受精後，これらのmRNAは翻訳されてタンパク質となり，拡散することによって，合成された場所で最も濃度が高く，離れるにしたがって低くなる濃度勾配をつくる(同図下)。このタンパク質の濃度勾配が卵の細胞間でどちらが前方でどちらが後方かという相対的な**位置情報**となり，これによって胚の前後軸が形成される。

母性効果遺伝子のつくるタンパク質は，他の遺伝子の転写や翻訳を調節するはたらきをもつ。そのため，例えば，ビコイド遺伝子が機能を失うと，頭部と胸部を欠いた個体などが生じる。

C│ショウジョウバエの器官形成

生物のからだの一部が別の部分におきかわるような突然変異を**ホメオティック突然変異**といい，その原因となる遺伝子を**ホメオティック遺伝子❸**という。ホメオティック遺伝子は，体節ごとに決まった構造をつくるはたらきをもつ。

ショウジョウバエのからだは14の体節からなるが，これらの体節では，発現するホメオティック遺伝子の組み合わせなどが異なる(図24)。

図24　ショウジョウバエのホメオティック遺伝子とその発現

ホメオティック遺伝子の1つであるウルトラバイソラックス遺伝子に突然変異が起こったショウジョウバエでは，胸の第3体節が第2体節におきかわり，4枚のはねをもつ(図25)。

図25　4枚のはねをもつ変異体

---

❶ショウジョウバエでは，突然変異体の中から体制が異常になったものを選び，突然変異が起こった遺伝子を解析することにより，体制形成のしくみが明らかにされてきた。
❷昆虫の卵は中央に卵黄が集まっており，心黄卵とよばれる。
❸ホメオティック遺伝子には，頭部や胸部の発生にかかわるアンテナペディア遺伝子群と，胸部や胴部の発生にかかわるバイソラックス遺伝子群がある。

次のような観察＆実験を行って，ショウジョウバエを観察してみよう。

観察＆実験　ショウジョウバエの突然変異体の観察

　ホメオティック遺伝子の異常によって生じたショウジョウバエの突然変異体を観察し，野生型と比較してみよう。

準備　ショウジョウバエの野生型とアンテナペディア突然変異体❶，実体顕微鏡，麻酔用容器，麻酔薬（トリエチルアミン），白い紙

方法　① 麻酔用容器にショウジョウバエを入れ，麻酔薬を吹きかける。
② 動かなくなったショウジョウバエを白い紙の上にのせ，柄付き針などを使って実体顕微鏡で観察する。

考察　① 野生型と突然変異体とを比較して，その特徴をまとめよ。
② アンテナペディア突然変異とは，遺伝子にどのような変化が起こって生じたものか。インターネットなどで調べ，まとめよ。

図Ⅰ　アンテナペディア突然変異体

❶ショウジョウバエの突然変異体は，遺伝資源センターなどから入手できる。

D ホメオティック遺伝子の配列

　ショウジョウバエのホメオティック遺伝子群は，第3染色体に1列に並んでいる。マウスなどの脊椎動物においてもこれと同様の配列が4組みつかっており，これらの遺伝子の配列順序がショウジョウバエの配列と基本的に同じであることがわかっている（図26）。ホメオティック遺伝子は脊椎動物においても器官の前後の形成に重要な役割を果たしている。

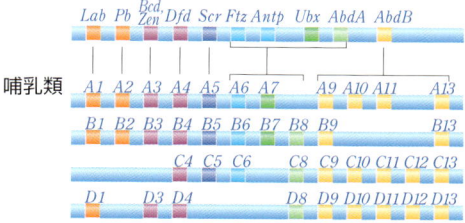

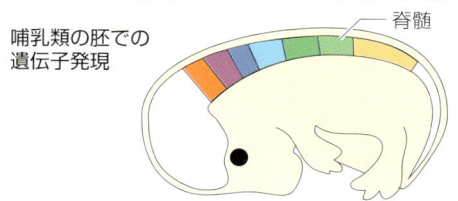

図26　ホメオティック遺伝子の相同性

参考 ショウジョウバエの体制形成のくわしいしくみ

ショウジョウバエでは，母性効果遺伝子によって前後軸がつくられた後，ホメオティック遺伝子が発現するまでの過程で**分節遺伝子**がはたらいている（図Ⅰ）。

この遺伝子は，大きくは次の3つに分類される。

① いくつかの母性効果遺伝子のはたらきにより，前後軸に沿って特定の領域で幅広く発現するのが約10種類の**ギャップ遺伝子❶**である。ギャップ遺伝子はからだを大まかな領域に分ける。

② 続いて母性効果遺伝子とギャップ遺伝子のはたらきによって，複数の**ペア・ルール遺伝子**がそれぞれ7本のしまとなって発現する。

③ 次に，**セグメント・ポラリティ遺伝子❷**がそれぞれの体節の特定の位置で14本のしま状に発現し，体節の中の前後を決める。

そして，ギャップ遺伝子とペア・ルール遺伝子のはたらきにより，複数のホメオティック遺伝子がからだの前後軸に沿って発現し，その発現の重なりがそれぞれの体節の性質，例えば，その体節が胸部第2体節なのか，胴部第1体節なのかを決める。

このようにショウジョウバエのからだの前後の体制は，さまざまな遺伝子が時間的・空間的に厳密に制御されて発現することによってつくられる。

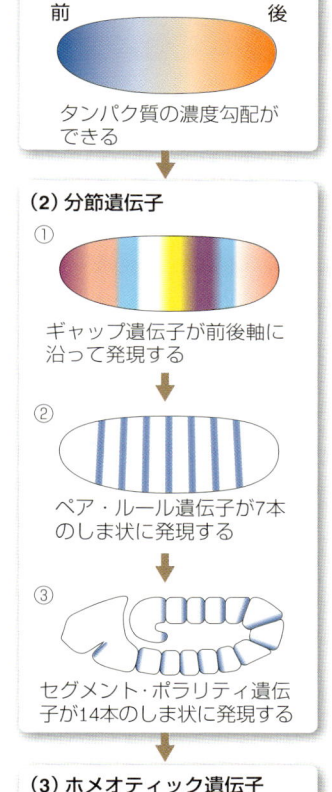

(1) 母性効果遺伝子
前　　　　　後

タンパク質の濃度勾配ができる

(2) 分節遺伝子
①
ギャップ遺伝子が前後軸に沿って発現する

②
ペア・ルール遺伝子が7本のしま状に発現する

③
セグメント・ポラリティ遺伝子が14本のしま状に発現する

(3) ホメオティック遺伝子
ホメオティック遺伝子が発現し，体節の性質を決める

図Ⅰ　ショウジョウバエの前後の体制形成

❶ギャップ遺伝子が機能を失うと，その領域は前後の構造におきかわり，構造上のギャップ（すき間）が生じる。そのため，この遺伝子はギャップ遺伝子とよばれる。
❷セグメントは体節，ポラリティは極性を意味することばである。

カキの果実の断面
種子／胚乳／胚／種皮

第4節 植物の発生

1 被子植物の配偶子形成と受精

　被子植物では，おしべの中で花粉がつくられ，めしべの中で胚のうがつくられる（図27）。花粉と胚のうからは，それぞれ配偶子がつくられる。

A 花粉の形成

　おしべの先端のやくの中では，花粉母細胞($2n$)が減数分裂を行って4個の細胞(n)からなる**花粉四分子**ができる。花粉四分子の細胞は離れてそれぞれが花粉になるが，その過程で細胞の不等分裂が1回起こる。成熟した花粉では，細胞質の少ない**雄原細胞**が細胞質の多い**花粉管細胞**の中に取りこまれた状態になっている。

B 胚のうと卵細胞の形成

　めしべの子房の中の**胚珠**では，**胚のう母細胞**($2n$)が減数分裂を行って4個の娘細胞(n)が生じる。娘細胞のうち3個は退化し，大きな1個が**胚のう細胞**として残る。胚のう細胞(n)の核は連続して3回分裂し，8個の核をも

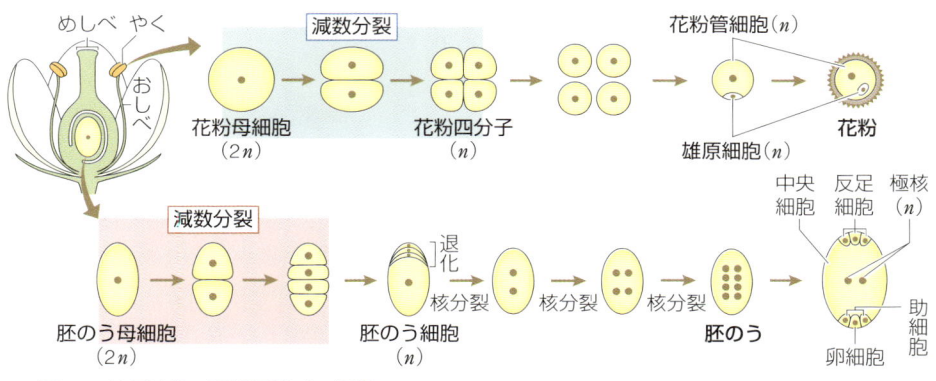

図27　被子植物の配偶子形成の過程

つ胚のうとなる。成熟した胚のうでは，8個の核のうち6個のまわりが細胞膜で仕切られ，1個の**卵細胞**とその両脇の2個の**助細胞**，卵細胞の反対側に位置する3個の**反足細胞**が生じる。胚のうの大部分の細胞質を含む細胞は**中央細胞**とよばれ，残りの2個の核(**極核**)をもつ。

C | 受粉と重複受精

花粉はめしべの**柱頭**につくと発芽して，花粉管を胚珠に向かって伸ばす(図28)。雄原細胞は花粉管の中で1回分裂して2個の**精細胞**になる。花粉管の先端が胚のうに達すると先端が破れ，精細胞の1個が卵細胞と受精し，受精卵($2n$)となる。精細胞の他の1個は中央細胞と融合し，将来，胚乳($3n$)をつくる。このような受精の様式は**重複受精**とよばれ，被子植物だけに見られるものである。

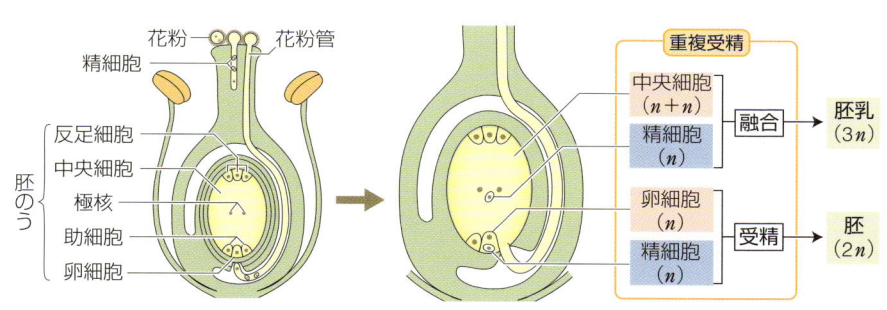

図28 被子植物の重複受精

D | 胚と種子の形成

重複受精の後，受精卵は細胞分裂を繰り返して**胚球**と**胚柄**になる(図29)。胚球はさらに分裂して，**幼芽**，**子葉**，**胚軸**，**幼根**からなる**胚**になる。また精細胞と融合した中央細胞は核分裂を繰り返した後，核の周囲に細胞膜が形成されて**胚乳**となり，胚に栄養分を供給する。**珠心**を取り囲む**珠皮**が**種皮**になり，種子が形成される。この段階で発生の進行が止まり，胚は休眠に入る。

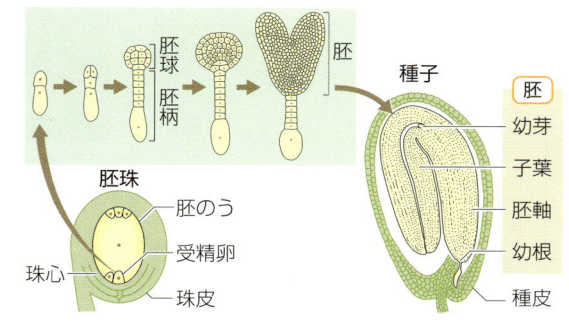

図29 被子植物の発生

次のような観察＆実験を行って，花粉管が伸長するようすを観察してみよう。

観察＆実験　花粉管の伸長の観察

　被子植物ではめしべに受粉した花粉は発芽して，胚珠にまで花粉管を伸ばす。トレニアの花を用いて花粉管が伸長するようすを観察してみよう。

準備　トレニアの花，はさみ，マイクロチューブ，ものさし，硝酸カルシウム，ホウ酸，PEG（ポリエチレングリコール）4000，蒸留水，スクロース，検鏡セット，接眼ミクロメーター❶

事前準備　① 硝酸カルシウム0.3gとホウ酸0.1gを蒸留水10mLに溶かす。
② PEG4000 15gに蒸留水を加えて全量を100mLにした液に，スクロース1g，①の液1mLを加えてよく混ぜる。これを培養液とする。

方法　① 柄付き針を用い，やくから取り出した花粉をスライドガラスの上に広げる。
② 培養液を落とした後，静かにカバーガラスをかけて，花粉管が伸びるようすを検鏡する（図Ⅰ）。また，伸長した花粉管の長さを測定する。
③ 柄付き針で柱頭に花粉をつけた後，めしべを7mmほどの長さに切る。
④ めしべを，培養液の入ったマイクロチューブの壁面に沿って図Ⅱのようにセットし，4～5時間後，花柱側から花粉管が伸長しているようすを検鏡する。また，伸長した花粉管の長さを測定する。

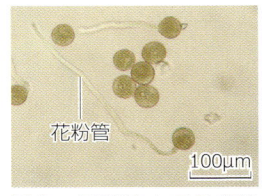

図Ⅰ　培養液中での花粉管の伸長

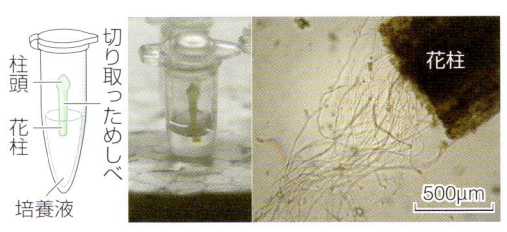

図Ⅱ　マイクロチューブにセットしためしべ（左，中央）と花柱から伸びる花粉管（右）

考察　① 培養液中では，花粉管は1時間にどれくらい伸びたか。
② めしべの中を通った花粉管は1時間にどれくらい伸びたか。
③ ②の結果から，花粉管が胚珠に届くまでにはどれくらいの時間がかかるかを求めてみよう。

❶あらかじめ1目盛りの長さを求めておく。

思考学習　花粉管の誘引

被子植物の受精では，精細胞は花粉管によって胚のうへと届けられる。その際，何が花粉管を胚のうに誘引しているのだろうか。

トレニアは，他の多くの被子植物とは異なり，胚のうが珠皮から外に裸出している（図Ⅰ）。このことを利用して，胚のうの特定の細胞をレーザーで破壊し，花粉管がどの細胞に誘引されるのかを調べた。❶

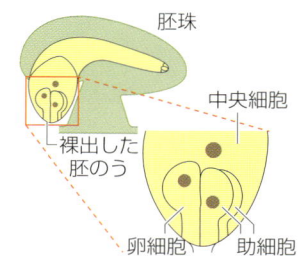

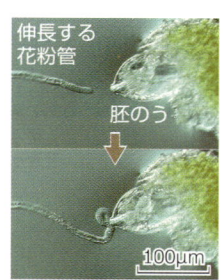

下表は，その実験結果を示している。

図Ⅰ　トレニアの胚のう（左）と助細胞による花粉管の誘引（右）

表Ⅰ　胚のう中の細胞の存在と花粉管の誘引頻度（＋は存在する，－は存在しないことを示す。）

胚のうの状態	各細胞の存在				誘引頻度（％）
	卵細胞	中央細胞	助細胞		
完全	＋	＋	＋	＋	98％（48/49）
1細胞破壊	－	＋	＋	＋	94％（35/37）
	＋	－	＋	＋	100％（10/10）
	＋	＋	－	＋	71％（35/49）
2細胞破壊	－	－	＋	＋	93％（13/14）
	－	＋	－	＋	61％（11/18）
	＋	－	－	＋	71％（10/14）
	＋	＋	－	－	0％（0/77）

考察1．1細胞を破壊する実験からどのようなことがわかるか。

考察2．2細胞を破壊する実験からどのようなことがわかるか。

考察3．実験を行った数に差がある理由として，どのようなことが考えられるか。

---

❶トレニアを用いたこの研究は，東山哲也らによって行われ，アメリカの科学誌「Science」2001年8月24日号に掲載された。2009年には，誘引物質が何かについても明らかにされた。

2 植物の器官の分化と調節遺伝子

受精の後,休眠に入った種子は,発芽に必要な条件がそろうと,発芽して根,茎,葉などの構造をもつ植物体となる。やがて,花芽が分化して花が形成される。

シロイヌナズナの花は,外側から,がく,花弁,おしべ,めしべの順に配置されている。被子植物の花の形づくりにも,ホメオティック遺伝子とよばれる調節遺伝子がはたらいている。3つの遺伝子 A, B, C がつくるタンパク質の組み合わせによって,花のどの部分が形成されるかが決まる(図30)。例えば,遺伝子 A がはたらくと,がくがつくられ,遺伝子 A と B がはたらくと,花弁がつくられる。そのため,これらの遺伝子 A, B, C が欠損すると正常な花の構造がつくられなくなる。

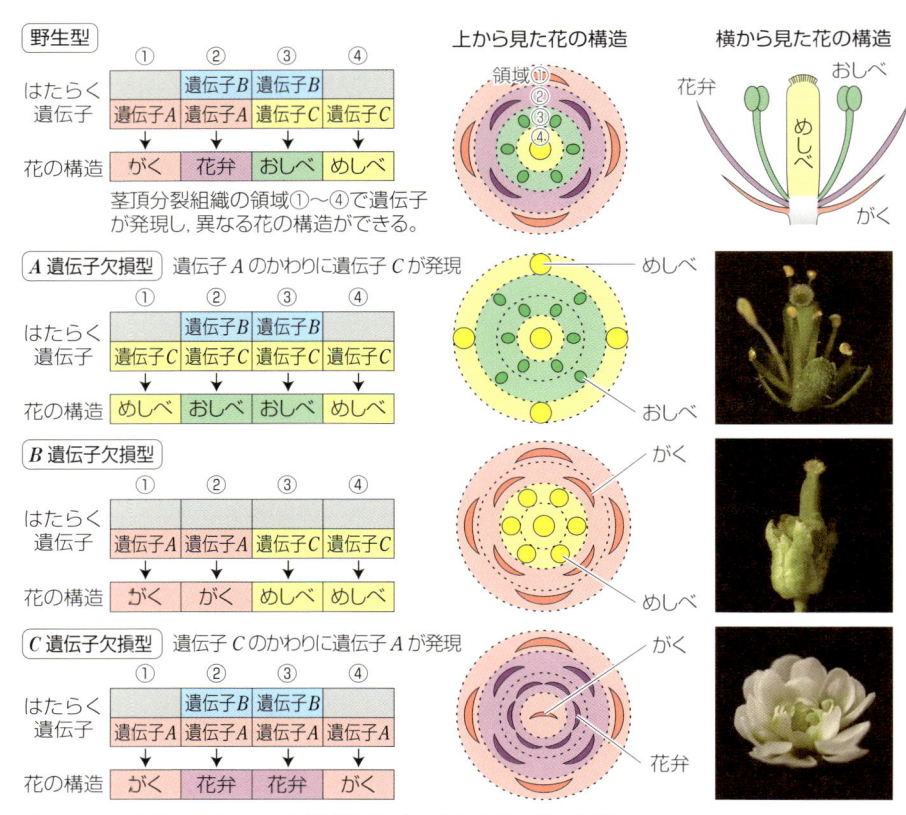

図30 シロイヌナズナの ABC 遺伝子のはたらきと変異体の構造

次のような観察＆実験を行って，シロイヌナズナの花の構造を観察してみよう。

観察＆実験　シロイヌナズナの花の構造

　シロイヌナズナの野生型と A, B, C 遺伝子に突然変異が起こった個体を観察し，ホメオティック遺伝子のはたらきについて考えてみよう。

準備　シロイヌナズナの野生型と突然変異体（A, B, C 遺伝子に突然変異が起こったもの），ピンセット，スライドガラス，実体顕微鏡

方法　① シロイヌナズナの花を真上から観察し，外側から見た各部の配列についてまとめる。
② シロイヌナズナの花の各部分を外側からはずし，スライドガラスの上に並べる。
③ 実体顕微鏡を用いて，各部位の構造を観察する。

考察　① 野生型のシロイヌナズナでは，どのような花の構造が見られたか。また，各構造はそれぞれいくつあったか。
② 突然変異体の花の構造は野生型と比較してどのように異なっていたか。

図Ⅰ　野生型の花

参考　シロイヌナズナ

　アブラナ科に属するシロイヌナズナ（図Ⅰ）は，基本的な花のつくりはアブラナと似ており，花弁の長さは3mm程度である。

　シロイヌナズナは，種子をまいてから花が咲くまでの期間が1か月程度と短く，小さくて実験室で育てやすいことなど，実験材料として扱いやすい優れた特徴をもつ。

　ゲノムのサイズは1億1800万塩基対と小さく，2000年には全塩基配列が明らかになった。突然変異によって生じた多様な形質をもつものも多く得られていて，広く研究材料として利用されている。

図Ⅰ　シロイヌナズナ

談話室　ナズナとシロイヌナズナ

　生物学を学ぶうえで障害となるものの1つに，よく似た紛らわしい生物名があることがあげられる。

　例えば，イモリ（両生類）とヤモリ（は虫類）などは，小学校で生物を学び始めた多くの生徒がぶつかる障壁の1つであろうと思われるが，これなどは，かつて，池や川・田んぼなどの自然が身近にあって，それらと触れ合うことができた生徒にとっては，何でもないことだったように思われる。しかし，自然の生物に触れる機会の少ない現代では，名前から入る生物の学習は，それなりに実感の乏しいものにならざるをえないかもしれない。

　ナズナとシロイヌナズナもよく似た名前で，ともにアブラナ科に分類されているが，ナズナ（学名：*Capsella bursa-pastoris*）はナズナ属で，シロイヌナズナ（学名：*Arabidopsis thaliana*）はシロイヌナズナ属で，属レベルで異なる植物である。

　ナズナは，春の七草の1つで，道ばたや田畑などのいたるところで広く見られるが，夏には枯れる。果実がハート形の短角果で，三味線のバチに似ていることからペンペングサともよばれ，こぼれ落ちた種子が秋に芽生えて，ロゼットで冬を越す。シロイヌナズナの果実は棒状の長角果で，ナズナ同様ロゼットで冬を越す越年草で，北海道から九州の海岸や低地の草地に生育する。ともに，4枚の白色の花弁をもつ小形の花を多数つけるが，アブラナ科には，ナズナとよく似て黄色の花をつけるイヌナズナ（イヌナズナ属）とよばれるものもある。また，アブラナ科でナズナの名がつく植物には，ミヤマナズナ，アレチナズナ，イワナズナ，アマナズナなどもある。

図Ⅰ　ナズナとその果実　　　　図Ⅱ　イヌナズナ

第5章
生命の起源と進化

1. 生命の起源
2. 生物の変遷
3. 進化のしくみ

ムシクイフィンチ

熱水噴出孔

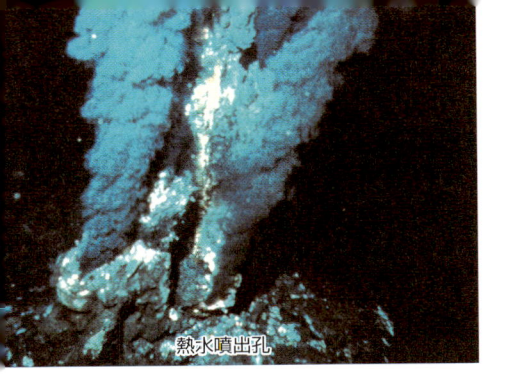

第1節 生命の起源

1 有機物の生成と蓄積

A 地球の誕生

地球は太陽系の惑星の1つで、今から約46億年前に誕生した。誕生まもないころの原始地球では微惑星が次々と衝突して、表面は1000℃以上の高温のマグマでおおわれていた。その後、微惑星の衝突が減り、表面がしだいに冷えて地殻が形成された。また、水蒸気(H_2O)や二酸化炭素(CO_2)・窒素(N_2)・二酸化硫黄(SO_2)などでできた原始大気が表面をおおい、遊離の酸素(O_2)はほとんどなかったと考えられている。地表の温度がさらに低下すると、原始大気中の水蒸気が雨となって地表に降りそそぎ、原始の海が生まれた。

B 有機物の生成と蓄積

生物体はタンパク質をはじめとするたくさんの有機物でできており、原始地球で生物が生まれるためには、材料となる有機物が必要であった。

原始の地球における有機物の生成については、現在でもいくつかの説があるが、近年、海洋底で発見された熱水噴出孔が注目をあびている。海洋底の熱水噴出孔付近では、高い水圧で水の沸点が数百℃に

図1 原始地球環境と有機物の生成

熱水噴出孔周辺		
メタン	CH_4	
硫化水素	H_2S	
水素	H_2	
アンモニア	NH_3	
など		

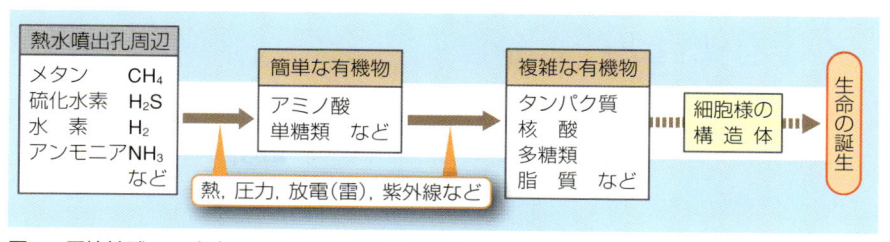

→ 簡単な有機物（アミノ酸、単糖類 など）→ 複雑な有機物（タンパク質、核酸、多糖類、脂質 など）→ 細胞様の構造体 → 生命の誕生

熱，圧力，放電（雷），紫外線 など

図2　原始地球での生命誕生に至る過程（化学進化）

もなり，メタン（CH_4）・硫化水素（H_2S）・水素（H_2）・アンモニア（NH_3）などもあって，アミノ酸をはじめとする多くの有機物が生じたと考えられている。また，簡単な有機物が多量に蓄積すると，簡単な有機物どうしが結合して，タンパク質や核酸などの生物体を構成する複雑な有機物も生成されていったと考えられている。❶

このような生物が出現する前の，生物体に必要な物質が生み出されていく過程を**化学進化**という（図2）。

参考　ミラーの実験

1953年，アメリカのミラーらは，当時，原始大気の成分と考えられていたメタン（CH_4）やアンモニア（NH_3）・水素（H_2）・水蒸気などをガラス容器に封入して高電圧の放電を行い，その結果，アミノ酸などの有機物が生成されることを示した。

その後，研究が進み，原始大気の主成分は二酸化炭素や窒素であったとの説が有力になった。そこで，そのような大気や海底の熱水噴出孔付近，宇宙空間などを想定した実験も行われ，さまざまな条件下で無機物から有機物が合成されることが示されている。

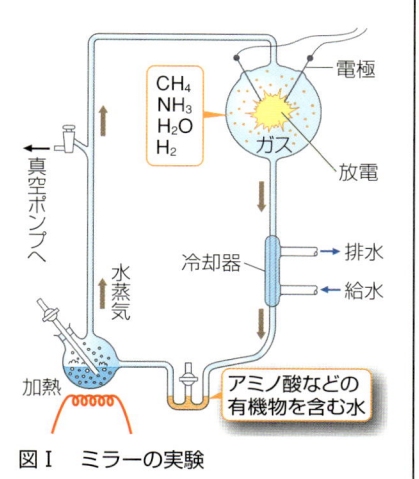

図Ⅰ　ミラーの実験

❶ある種のいん石にはアミノ酸や塩基などの有機物が含まれていることから，地球外の天体が有機物の起源であるとの説もある。

2 | 有機物から生物へ

化学進化によって生成・蓄積した有機物から生物が誕生するためには，(1) 秩序だった代謝を行う能力と，(2) 膜で仕切られた「まとまり」の形成，(3) 自己と同じものを複製する能力が必要であった。

A | 秩序だった代謝

生物が自立的に生きるためには，秩序正しい物質の代謝が必要である。現生の生物では多くの酵素(タンパク質)が触媒としてはたらき，代謝を制御している。生物が誕生する以前は，鉱物の表面などで無秩序に合成されたタンパク質様の物質が触媒としてはたらいたと考えられるが，やがて遺伝情報にもとづいて多様なタンパク質が合成されるしくみが生まれ，正確な代謝の制御が可能になった。

B | 膜の形成—自己境界性の確立

現生の生物の細胞膜はおもにリン脂質の二重層からなる(図3)。リン脂質は親水性の部位と疎水性の部位をもつ分子(両親媒性分子)で，水中で自然に集合して膜構造をつくることが知られている。このような比較的単純な膜で包まれた内部にタンパク質や核酸が蓄積すると代謝の効率があがり，やがて物質を選択的に透過させるタンパク質や，膜の脂質分子を合成するタンパク質が出現して，複雑な細胞膜ができていったと考えられる。

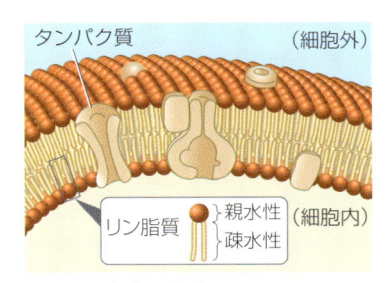

図3 細胞膜の構造

参考　いん石と細胞膜の起源

原始生物の細胞膜がどのようにしてできたかはまだよくわかっていない。1969年に落下したマーチソンいん石の抽出物には，アミノ酸や糖類のほか，水中で細胞膜のような膜を形成する物質が含まれていたことが知られており，細胞膜をつくる物質が宇宙からきたとの説もある。

図Ｉ　マーチソンいん石

C｜自己複製系の確立

現生の生物では，タンパク質のアミノ酸配列を担う遺伝子の本体は DNA で，DNA は DNA 合成酵素というタンパク質のはたらきによって複製される（図4）。

原始の海洋中で，まず簡単なヌクレオチド鎖とペプチドの間で互いに生成を助け合うしくみができ，それがもとになって，現生生物の DNA とタンパク質による自己複製系が確立したと推定される（▶下の「参考」）。

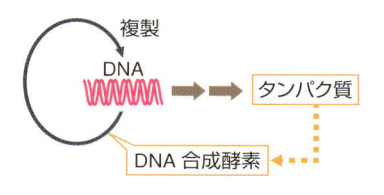

図4　現生生物の自己複製系

問1　最初の生物は原始の海洋中で誕生したと考えられる。その理由を考えてみよ。

参考　RNA ワールド

現生の生物では，遺伝物質（DNA）の合成には酵素（タンパク質）が必要で，タンパク質の合成には DNA の情報が必要である。このような DNA が遺伝情報の保持や複製を担い，タンパク質が触媒作用を担う生物の世界を **DNA ワールド**という。

これに対して RNA は，遺伝情報をもつとともに，触媒の機能をもつもの（リボザイム）もあることから，生命の起源には，RNA が遺伝物質でありかつ代謝の調節も行う自己複製系が関与したとの考えがある。このような RNA が自己複製と代謝を担う世界を **RNA ワールド**とよぶ。

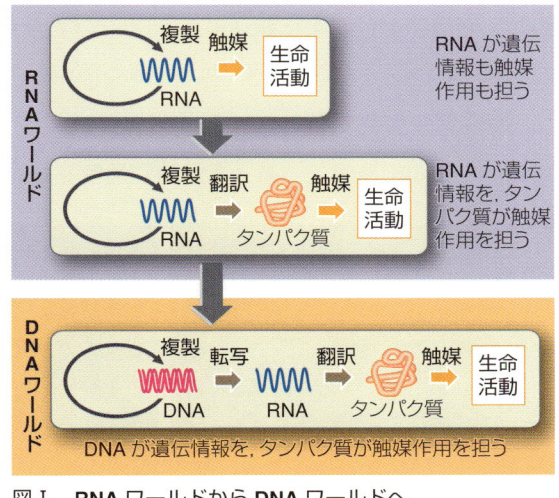

図Ⅰ　RNA ワールドから DNA ワールドへ

3 生物の出現とその発展

A 生物の出現

グリーンランドの約38億年前の地層から，生物を構成していた炭素の痕跡が発見されており，生物はおおよそ40億年前に出現したと考えられている。これまでにみつかった最古の生物化石は，約35億年前の現生の細菌に似た化石で，約21億年前までは**原核生物**の化石しか発見されていない。

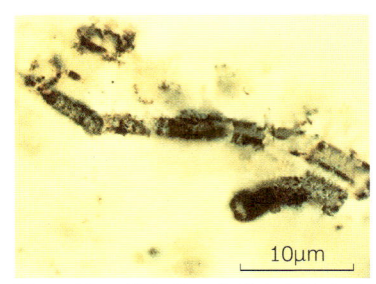

図5 約35億年前の細菌と思われる生物の化石

B 従属栄養か独立栄養か

初期の生物の代謝については，はっきりした証拠はなく，いくつかの説がある。1つの説は，初期の生物が原始の海に多量に溶けこんでいた有機物を取りこんで発酵を行いエネルギーを取り出す従属栄養生物であるというものである。しかし，生物と無関係にできる有機物はそれほど多くないので，このような生物が増えると，海洋中の有機物は急激に減少したと考えられる。そこで，化学反応の際に放出される化学エネルギーや太陽の光エネルギーを利用して有機物を合成する独立栄養生物（化学合成細菌や酸素を発生しない光合成細菌）が最初の生物であったとの説もある。

C 酸素発生型光合成へ

最初の生物が従属栄養であったか独立栄養であったかは明らかでないが，

図6 ストロマトライトの断面（左）と現生のシアノバクテリアがつくったストロマトライト（西オーストラリア，右）

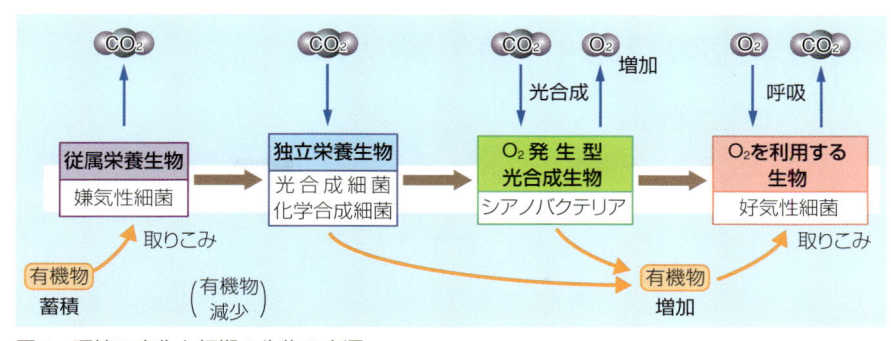

図7 環境の変化と初期の生物の変遷

最初の独立栄養生物は硫化水素（H_2S）や水素（H_2）を分解することで二酸化炭素を還元していたと考えられている。そのような生物の中から、かぎられた場所にしかない硫化水素などではなく、ほとんど無限にあるといえる水を分解することで二酸化炭素を還元し、その際に酸素を放出する独立栄養生物が出現した。現生の**シアノバクテリア**はこのような酸素発生型の光合成を行う原核生物の子孫である。約27億年前の地層から**ストロマトライト**とよばれる独特の層状構造をもつ石灰岩（図6）が発見されており、これは、マット状に群生した初期のシアノバクテリアによってつくられたものである。

D 好気性生物の出現

光合成の際に酸素を放出するシアノバクテリアの繁栄により、海水中に大量の酸素が放出され、また有機物も増加し始めたと考えられる。酸素ははじめのうち、水中に多く存在した鉄イオンなどと結合して海底に沈殿したが[❶]、約20～22億年前から大気中に蓄積し始めた。酸素の濃度が増すにつれて、酸素を利用して有機物を二酸化炭素と水に完全に分解し、エネルギーを効率的に取り出す好気性の生物が出現・繁栄するようになったと考えられる（図7）。一方、大気中の二酸化炭素は、石灰岩の形成や光合成による有機物への固定などによって減少した。そのため温室効果が小さくなり、地表の温度も徐々に低下したと考えられる。このように、生物の出現は当時の地球環境に大きな影響を与え、さらに地球環境の変化によって新しい生物の出現がもたらされたと考えられている。

---

❶今日浅い地下に存在する鉄鉱石（鉄鉱床）の多くは、この時期に形成されたものと考えられている。

4 | 細胞の発達−真核生物の出現

A | 真核生物の出現

　真核生物の化石として最も古いものは，北アメリカで発見された約21億年前の藻類と思われる化石で，このころに真核生物が誕生したと推定されている。光合成を行う真核生物の出現により，海水中では酸素と有機物が一層増加し，大気中の酸素も増加したと考えられる。

　一般に，真核細胞は原核細胞に比べて細胞サイズが大きく，細胞小器官が発達して，複雑な構造をしている。

図8　初期の真核生物の化石

B | ミトコンドリアと葉緑体の起源

　真核細胞のミトコンドリアと葉緑体は，それぞれ好気性の細菌とシアノバクテリアに，構造と機能の点でよく似ている。また，少量ながらも独自のDNAをもち，分裂によって増える。これらのことから，ミトコンドリアは好気性の細菌が，葉緑体はシアノバクテリアが，別の宿主細胞に取りこまれて共生(**細胞内共生**)するうちに細胞小器官になったと考えられている（図9）。❶

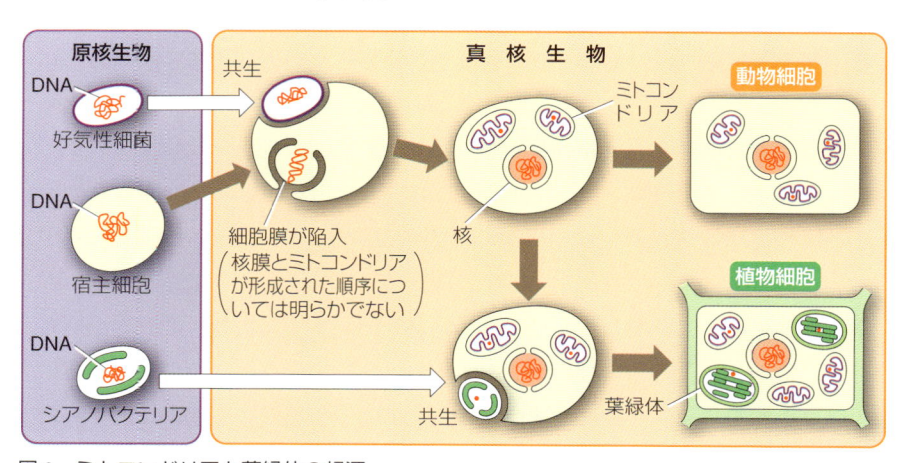

図9　ミトコンドリアと葉緑体の起源

❶このような考えを**共生説**といい，アメリカのマーグリスらによって提唱された（1967年）。

フズリナの化石（断面）

第2節 生物の変遷

1 地質時代

A 地質時代

　地球上で最古の岩石ができてから今日までを**地質時代**といい，大きくは約5.4億年前を境に，それまでの**先カンブリア時代**とその後の古生代以降に分けられる。先カンブリア時代の生物は，原核生物や単細胞の真核生物が中心で，化石は**微化石**とよばれる顕微鏡レベルのものがほとんどである。しかし，古生代以降は肉眼で見える化石の産出が飛躍的に増加し，おもに動物の出現・絶滅をもとに，**古生代・中生代・新生代**に区分される❷。また，各代は，さらにいくつかの**紀**に細分される。
▶ *p.*197　表1

B 示準化石

　例えば，**三葉虫**（図10 左）や**フズリナ**（原生生物のなかま）は古生代末に絶滅してしまうので，それらの化石は古生代の地層からしか産出されない。このようなある特定の地質時代にかぎって産出される化石を**示準化石**といい，その地層が形成された年代を知るのに役立っている❸。

三葉虫　アンモナイト
図10　古生代（左）と中生代（右）の示準化石

Ⅴ　生命の起源と進化

---

❷古生代以降をまとめて**顕生代**という。
❸地層ができたころの環境を推定することができる化石を**示相化石**という。

参考　化石の年代測定

　過去の生物の化石がみつかっても，その化石が何年前の生物のものかを正確に知るのはむずかしい。このような化石の年代測定には，放射性同位体を使うことが多い。例えば，^{14}C は炭素の放射性同位体で，時間とともに放射線を出して別の物質(^{14}N)に変化する性質をもつ。放射性同位体が放射線を出して別の物質に変化し，もとの半分の量になる時間は同位体ごとに決まっており，**半減期**とよばれる。化石やそのまわりの地層に含まれる放射性同位体の量や割合と半減期の長さとの関係から，化石となった生物が生存していた年代を推測することができる。

表Ⅰ　年代測定に利用される放射性同位体

同位体の変化	半減期	測定可能な年代
$^{14}C \rightarrow {}^{14}N$	5730 年	0～5万年
$^{40}K \rightarrow {}^{40}Ar$	12.77 億年	1万～10億年
$^{238}U \rightarrow {}^{234}Th$ ❶	44.68 億年	1千～30億年

❶ ^{238}U を使う方法では，同位体の量を調べるのではなく，別の物質に変わる際に出す放射線が岩石に残す飛跡の密度を調べることで年代の推測を行う。

2 多細胞生物の出現－先カンブリア時代

　地球の誕生から約5.4億年前までの先カンブリア時代の地層からは，産出する化石が少なかった。しかし，丹念な観察の結果，この時代の地層にも顕微鏡レベルの微化石が認められるようになり，それによると，初期の生物は原核生物で，約21億年前には単細胞の真核生物が出現していたと考えられている(▶前節)。また，約10億年前には，小形の多細胞生物も出現していたと考えられている。

　約7億年前には，地球規模の気候変動によって，北極から南極まで赤道付近の大陸も含めて厚い氷河でおおわれる極端に寒冷な時期があった(「**全球凍結**」とよばれる，図11)❶。このような極端な気候変動が起こると，それまで

❶地球は，誕生以来何度か気候が寒冷化する氷期を経ており，地球全体が凍結するような全球凍結は20数億年前にもあったと考えられている。このときは，それまでに出現していた原核生物の多くが絶滅し，その後，真核生物が発展したと考えられている。

に出現した多くの生物は絶滅したと考えられる。しかし、極端な寒冷期が過ぎると、やがて気候は温暖化して、全球凍結の時期を生きのびた生物が急速に分布を広げ、その多様化も進んだと考えられる。6.5億年ほど前の先カンブリア時代末期には、比較的大形で軟体質のからだをもつ多様な生物が出現

図11　全球凍結（想像図）

している。これらの化石生物は、肉眼で確認できる最も古い時代のものであり、オーストラリアの代表的な産出地の名前をとって**エディアカラ生物群**とよばれている。

参考　エディアカラ生物群

1940年代のなかばころ、南オーストラリアの約6億年前の地層から、それまでほとんど知られていなかった眼に見える大きさの多細胞生物の化石が発見された。この生物群は、かたい骨格や殻をもたず、軟体質で多くはへん平なからだをもっており、これから、この時期の地球には動物食性動物がいなかったとの説もある。クラゲのような現生生物と似たものもあるが、多くは類縁関係が不明な生物である。

図Ⅰ　エディアカラ生物群のスプリギナの化石

図Ⅱ　エディアカラ生物群（復元図）

スプリギナ（約4cm）
ディキンソニア（約6〜15cm）
トリブラキディウム（約5cm）

Ⅴ　生命の起源と進化

3 水中での生物の変遷 – 古生代

A 海生無脊椎動物の繁栄

　約5.4億年前になって，多細胞生物が飛躍的に増加した(古生代の始まり)。古生代最初のカンブリア紀には，水中の藻類が大いに栄え，水中に生息する動物の種類も爆発的に増加した(「**カンブリア紀の大爆発**」とよばれる)。

　この時代には，カンブリア紀前期の海中に繁栄した**チェンジャン(澄江)動物群**や，カンブリア紀中期の海中に繁栄した**バージェス動物群**に見られるように，現生の動物に対応するグループ(門)がまったく見当たらずほどなく絶滅した動物も含まれているが，現生のほぼすべてのグループ(門)の動物が生じている。カンブリア紀には，三葉虫類などの節足動物やオウムガイ類などの軟体動物を中心とする無脊椎動物が繁栄した。

図12　現生のオウムガイ

B 脊椎動物の出現

　チェンジャン動物群やバージェス動物群の中には，現生のナメクジウオに似て脊索とそれに付随する筋肉や神経をもつ原索動物と思われる化石(図13上)や，初期の脊椎動物と思われる化石(同図下)がみつかっている。

　初期の脊椎動物は，あごのない**無顎類**で，対になるひれ(胸びれや腹びれ)ももたず，敏速には泳げなかったと考えられている。

　オルドビス紀になると，あごのある原始的な**魚類**が出現し，その後，あごをもち，すぐれた遊泳力をもつ軟骨魚類や硬骨魚類が現れた。軟骨魚類や硬骨魚類は，シルル紀からデボン紀に海中や淡水中で繁栄した。

図13　バージェス動物群のピカイアの化石(上)とチェンジャン動物群のハイコウイクチスの化石(下)(ともに体長約4cm)

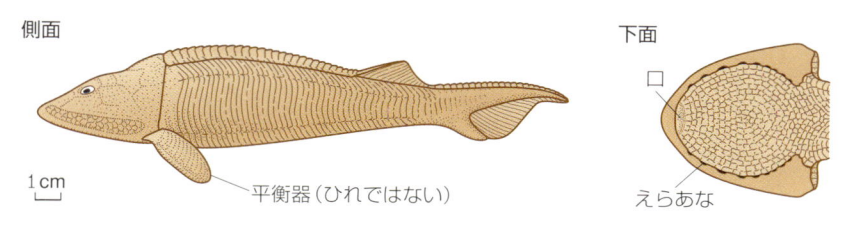

図14 **無顎類の一種（シルル紀）** かたい甲殻をもつのでかっちゅう魚ともよばれるもので，小さなスリット状の口から水を吸いこみ，えらでプランクトンをこしとって食物としていたと考えられている。現生のヤツメウナギ（円口類）も無顎類の一種である（▶ p.256）。

問2 古生代になって急にかたい外骨格や殻をもつ動物が出現したのはなぜか。

参考　バージェス動物群とチェンジャン動物群

カナダのロッキー山脈にあるバージェス頁岩（けつがん）に含まれる化石から，約5億500万年前のカンブリア紀中期には，現在では見られない奇妙な形の多様な動物が存在したことがわかっている。かたい殻や捕獲のための触手・とげをもつものが見られることから，このころには動物食性動物がいて，食うものと食われるものの関係があったと考えられる。

中国南部雲南省の澄江（チェンジャン）県では，約5億2000万～5億2500万年前のカンブリア紀前期の豊富な動物化石が多数発見されている。この中には，バージェス動物群とほぼ共通の動物が含まれるほか，所属不明の動物も多く，「最も古い無顎類」ともいえる動物の化石も含まれている。

図I バージェス動物群の化石と復元図

4 生物の陸上進出－古生代

A オゾン層の形成

カンブリア紀に繁栄した藻類によって，多量の酸素が放出された。その結果，大気中に酸素が蓄積し，カンブリア紀末ごろ，成層圏に**オゾン**(O_3)層が形成された。オゾン層は，太陽からの有害な紫外線をさえぎるため，陸上で生物が生活できる環境が整った。

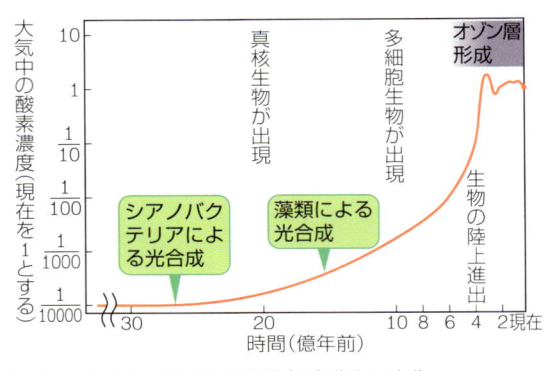

図15 地球大気における酸素(O_2)濃度の変化

B 植物の陸上進出

陸上は，植物にとって，光や酸素が得やすいものの，乾燥や重力に耐える必要がある。オルドビス紀には原始的なコケ植物が誕生していたと考えられるが，シルル紀に出現したクックソニアは化石が確認されている最古の陸上植物で，維管束がなく，2つに枝分かれした茎の先端に胞子のうをつける。その後出現したリニアは，同様に葉や根が見られないが，維管束をもち，**シダ植物**の祖先と考えられている。その後シダ植物は急速に発展し，温暖で湿潤な石炭紀になると高さ数十mもあるフウインボクやリンボクなどの木生

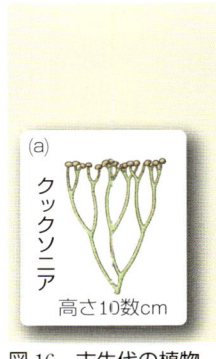

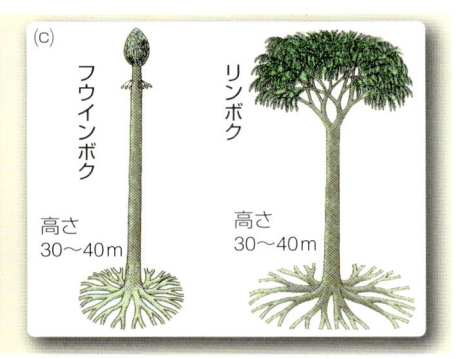

図16 古生代の植物

> ### 参考　シダ種子類
>
> 　デボン紀に出現し石炭紀に栄えた植物に，シダと区別できない葉と茎をもつ一方，裸子植物のソテツによく似た種子をつける**シダ種子類**（ソテツシダ類ともよばれる）がある。
>
> 　シダ種子類は，花をつくらず，葉のへりに胚珠がつく構造だったが，もちろん立派な種子植物（裸子植物）のなかまである。シダ種子類の存在は，種子植物がシダ植物から進化してきたことを示唆するものである。
>
> 図Ⅰ　シダ種子類の一種

シダ類が大森林を形成した。この森林には原始的な種子植物（裸子植物）も生育した。

C　動物の陸上進出

　動物の陸上進出が，植物より先なのか後なのかは明確ではない。しかし，植物の陸上進出によってそれを食べる動物の陸上進出の条件が整ったことは確かである。動物の陸上進出にあたっても，重要なことは乾燥と重力に耐えるからだをもつことである。また，運動性があり酸素消費量の多い動物にとって，水中から酸素を取りこむえら呼吸から，空気から酸素を取りこむ肺呼吸・気管呼吸への変化も重要である。

　最初に陸上に進出した動物は，昆虫類やヤスデ，ムカデなどの節足動物であったと考えられる。これらは丈夫な外骨格をもつとともに，からだ中にはりめぐらされた気管に空気を取りこんで気管呼吸を行っていた。石炭紀には，はねを広げた長さが80cmにもなる古トンボ類（図17）も出現している。

図17　石炭紀の古トンボ類の復元模型　体長（頭部の先端から腹部の末端まで）約30cm。

脊椎動物では，現生の大部分の硬骨魚類の祖先である，原始的な肺をもつ硬骨魚類の中に，棒状の硬い骨のあるひれで泥の上などをはい歩くものがデボン紀中期に現れた。デボン紀後期になると，そのような魚類から，幼生期を水中ですごし，成体になると陸上で生活する**両生類**が誕生した（図18）。

両生類は，受精や個体発生，幼生期の生活を水中でしか行えないうえ，皮膚も乾燥に耐える構造になっておらず，水辺から離れて生活することができなかった。

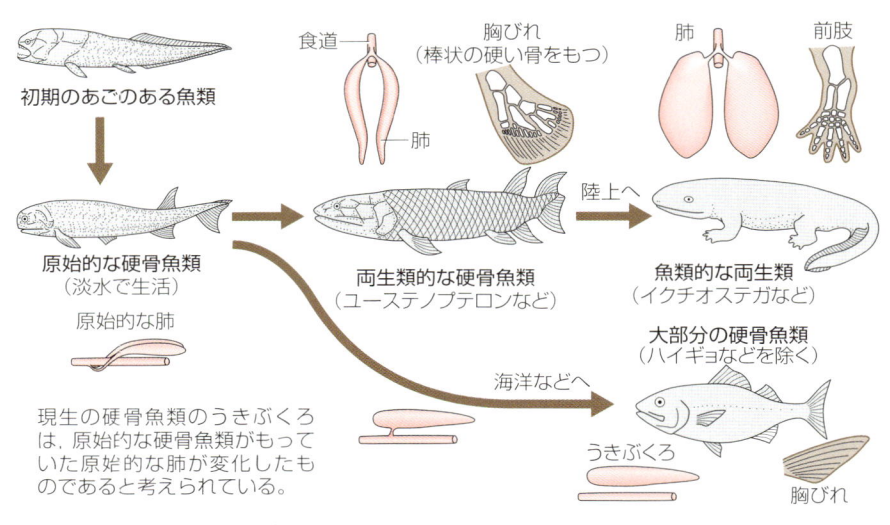

図18　脊椎動物の陸上への進出

その後，石炭紀になると，体内受精で，胚発生が乾燥から胚を保護する**胚膜**内で起こり，体表が乾燥に耐えるうろこでおおわれた**は虫類**が誕生した。は虫類の出現によって，脊椎動物の陸上化が達成されたといえる。ペルム紀には，は虫類が多様に分化し始め，昆虫類は多様に分化し栄えた。

約2.5億年前の古生代末には，それまで栄えた三葉虫類や多くのシダ植物などの大量絶滅が起こった。

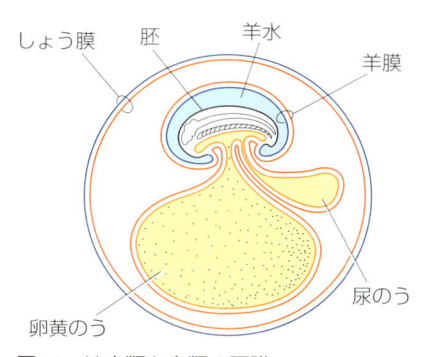

図19　は虫類と鳥類の胚膜

表1 地質時代の区分と生物の変遷

地球の誕生 46億年前	地質時代 (×年前)		動物	植物	生物の変遷など
海の誕生 / 生命の誕生 / 酸素発生型光合成生物の出現 / 真核生物の出現 / 多細胞生物の出現	先カンブリア時代		無脊椎動物時代	藻類時代	●藻類の出現・繁栄 ●海生無脊椎動物の出現・繁栄（エディアカラ生物群）
	古生代	カンブリア紀			●藻類の発達 ●三葉虫類の出現 ●脊椎動物（無顎類）出現（チェンジャン動物群）
			5.4億		―（オゾン層の形成）―
		オルドビス紀			●（あごのある）魚類の出現 ●陸上植物の出現　　大量絶滅
			4.9億		
		シルル紀			●シダ植物の出現 ●昆虫類の出現
			4.4億	魚類時代	
		デボン紀	4.2億	シダ植物時代	●大形シダ植物の出現 ●裸子植物の出現 ●両生類の出現　　大量絶滅
		石炭紀	3.6億		●シダ植物が大森林形成 ●両生類の繁栄 ●は虫類の出現
				両生類時代	
		ペルム紀	3.0億		●シダ植物の衰退・裸子植物の発展 ●三葉虫類の絶滅　　大量絶滅
	中生代	三畳紀（トリアス紀）	2.5億	裸子植物時代	●は虫類の発達，哺乳類の出現　　大量絶滅
		ジュラ紀	2.0億	は虫類時代	●裸子植物の繁栄 ●は虫類（恐竜類など）繁栄 ●アンモナイト類の繁栄 ●鳥類の出現
		白亜紀	1.4億		●被子植物の出現 ●恐竜類繁栄・絶滅 ●アンモナイト類繁栄・絶滅　　大量絶滅
	新生代	古第三紀	6600万	被子植物時代	●被子植物の繁栄 ●哺乳類の多様化と繁栄 ●人類の出現
		新第三紀	2300万		
		第四紀	260万	哺乳類時代	●草本植物の発達と草原の拡大 ●ヒトの誕生

V 生命の起源と進化

5 | 種子植物とは虫類の繁栄－中生代

A | 裸子植物の繁栄

　古生代ペルム紀の寒冷化によって，シダ植物の森林が衰退した。中生代に入ると高温・乾燥の時期が続き，イチョウ類やソテツ類など，種子をつくり，受精過程が外界の水から切り離された**裸子植物**が発展し，その分布が広がったと考えられており，ジュラ紀には裸子植物の森林が多く出現した。また白亜紀前期までには，胚珠が子房の中にあって乾燥に強い**被子植物**も現れ，白亜紀の間に多様化して森林を形成した。

図20　イチョウの化石

B | は虫類の繁栄と衰退

　中生代に入ると，動物では**は虫類**が大いに繁栄した。中生代を通じて，は虫類は多様化・大形化し，**恐竜類**なども出現してさまざまな環境に適応放散し，水中や空中にまで進出した。

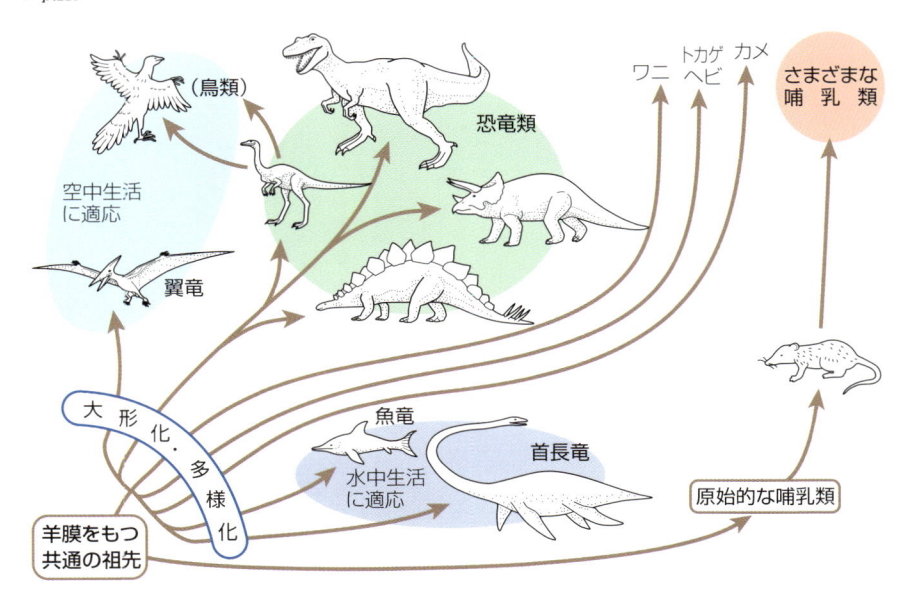

▶ p.210

図21　は虫類を中心とした脊椎動物の変遷

三畳紀(トリアス紀)には**哺乳類**が出現し，ジュラ紀には羽毛をもつ恐竜から**鳥類**が誕生した。また，ジュラ紀にははは虫類の大形化が頂点に達し，中生代の海中では，古生代に現れたイカに近縁な軟体動物**アンモナイト**類が繁栄した。

　古生代末に1つにまとまっていた大陸は，中生代になると動き出して南北2つの大陸に分かれ，現在のそれぞれの大陸への分散が始まった。そして，約6600万年前，何回目かの地球規模の大量絶滅が起こり，アンモナイト類や恐竜類が絶滅し，針葉樹が衰退した。　▶p.200

図22　恐竜の化石

参考　恐竜はなぜ絶滅したか？

　恐竜類の多くは中生代白亜紀末に絶滅した。その原因については，気候変動や植物相の変化による衰退などさまざまな説が出されてきた。しかし現在では，小惑星の衝突によって巨大な地震や津波が起きるとともに，大量の粉じんが地球をおおって，地球規模の暗黒化と寒冷化(「衝突の冬」とよばれる)が起こった結果であるとの説が有力である。

　その根拠としては，地表では微量であるが，小惑星などに多い重金属イリジウムが，白亜紀と新生代古第三紀の境界の地層から高濃度に検出されたことがあげられる。また，約6600万年前の小惑星の衝突でできたという直径100kmをこえる巨大クレーターが，メキシコのチチュルブで発見されている。

V　生命の起源と進化

参考　地質時代における大陸の移動と収束進化

古生代最後のペルム紀には，陸地はパンゲアとよばれる1つの大陸にまとまっていたと考えられている。中生代になると，パンゲアは北半球のローラシア大陸と南半球のゴンドワナ大陸の2つに分かれ，その後，2つの大陸はさらに分かれて，やがて今日のような大陸が形成された。

ペルム紀末 超大陸パンゲアが存在
三畳紀末 2つの大陸に分かれる
白亜紀末 現在の大陸に分かれ始める

図Ⅰ　**超大陸パンゲアとその分裂**　ドイツのウェゲナーは，大西洋をはさむ大陸の海岸線がよく似ていることなどから，かつての大陸がいくつかに分かれて現在の位置に移動したとする**大陸移動説**を唱えた(1912年)。

ほかの大陸と早くに分かれたオーストラリア大陸では，ほかの大陸で出現した哺乳類(真獣類)が出現せず，より原始的な哺乳類(有袋類)がさまざまな環境に進出した。　▶p.257

有袋類の中には，フクロモモンガやフクロアリクイなどのように，同じような環境で生活する真獣類とよく似た形態や習性をもつものが見られる(図Ⅱ)。このように，異なるグループの生物が同じような環境に適応することで似た特徴をもつようになることを**収束進化**という。

有袋類 フクロモモンガ
真獣類 アメリカモモンガ
前肢と後肢の間に膜状の皮膚が発達し，樹木の間を滑空して移動する。

有袋類 フクロアリクイ
真獣類 オオアリクイ
長い舌を用いて，巣の中のアリやシロアリなどを捕食する。

図Ⅱ　有袋類と真獣類の収束進化

参考　生きている化石

過去に繁栄した生物の子孫が、過去の生物に近い形態を維持したまま現在も生息する場合、「生きている化石」とよばれる。

その例として、植物ではイチョウやソテツがある。イチョウの精子の発見(1896年、平瀬作五郎)は、種子植物がシダ植物から進化してきたことを示唆する大きな発見であった。

動物では、シーラカンスやカモノハシなどがよく知られている。シーラカンスは、2対の肉質のひれの内部に棒状の硬い骨が発達しているなど、硬骨魚類から両生類への進化を考えるうえで重要である。カモノハシは体表が毛でおおわれ、乳汁を分泌して子を育てるが、卵生であり、両生類から哺乳類への進化を考える手がかりとなる。

図Ⅰ　生きている化石

次のような観察＆実験を行って「生きている化石」を調べてみよう。

観察＆実験　「生きている化石」を調べる

シーラカンスは、古生代に生息したユーステノプテロンと同じ、ひれの内部に骨格をもつなかま(総鰭類)に属するが、ユーステノプテロンが淡水魚だと考えられているのに対して、シーラカンスは海産魚である。

手順　① どのような「生きている化石」がいるか、インターネットなどを使って調べる。検索エンジンを使い「生きている化石」などのキーワードで検索する。
② 「生きている化石」と、それと同じなかまの化石生物の形や生活について、共通点や相違点を調べてまとめてみよう。

図Ⅰ　シーラカンス

6 | 被子植物と哺乳類の繁栄－新生代

　被子植物は白亜紀に出現し，その中からイネ科やキク科などの草本の被子植物が現れた。その後，新生代になると，乾燥地や寒冷地の拡大に伴って，それらの草原が広がった。また，被子植物の中でも昆虫によって花粉が運ばれる虫媒花が発達し，美しい花が地表を彩るようになったのも，新生代の特徴である。

　新生代を代表する脊椎動物は，**哺乳類**である。哺乳類は，中生代三畳紀に出現したが，は虫類全盛のなか，陸上を代表する動物とはいえなかった。初期の哺乳類は，現生のカモノハシのような単孔類に近い動物で，卵を産み，ふ化した子を乳で育てる動物だったと考えられる。やがて，直接子を産む胎生の能力を獲得して，カンガルーのような有袋類へと発展した。中生代ジュラ紀の後期には，胎盤が発達して，ある程度の大きさまで母体内で子を育てる哺乳類（真獣類）が出現した。

図23　カンガルーの親子

　新生代に入ると，哺乳類の適応放散が進み，多くの絶滅したは虫類の生態

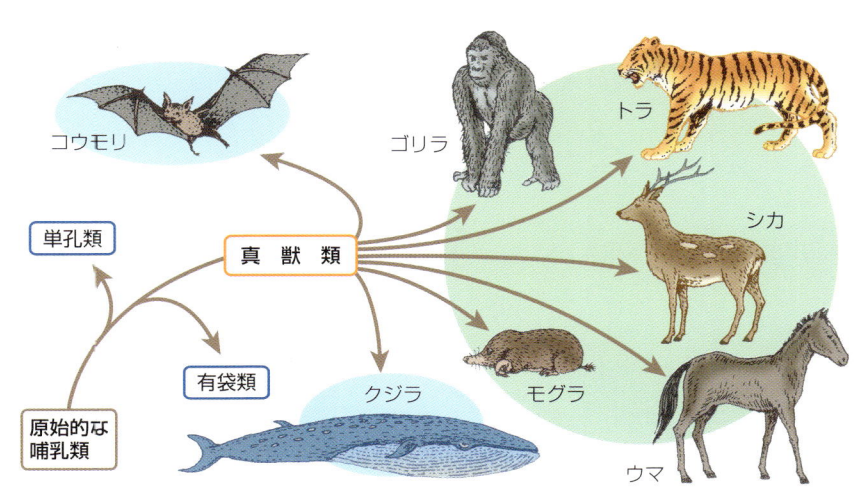

図24　哺乳類の発展

アンドリューサルクス（体長およそ4m）　　　メガテリウム（体長およそ6m）

図25　絶滅した大形の哺乳類（化石からの復元図）

的地位を受けついで，急速に多様化していった。その中には絶滅したものもあるが（図25），クジラやイルカのように水中に進出するものや，コウモリのように空中に進出するものも現れた。そして，樹上生活に適したサルのなかま（霊長類）から人類も現れた。
▶ *p.204*

参考　新生代の環境とウマの進化

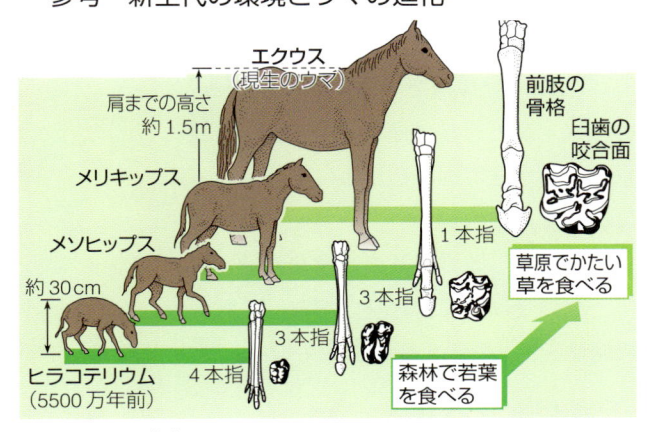

　北アメリカ大陸から，さまざまな年代のウマの化石がみつかっており，これらを年代順に並べることで，ウマの進化過程を知ることができる。化石によれば，

エクウス（現生のウマ）　肩までの高さ約1.5m
メリキップス
メソヒップス
ヒラコテリウム（5500万年前）　約30cm
4本指　3本指　3本指　1本指
前肢の骨格　臼歯の咬合面
森林で若葉を食べる　草原でかたい草を食べる

図I　ウマの進化

環境が森林から草原へと変化していくなかで，前肢・後肢ともに指の数が減少し，からだは大形化してきたことがわかる。また，食物が樹木の若葉からかたいイネ科草本に変わったために，大臼歯もしだいに複雑化してきたと考えられている。

Ⅴ　生命の起源と進化

7 人類の出現と進化

人類は哺乳類の中の霊長類(サル類)に属する動物の一群で、化石として発見されている人類はいくつかの種に分けられているが、現生のヒトは、**ホモ・サピエンス**とよばれる1つの種に分類されている。人類出現の過程では、次のような2つの段階が重要と考えられている。

A 霊長類の出現と分化

新生代になっては虫類が衰退すると、哺乳類が急速に多様化し、その中から**霊長類**が出現した。霊長類は森林の樹上生活に適応したグループで、四肢の5本の指は独立して動き、爪は平爪になって、親指が他の指と向かい合うこと(**拇指対向性**、図26)で、枝などをつかみやすくなった。また、両眼が顔の前面につくことで、両眼を使って見る範囲が広くなり(図27)、立体視できる範囲が広がった。その結果、遠近感が発達し、木の枝から枝へと飛び移るときに距離を正確に把握できるようになった。

霊長類では、嗅覚よりも視覚が発達したことで、脳の受け取る情報量が増し、これが大脳の発達を促したとも考えられている。

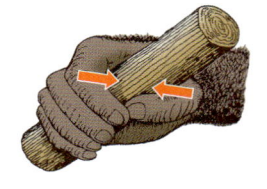

図26 霊長類の拇指対向性

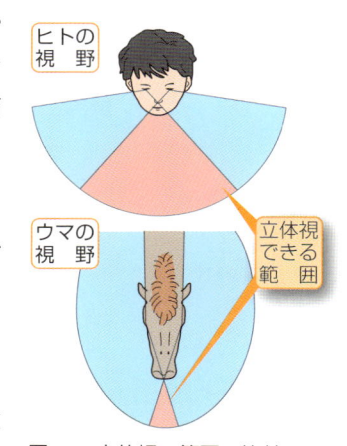

図27 立体視の範囲の比較

B 類人猿から人類へ

新生代新第三紀のはじめころ、霊長類の中から尾をもたない**類人猿**のなかまが現れた。現生の類人猿としては、テナガザル類・オランウータン・ゴリラ・チンパンジー・ボノボがいる。

---

❶現生の人類は、脊椎動物のうちの哺乳綱・霊長目(サル目)・ヒト科・ヒト属のホモ・サピエンスとよばれる種に分類される(▶ p.227)。

人類と類人猿の大きな違いは，人類が**直立二足歩行**を行うことである。直立二足歩行がどこでどのようにして始まったかについては，まだよくわかっていないが，アフリカの各地から初期の人類の化石が発見されており，アフリカのどこかで人類が出現したものと考えられている。

　直立二足歩行によって前肢が歩くことから解放され，前肢をさまざまな作業などに使うことができるようになった。また，直立二足歩行に伴って，からだの構造も変化した。例えば，後肢は指が短くなり，かかとや土ふまずができてばねやクッションの役割を果たし，歩行に適した足が形成された。直立した姿勢で内臓を支えるために，骨盤が短く幅広くなった。また，頭骨と首をつなぐ部分にある脊髄の通り道(**大後頭孔**，図28)は，類人猿では後頭部に斜めに開くのに対して，人類ではより前方に真下に向いて開いている。その結果，頭部が脊柱の真上に位置するようになり，脳は重くなることが可能になった。そして，道具の使用や製作，言語の使用などによって，大脳が一層発達していったと考えられる。

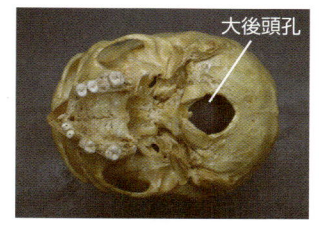

図28　ヒトの頭骨の下面

問3　直立二足歩行が人類の進化に与えた影響についてまとめよ。

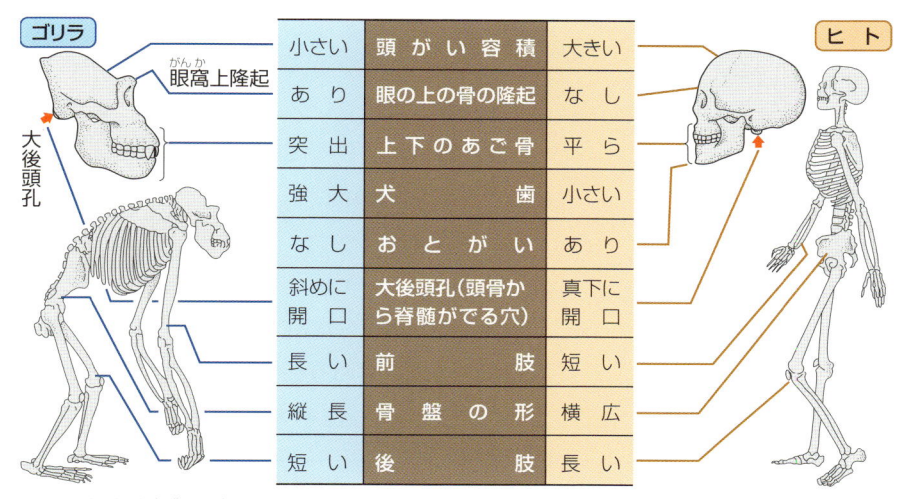

ゴリラ	項目	ヒト
小さい	頭がい容積	大きい
あり	眼の上の骨の隆起	なし
突出	上下のあご骨	平ら
強大	犬歯	小さい
なし	おとがい	あり
斜めに開口	大後頭孔(頭骨から脊髄がでる穴)	真下に開口
長い	前肢	短い
縦長	骨盤の形	横広
短い	後肢	長い

図29　類人猿(ゴリラ)とヒトとの比較

C 人類の出現と拡散

最初の人類は、およそ700万年前に現れたとの説もあるが、化石が部分的で、正確なことはまだよくわかっていない。

初期の人類としてよく知られているのは300万年ほど前に生存した**アウストラロピテクス類**で、直立二足歩行で、脳の容積はゴリラとほぼ同じ500mL程度にすぎず、最も古い人類の祖先と考えられていた。しかし、その後、1992年にホワイト(アメリカ)と諏訪元(日本)らによってエチオピアの440万年前の地層から**ラミダス猿人**(アルディピテクス・ラミダス)❶と名づけられた人類のほぼ全身に近い化石(図30)が発見されるなど、より古い年代の人類の化石の発見が続いている。アウストラロピテクス類をはじめ初期の人類(まとめて**猿人**とよぶ)の化石は、すべてサハラ以南のアフリカ(主として南部や東部)でみつかっている。

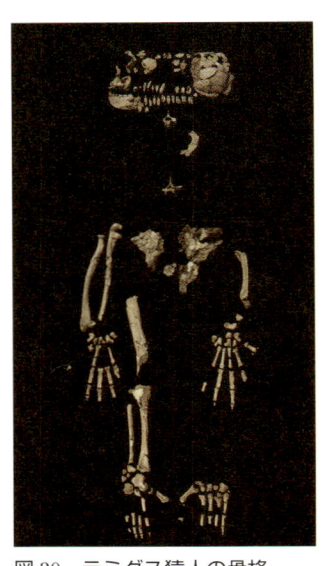

図30 ラミダス猿人の骨格

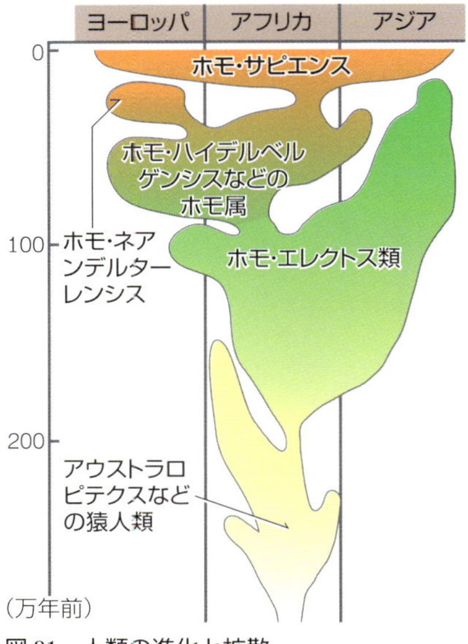

約200万年前になると、猿人の中から**ホモ・エレクトス**などのホモ属が現れた。彼らの代表的な脳の容積はおおよそ1000mLで、猿人より飛躍的に大きい。

ホモ・エレクトスの化石は、アフリカ以外にも東南アジアや中国などでみつかっており(北京原人やジャワ原人など)、石器や火を使用していた証拠

図31 人類の進化と拡散

---

❶ ラミダス猿人は、直立二足歩行であったが、足の構造や同じ地層からみつかる動物化石から、樹上生活をしていたと推測されている。

も残されている。

70〜80万年ほど前には，より脳の発達したホモ属のなかま(ホモ・ハイデルベルゲンシス❷など)が出現し，その中から20〜30万年ほど前に**ネアンデルタール人**(ホモ・ネアンデルターレンシス)が出現した。ネアンデルタール人は，からだつきが頑丈で，眼窩上の骨が隆起しているなど古い特徴を残しているものの，脳容積は約1500mLで現生人類と変わらず，それなりの文化をもっていたと考えられている。ネアンデルタール人の化石はヨーロッパや西アジアで多数みつかっているが，約2万5千年前に絶滅したと考えられている。
▶ *p.*205 図29

現生のヒトつまり**ホモ・サピエンス**は，アフリカでおおよそ20万年前に出現した。ホモ・サピエンスの脳容積はおよそ1500mLで，ネアンデルタール人と変わらないが，顔面部が平らで広いひたいをもち，あごにおとがいがあるなどの特徴をもっている。

10万年ほど前にアフリカを出たホモ・サピエンスは，アラビア半島に分布を広げ，約6万年前以降，海水面が下がっていた氷河期に急速に世界中に展開したと考えられている(図32)。現在，ホモ・サピエンスは世界中のあらゆる地域に分布し，その数は70億をこえるまでになっている。

図32　ホモ・サピエンスの拡散

❷ホモ・サピエンス以前のホモ属の化石については，その分類に不確定な部分が多く，本文に示したホモ・ハイデルベルゲンシスが代表的な種であるかについては，異説もある。

ダーウィン

第3節
進化のしくみ

　現代の進化説につながる考え方はダーウィンによってはじめて提唱された。進化のしくみについては今日でもさまざまな考え方があるが、一般的には、まず生物集団の中で遺伝子の変化(突然変異)が起こり、それが自然選択や遺伝的浮動によって集団内に広がることで、生物の進化が起こると考えられている。
▶ p.209
▶ p.214

1 突然変異

　生物は同種であってもさまざまな形質をもっている。同種の個体間に見られる形質の違いを**変異**といい、変異には遺伝しない変異(**環境変異**)と遺伝する変異(**遺伝的変異**)がある。進化に関係するのは遺伝的変異のみであり、遺伝的変異はDNAの塩基配列の変化である**突然変異**によって生じる。
▶ p.88

　突然変異は、DNAが複製されるときに起こる誤りなどによって、低い頻度ではあるがふつうに生じている。ヒトの鎌状赤血球貧血症やショウジョウバエの白眼、多くの生物で見られるアルビノ(白化個体、図33)も突然変異によって形質が変化した例である。

　体細胞に生じた突然変異はその個体が死ぬと消失してしまうが、配偶子に生じた突然変異は次代に受け継がれる。

　突然変異は、遺伝子の塩基配列は変化するものの生じる形質は変わらないか、変わっても生存力や繁殖力には影響を与えない中立的なものや、生存

図33　ワラビーのアルビノ　黒い色素をつくる遺伝子に変化が起こって生じる。

や繁殖に有害な作用をもたらすものがほとんどであり，生存や繁殖に有利な突然変異はめったに起こらないと考えられている。しかし，環境が変化すると，それまでは残らなかったような突然変異体でも，新しい環境のもとでは子を残す可能性がある。

2 自然選択

A 個体間の変異と自然選択

1つの種を構成する生物の個体間には，さまざまな変異が見られ，その中には遺伝するものも少なくない。一方，生物を取り巻く環境も，多様で変化に富んでいる。いろいろな形質をもつ同種個体間には，かぎられた食物や生活空間などをめぐって**競争**（**種内競争**）が起こっている。個体間の変異が遺伝し，その変異に応じて繁殖力や生存率に差がある場合，繁殖や生存に有利な変異をもつ個体が次の世代により多くの子を残す。このようにして，個体間の変異に応じて自然界で起こる選択を**自然選択**という。

B 適応

現生の生物を見ると，それぞれ多様で変化に富んだ環境に対して，有利な形質を備えているように見える。生物が，生息環境に対して，形態的，生理的あるいは行動的に有利な形質を備えていることを**適応**という。

生物のもつ環境に適応した形質は，それぞれの生物がたどった長い進化の過程で自然選択によって，環境に適応したものの子孫が残されてきた結果であると考えられる。

図34 それぞれの環境に適応したエミュー(左)とキングペンギン(右)

C 相同器官と適応放散

現存するさまざまな生物の形態の違いに注目すると，自然選択による進化の過程を見ることができる。

例えば，脊椎動物におけるハトやコウモリの翼と，ヒトの腕は基本的に同じ骨格の構成からなる。また，ウマは走ることに適した長いあしをもっているが，これは足首から先の部分，特に中指が発達したものである。クジラのへん平な胸びれも，泳ぐことに適しているが，ヒトの腕と共通の骨格をもつ。▶ p.203 このような，外観やはたらきが異なっていても，発生起源が同じため，同じ基本構造をもつ器官を**相同器官**という（図35）。

これらは，いずれも原始的な四足動物の前肢が，それぞれの環境に適応したものである。生物が共通の祖先からさまざまな異なる環境へ適応して多様化することを**適応放散**という。

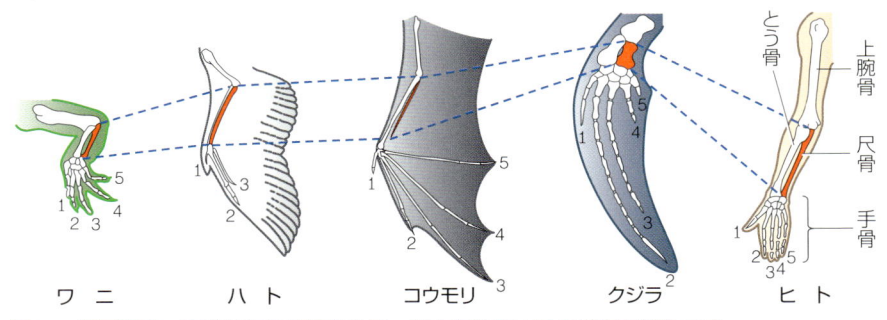

図35 **相同器官** 脊椎動物の前肢の比較。図中の数字は骨の対応関係を示す

相同器官のうち，ヒトの尾骨やクジラの後肢のように，現在では痕跡的にしか残っていない器官を**痕跡器官**という（図36）。これらの器官は，祖先の生物が生活していた時代にはそれぞれ環境に適した機能をもっていたが，新しい環境に生息域を拡大していく過程で，それまでの機能が不要となって萎縮したものである。

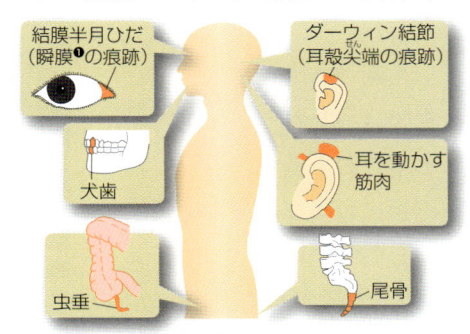

図36 ヒトの痕跡器官

---

❶両生類や鳥類などがもつ，まぶたの下の薄膜。開閉することができ，眼球を保護する。

参考　相似器官

哺乳類の眼とイカの眼の形態はよく似ている。しかし，哺乳類の眼が神経管からできた眼杯によってつくられるのに対して，イカの眼は外胚葉が陥没してできる。このように，起源は異なるが同じような形態やはたらきをもつ器官を**相似器官**といい，異なる生物が似た形態をもつようになる収束進化の結果である。
▶ p.200

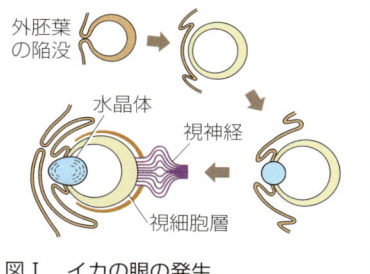

図Ⅰ　イカの眼の発生

D　共進化

生物の進化的な適応は無機的な環境に対してのみではなく，ほかの生物に対して起こる場合もある。例えば動物には，ほかの生物から身を守るために特異な形態や色彩をもつものがあり，その1つが**擬態**である。毒をもたないハナアブは，毒をもつハチと同じような黄と黒のしま模様をもつことで，捕食者に捕食される可能性を下げる。これは，ハナアブの捕食者に対する適応の結果といえる。

図37　ハナアブ（左）とミツバチ（右）

異なる種が相互的に作用して両者に適応的な進化が起こる場合もある。ある種のランは蜜を細い管（距）の奥にためる。このランの蜜を吸うスズメガにとっては，蜜を吸うための口器は長いほうが有利なので，口器は自然選択によって長くなる傾向にある。一方，ランにとっては，スズメガの口器よりも距が短いと，蜜を吸われるだけでスズメガに花粉が付着せず，子を残す可能性が低くなるので，距は長くなる傾向にある。このような種間の相互的な進化を**共進化**という。

図38　ランの花とその蜜を吸うスズメガ

参考　工業暗化

　突然変異と自然選択による進化の例としてよく知られているものに，オオシモフリエダシャクというガの**工業暗化**という現象がある。

　イギリスでは昔から林の木の幹には色の白っぽい地衣類が生えており，白地にまだら模様のこのガ(野生型)がよく見られた。ところが工業化が進むにつれて，都市近郊の林では大気汚染の影響で木の幹に地衣類が生育しなくなり，さらに大気汚染によって幹が黒ずんでいった。このような地域では，体色に関する遺伝子に突然変異が起こった暗色型の個体がしだいに多くなった。

　このガの体色は1対の対立遺伝子によって決まり，暗色型をもたらす遺伝子 C が優性であり，明色型(野生型)は劣性ホモの cc である。暗色型が増えた理由としては，工業化により地衣類が生育できない地域の林では，明色型は捕食者の鳥に見つかりやすいが，暗色型は木の幹の色が保護色になるので，鳥に見つかりにくいためと考えられた。

図Ⅰ　田園地帯では暗色型が鳥に見つかりやすいが，工業地帯では見つかりにくくなる。

　イギリスのケトルウェルは，工業地帯にある林と，田園地帯にある林で，明色型と暗色型のガを放し，どのくらいの割合で再捕獲できるかを調べた。その結果，再捕獲率は，田園地帯では明色型のほうが，また工業地帯では暗色型のほうが約2倍も高かった。

表Ⅰ　工業暗化の検証実験
田園地帯と工業地帯で，明色型と暗色型のガに目印をつけて放し，数日後に再捕獲した。

		明色型	暗色型	合計
田園地帯	放した数(a)	496	473	969
	再捕獲した数(b)	62	30	92
	再捕獲率($b \div a$)	12.5%	6.3%	
工業地帯	放した数(a)	64	154	218
	再捕獲した数(b)	16	82	98
	再捕獲率($b \div a$)	25.0%	53.2%	

　つまり，突然変異によって形質の変化が起こり，鳥による捕食率の差が自然選択としてそれぞれの型の生存に有利あるいは不利にはたらいた結果，工業暗化が起きたと考えることができる。

Column　19世紀の進化説

　最初に進化のしくみについて明確に述べたのはフランスの**ラマルク**である。19世紀初頭，ラマルクは，よく使用する器官が発達し，使用しない器官が退化することによって生物の進化が起こると考えた。このような考え方を**用不用説**（1809年）という。彼の用不用説は，生存中に生じた個体の形質変化（獲得形質）が子孫に伝わることを仮定しており，この考えはその後の遺伝学によって否定されている。

| キリンの先祖は木の葉を首を伸ばして食べていた | よく使う器官は発達するので首と前肢が長くなった | この形質が代々積み重ねられ，現在のキリンになった |

図Ⅰ　ラマルクの用不用説　キリンの首の長さを例えに

　19世紀半ば，イギリスの**ダーウィン**は，若いころにビーグル号という帆船に乗って行った生物調査の結果や，飼育動物の品種改良に着目して，その著書「**種の起源**」で**自然選択説**を唱えた。自然選択説では，もともと生物には多様な変異が存在し，その中で最も環境に適したものが生き残ることで進化が起こると考えている。しかし，ダーウィンの時代には，遺伝子の存在も知られておらず，変異の原因も明らかではなかったので，彼の説がそのまま現代の進化説になったわけではない。

| キリンの先祖にはいろいろな首の長さの個体がいた | 首の長い個体ほど生存競争に有利で自然選択された | 首の長い個体どうしが子を残し現在のキリンになった |

図Ⅱ　ダーウィンの自然選択説　キリンの首の長さを例えに

Ⅴ　生命の起源と進化

3 遺伝的浮動

A 遺伝子プール

　進化が起こるためには，突然変異による遺伝子の変化が必要である。しかし，突然変異は個体ごとに偶然にしか起こらない。したがって，種そのものが変化するような進化が起こるためには，個体レベルで生じた突然変異が集団全体に広がっていく必要がある。

　個体の形質はそれぞれの遺伝子型で決まるが，有性生殖を行う生物では，子の遺伝子型は親と同じであるとはかぎらず，次代に伝えられるのは遺伝子型ではなく遺伝子そのものである。そこで，集団がもつ遺伝子の集合全体を**遺伝子プール**とよび，遺伝子プールにおける対立遺伝子の頻度（**遺伝子頻度**）の変化によって進化を考える必要がある。

B 遺伝的浮動

　有性生殖で繁殖する過程で，自然選択とは無関係に，偶然によって集団内の遺伝子頻度が変動することがある（図39）。

　生物の集団では多数の配偶子ができるが，次代をつくるのはその一部である。そのため，交配の際の偶然的な配偶子の選ばれ方によって，対立遺伝子の頻度は変化していく（図39a, b）。その結果，集団の遺伝子プールにおいて，対立遺伝子のあるものが増えたり，あるものが減ったりする。このような偶

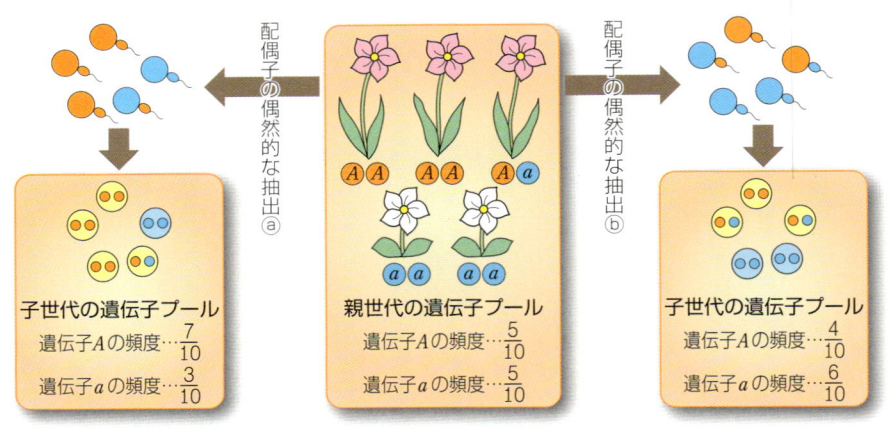

図39 **遺伝的浮動による遺伝子頻度の変化**　自然選択がはたらかなくても，ⓐのようにして遺伝子頻度が変化する場合もあれば，ⓑのようにして変化する場合もある。

然による遺伝子頻度の変化を**遺伝的浮動**といい，自然選択とは無関係に進化が起こることがある。

　小さな集団ほど遺伝的浮動の影響が大きくなりやすく，偶然によって遺伝子頻度が変化する可能性が大きい。❶

　次のような観察＆実験を行って，遺伝的浮動が遺伝子頻度に与える影響を確かめてみよう。

観察＆実験　遺伝的浮動による遺伝子頻度の変化

　碁石やガラス玉を使って，集団内の遺伝子頻度が，遺伝的浮動によってどのように変化するかをシミュレーションしてみよう。

準備　碁石(2色のガラス玉でもよい)，ビーカー

方法　① ビーカーに白黒の碁石(○と●とする)を5個ずつ入れる。○・●はそれぞれ親集団の対立遺伝子と考える。

② ビーカーに○・●を25個ずつ加え，これを子集団の対立遺伝子とする。これは，子が生まれ，次代の対立遺伝子がそれぞれ6倍に増えて○・●の遺伝子が30個ずつになったと想定した操作である。

③ 碁石をよくかき混ぜ，10個の碁石を任意に取り出す。これが成体になるまで生き残った子集団の対立遺伝子と考え，別のビーカーに移す。

④ 子集団が次代の孫集団を生むことで，10個の各対立遺伝子(10個の碁石)がそれぞれ6倍に増えるよう，新しいビーカーに○・●の碁石を加える。例えば，下図のように子集団の成体が○3個，●7個だった場合，ビーカーには○18個，●42個になるよう碁石を入れていく。

⑤ ビーカーの○・●をよく混ぜ，再度10個の碁石を任意に取り出す。

⑥ 碁石がすべて同じ色になるまで④・⑤の操作を繰り返す。

考察　① それぞれの世代での○・●の割合をグラフに示せ。また，ほかの人のグラフと比較して，どのような違いが見られたか。

② 最初の親集団と考える碁石の個数を大きくしていくと，その後の○と●の数の変化にはどのような影響があると考えられるか。

② 遺伝的浮動が進化に及ぼす影響について考えてみよう。

---

❶遺伝的浮動によって，環境に適応した形質が消失していく場合もある。

C ハーディ・ワインベルグの法則

生物の集団における遺伝子頻度と遺伝子型頻度の関係には規則性があり，これから次世代の遺伝子頻度や遺伝子型頻度について考えることができる。

ある生物の集団において，対立遺伝子 A と a を含み，A の遺伝子頻度が p，a の遺伝子頻度が q であるとする（$p+q=1$）。この集団内で自由に交配が行われているとき，次世代の遺伝子型頻度は右の表のようにして求めることができる。

表2 次世代の遺伝子頻度

すなわち，遺伝子型 AA の頻度は p^2，Aa の頻度は $2pq$，aa の頻度は q^2 となる。それぞれの遺伝子型の頻度がわかれば，次世代の理論的な遺伝子頻度も導くことができる。
▶上表⑦　▶同⑦　▶同⑦

上の表より，次世代の遺伝子 A の頻度は，

$$= \frac{2p^2 + 2pq}{2(p^2 + 2pq + q^2)} = \frac{2p(p+q)}{2(p+q)^2} = \frac{p}{p+q} = p$$

となる。同様に次世代の遺伝子 a の頻度は q となり，それぞれの遺伝子頻度は親世代の遺伝子頻度と等しくなる。つまり，このような集団では，遺伝子頻度は世代をこえて変わらない。これを**ハーディ・ワインベルグの法則**という。

ハーディ・ワインベルグの法則が成立するためには，自由な交配で有性生殖をすることのほかに，次の①～④の4つの条件を満たしていることが必要である。❶

① 注目する形質の間で自然選択がはたらいていない。
② 突然変異が起こらない。
③ 集団の大きさが十分に大きく，遺伝的浮動の影響を無視できる。
④ ほかの集団への移住やほかの集団からの遺伝子の流入がない。

---

❶このような条件を満たす生物集団を**メンデル集団**といい，ハーディ・ワインベルグの法則が成立している状態をハーディ・ワインベルグ平衡にあるという。

D 実際の生物集団と進化

　実際の生物集団では，異なる形質をもつ個体の間で自然選択が起きたり，突然変異によって新しい変異が生じたりして，前ページの①や②の条件にあてはまらないため，遺伝子頻度が変化することがある。さらに，非常に大きな集団でないかぎり遺伝的浮動によって偶然に遺伝子頻度が変動することもあり，③の条件にあてはまらない。また，ほかの集団からの遺伝子の流入があれば，遺伝子頻度は1世代で大きく変化することもある。このように，実際は突然変異・自然選択・遺伝的浮動・遺伝子の流入などによって，世代間で常に遺伝子頻度の変動が起きている。つまり，ハーディ・ワインベルグの法則を成立させない要因が，進化の要因であるといえる。

　進化にはさまざまな段階のものがある。遺伝子頻度の変化が形質の大きな変化につながらず，種の形成に至らないような進化を**小進化**という。一方，新しい種が形成されたり，卵生が胎生に変わるといった形質が大きく変わるような進化を**大進化**という。

思考学習　ペルオキシダーゼの遺伝子頻度

　樹木には，細胞壁の木質化に関与するペルオキシダーゼという酵素が知られている。ヒノキにもペルオキシダーゼがあって，この酵素は1対の対立遺伝子 a, b によってつくられる2つの型があることがわかっている。

　前ページに示した①～④の条件が満たされ，自由に交配が行われているヒノキの集団（1500個体からなる）について，各個体の遺伝子型を調べたところ，遺伝子型 aa が900個体，ab が300個体，bb が300個体であった。この結果をもとに，この集団における遺伝子頻度について考えてみよう。

考察1. このヒノキの集団の対立遺伝子 a の遺伝子頻度 p_0, b の遺伝子頻度 q_0 はいくらになるか。ただし，$p_0 + q_0 = 1$ とする。

考察2. このヒノキの集団の次世代の個体数を N とする。次世代における遺伝子型ごとの個体数を N を用いて表すとどのようになるか。

考察3. このヒノキの集団の次世代における対立遺伝子 a, b の遺伝子頻度 p_1, q_1 はそれぞれいくらになるか。

4 隔離と種分化

A 隔離

　自然界では，同種の生物の集団が山脈や海などのさまざまな障壁に阻まれて，自由な交配が行えなくなることがある。自由な交配が妨げられ，遺伝的な交流つまり遺伝子流動がまったく起こらなくなると，集団の遺伝子プールは分断されることになる。このような現象を**地理的隔離**という（図40）。

　地理的隔離によって交配できなくなった集団は，それぞれの環境に適応して，形態的にも生理的にも異なるようになり，たとえ2つの集団の間の障壁がなくなって再び両者が出会っても，交配できない，もしくは，交配しても生殖能力のある子ができないという状態になることがある。このような状態を**生殖隔離**といい，新しい種が形成された状態ということができる。このように，1つの種から新しい種ができたり，1つの種が複数の種に分かれたりすることを**種分化**という❶。

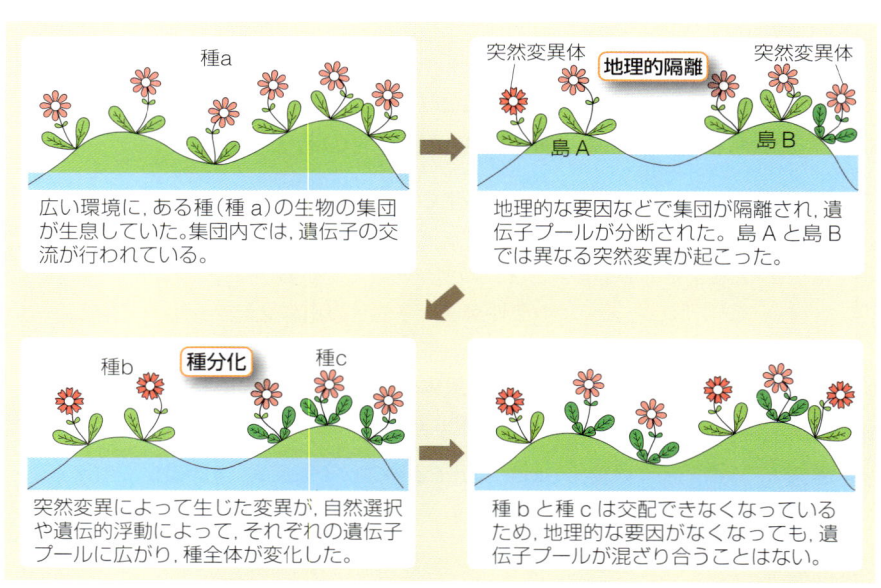

種a	突然変異体　地理的隔離　突然変異体
広い環境に，ある種（種a）の生物の集団が生息していた。集団内では，遺伝子の交流が行われている。	島A　島B　地理的な要因などで集団が隔離され，遺伝子プールが分断された。島Aと島Bでは異なる突然変異が起こった。
種b　種分化　種c	
突然変異によって生じた変異が，自然選択や遺伝的浮動によって，それぞれの遺伝子プールに広がり，種全体が変化した。	種bと種cは交配できなくなっているため，地理的な要因がなくなっても，遺伝子プールが混ざり合うことはない。

図40　隔離と種分化　地理的な隔離によって遺伝子プールが分断されて，種分化に至る過程を示している。

❶ある生物種の集団で地理的に隔離が起こっても，ときどき個体が移動して交配が起こり，遺伝子流動があれば，それらの集団では種分化は起こらない。

B 異所的種分化

種分化のうち，もとの種と新たに生じる種，あるいは，新たに生じる複数の種の間に地理的な分布の違いが見られる場合を**異所的種分化**という。異所的種分化は，生物集団が地理的に隔離されることによって起こる。地理的隔離が起きた場合，それぞれの地域の環境が異なれば，その地域の環境に適応した突然変異が定着することが考えられる。また，環境に違いがなくても，その集団で起こった突然変異のあるものが遺伝的浮動によって偶然に蓄積することで，結果的に新たな種が生まれることも考えられる。

南米エクアドル沖のガラパゴス諸島では，小形の野鳥であるダーウィンフィンチ類の適応放散が見られ，これは地理的隔離による種分化の例であると考えられている。

参考　フィンチの種分化

ガラパゴス諸島は，南米エクアドルの沖約1000kmの東太平洋上に浮かぶ約20の島よりなる小群島である。この小さな諸島には，小形の野鳥であるダーウィンフィンチ類が20種類近く分布する。これは，南米大陸から渡ったダーウィンフィンチ類がそれぞれ地理的に隔離され，突然変異と，環境の違いによる自然選択や遺伝的浮動による変異の蓄積によって種分化していった結果であると考えられている。

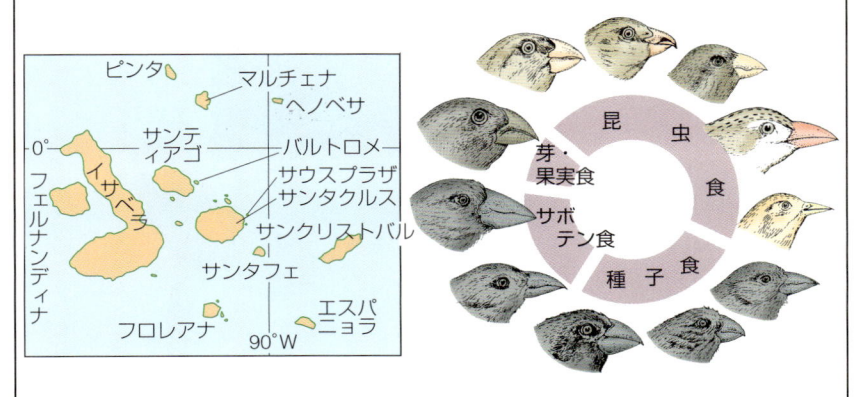

図I　ガラパゴス諸島(左)とダーウィンフィンチの種分化(右)

C 同所的種分化

地理的に隔離されていない生物集団の中で進行する種分化を**同所的種分化**とよぶ。

同所的種分化は、突然変異によって微妙な形態や生殖行動、生息場所、繁殖時期などに違いが生じることがきっかけとなって起こる。これらの違いによって、集団内で同じ遺伝子型の個体どうしでしか交配しないようになり、同じ場所で生活していても自由な交配が起こらなくなる。

例えば、ツヅレサセコオロギというコオロギには、関東以西に、外形や鳴き声ではほとんど区別できないナツノツヅレサセコオロギという別種がある。ツヅレサセコオロギは秋に繁殖するが、ナツノツヅレサセコオロギは初夏に繁殖を行うため、両種が自然状態で交配することはない(図41)。この2種は突然変異によって繁殖期が変化したことで生態的に隔離が起こり種分化した、同所的種分化の例として知られている。

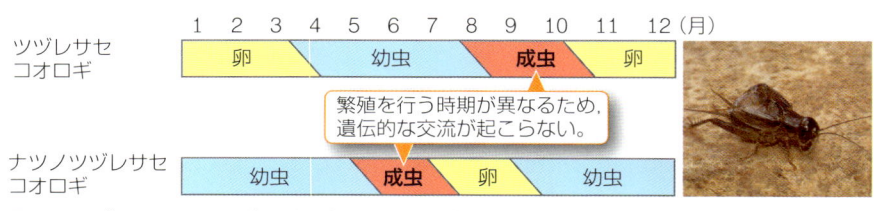

図41 ツヅレサセコオロギ2種の生活史の比較(写真はツヅレサセコオロギ)

参考 ゲンジボタルの種分化

ゲンジボタルには、雄の点滅パターンが異なる2つのタイプがあって、地域ごとにどちらのタイプの雄が分布するかがほぼ決まっている。また、雌は自らの分布する地域の点滅パターンで発光する雄とだけ交配する。つまり、ゲンジボタルの2つのタイプはほぼ隔離されており、現時点では同種とされているが、やがて2つの種に種分化していくと考えられる。

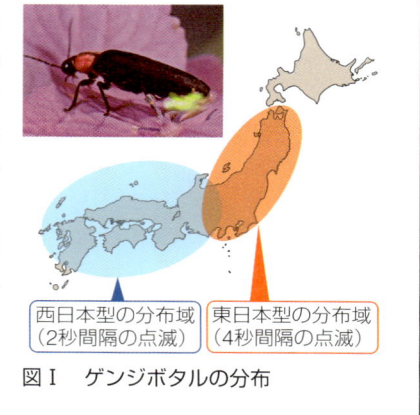

図I ゲンジボタルの分布

D │ 倍数体と種分化

　生物の種の中には，染色体数の変化や別種との交雑によって，隔離なしに短期間で形成されたものがあり，特に植物で見られる。コムギ類には，染色体数が $2n=14$ の一粒系コムギや $2n=28$ の二粒系コムギ，$2n=42$ のパンコムギなどがある。

　このように，体細胞の染色体数が基本数（n）と倍数関係にある個体を**倍数体**という。倍数体は，減数分裂の際に起こる染色体の対合や分配の異常によって生じたものである。

　二粒系コムギのゲノムを調べると，その半分はほぼ一粒系コムギのゲノムと同じであり，残りの半分も他種のコムギのゲノムとよく似ている。また，パンコムギのゲノムを調べると，二粒系コムギのゲノムとタルホコムギという別のコムギのゲノムを合わせもっていることがわかった。このようなことから，二粒系コムギは，一粒系コムギと，同じ染色体数（$2n=14$）である別種のコムギが交雑してできた雑種が，さらに染色体の倍数化を起こしたものであると推定される（図42）。さらに，現在栽培されているパンコムギは，二粒系コムギと野生のタルホコムギとの間で交雑が起き，さらに染色体の倍数化が起こって形成された種であると考えられている。

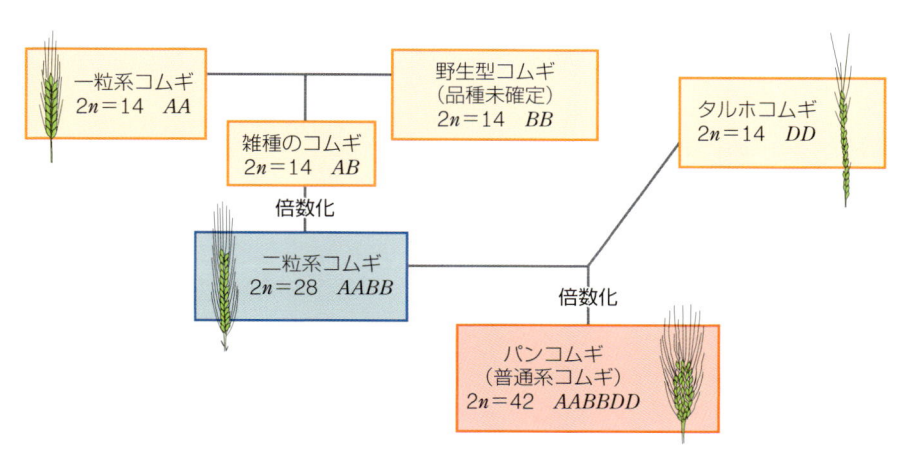

図42　ゲノムから解析されたコムギ類の種分化　A は一粒系コムギのゲノム，D はタルホコムギのゲノムを示す。B のゲノムをもつ二倍体の野生型コムギの品種は未確定である。パンコムギなどの普通系コムギは，3つのコムギのゲノムを合わせもつ六倍体生物であるということができる。

5 分子進化と中立説

A 分子進化

　近年，遺伝子の本体であるDNAやタンパク質などの分子の比較から，進化の道すじを探ることができるようになってきた。近縁の種間で，特定の遺伝子のDNAの塩基配列を調べたり，特定のタンパク質のアミノ酸配列を調べると，種間で違いが見られる。これは，共通の祖先から分かれた後に，それぞれの種で突然変異が起こったことによるもので，このようなDNAやタンパク質の変化を**分子進化**という。

　同じ系統の種間で，同一遺伝子の塩基配列の変化した数を比べると，その数(塩基配列の置換数)は2種が分かれてからの時間に比例して増える傾向が見られる。また，塩基配列だけでなく，タンパク質のアミノ酸配列についても同様の傾向が見られる。そのため，塩基配列やアミノ酸配列の変化の速度は**分子時計**とよばれ，2種が進化の過程で枝分かれした年代を探るための目安となり得る(図43)。

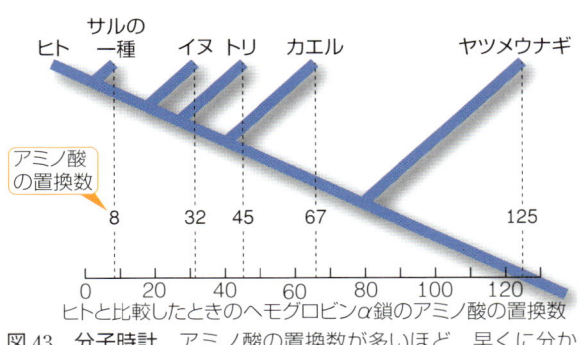

図43 分子時計 アミノ酸の置換数が多いほど，早くに分かれたと考えられる。青線は化石から推測された系統樹。

B 分子進化の傾向

　DNAの塩基配列やタンパク質のアミノ酸配列の変化は一律に起こるのではなく，いくつかの傾向が見られる。

① 代謝などの重要な機能をもつ遺伝子は，種をこえてあまり変化していないことが多い。また，タンパク質のアミノ酸配列についても同様で，そのタンパク質のはたらきに重要な部位のアミノ酸配列は，それ以外の部位に比較して変化が少ない(図44)。

② アミノ酸の種類を決めるmRNAのコドンにおいて，3番目の塩基が変化しても，指定するアミノ酸は変化しないことが多い。このようなコドンの3番目の塩基に当たるDNAの塩基の変化は，1番目や2番目の塩基と比

ヒト
カエル
サメ

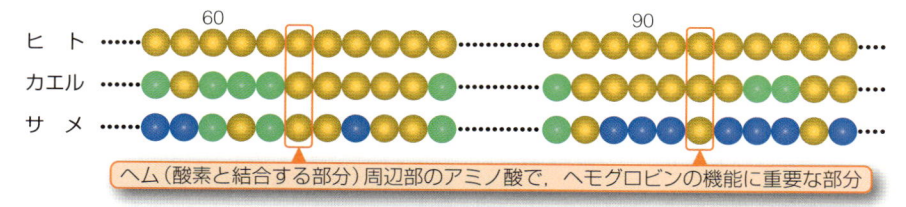

ヘム（酸素と結合する部分）周辺部のアミノ酸で，ヘモグロビンの機能に重要な部分

図44　ヘモグロビンのアミノ酸配列の違い　●や●はヒトと異なるアミノ酸配列を示す。

べて変化する速度が速い。

③ アミノ酸に翻訳されないイントロンなどの塩基配列は，変化しても生物の形質への影響が少なく，変化速度が大きいことが多い。　▶p.80

　これらの傾向から，重要な機能に関係する遺伝情報が変化する速度は，それほど重要ではない遺伝情報が変化する速度よりも遅いことがわかる。

C 中立説

　このほかにも分子進化には傾向があり，おもに突然変異と遺伝的浮動から分子進化の傾向を説明したものが，**木村資生**によって提唱された**中立説**である。

　ゲノム中のDNAの塩基配列に起こる突然変異は，時間とともに一定の確率で生じる。その中で，生存に有利なものは非常にまれであり，生存に不利なもの，または有利でも不利でもない中立か中立に近いものが大半を占める。このうち，生存に不利な突然変異が生じた遺伝子は，自然選択によって集団から排除されやすい。一方，自然選択に対して有利でも不利でもない中立な突然変異が生じた遺伝子には，自然選択がはたらかないので，このような遺伝子は遺伝的浮動によって集団全体に広がることがある。これが中立説の考え方であり，多くの事例において中立説の正しさが証明されている。

図45　木村資生

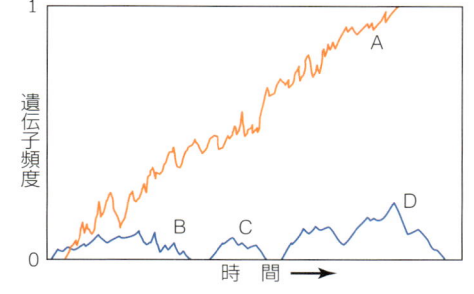

図46　**中立説と遺伝子頻度**　中立な突然変異は遺伝的浮動によって，集団全体に広がったり(A)，集団から消失する場合(B～D)もある。

Ｖ　生命の起源と進化

参考　クジラは何と近縁か？

　生命は，原始の地球の海で誕生したと考えられている。そして，今も，海には多種多様な生物が生活しており，脊椎動物では，その中心はマグロやタイなどの魚類である。また，クジラやイルカもおもに海で水中生活をする脊椎動物のなかまであるが，恒温性であることや子を産み（胎生），生まれた子を乳で育てることなどから，ウシやウマなどと同じ哺乳類に分類される。つまり，クジラやイルカは，陸上生活をしていた哺乳類が再び水中生活をするように進化したものであるが，クジラやイルカは四肢が退化しているので，その外形からは，陸上にすむどの哺乳類と近縁であるかよくわからず，従来は，図Ⅲ(a)のような系統関係が推測されていた。

図Ⅰ　ザトウクジラ

図Ⅱ　カバ

　しかし，分子生物学の手法が発達した現代では，DNAの塩基配列の比較などによって図Ⅲ(b)のような系統樹が作成され，クジラはウシやブタなどのひづめをもつ動物（ウシ目）に近く，その中でもカバに最も近いことが明らかになり，初期のクジラは淡水生であったと考えられている。

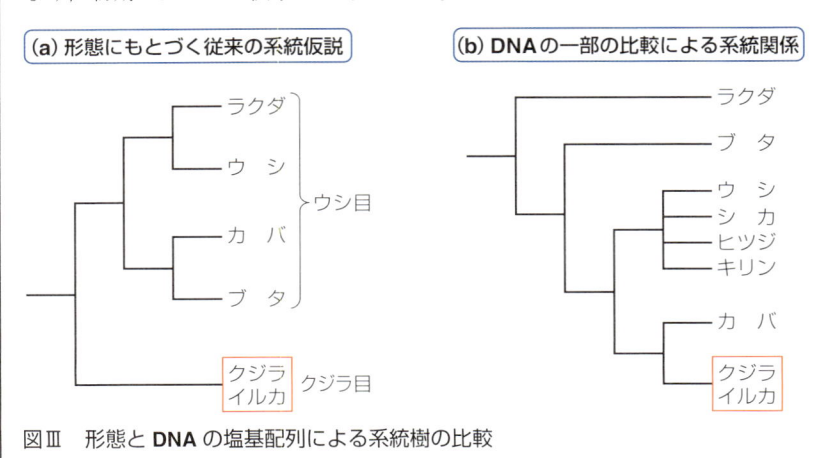

(a) 形態にもとづく従来の系統仮説

- ラクダ
- ウシ
- カバ
- ブタ
- クジラ・イルカ（クジラ目）

（ウシ目）

(b) DNAの一部の比較による系統関係

- ラクダ
- ブタ
- ウシ
- シカ
- ヒツジ
- キリン
- カバ
- クジラ・イルカ

図Ⅲ　形態とDNAの塩基配列による系統樹の比較

第6章
生物の系統

1. 生物の分類と系統
2. 原核生物
3. 原生生物
4. 植　物
5. 動　物
6. 菌　類

テッポウユリ
Lilium longiflorum

ササユリ
Lilium japonicum

ヤマユリ
Lilium auratum

チゴユリ
Disporum smilacinum

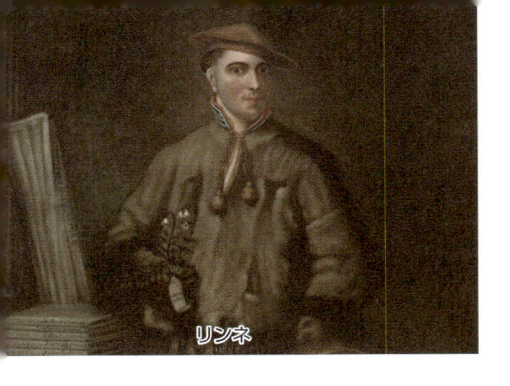

リンネ

第1節 生物の分類と系統

1 生物の分類

A 生物の多様性と分類

現在の地球上には多種多様な生物が生活している。これらの生物の間には，いろいろな面において**多様性**が見られるが，一方で，**共通性**も見られる。こうした共通性にもとづいて多様な生物をグループ分けすることを**分類**という。

B 分類の単位

分類の基本となる単位は**種**である。種は共通した形態的・生理的な特徴をもつ個体の集まりで，同種内では自然状態での交配が可能であり，生殖能力をもつ子孫をつくることができる。

例えば，ラバは雌ウマと雄ロバの雑種であるが，生殖能力がなく，1代限

ウマ(雌)　ロバ(雄)　　ブタ　イノシシ
交配　　　　　　　　　交配
ラバ　　　　　　　　　イノブタ

生殖できない→ウマとロバは別の種　　生殖できる→ブタとイノシシは同じ種

図1　種と生殖

りであるため，ウマとロバは別種とみなされる。

また，ブタとイノシシの雑種はイノブタとよばれるが，イノブタは正常な生殖能力をもつので，その親であるブタとイノシシは，生物学的には同じ種であるとみなされる（図1）。

生殖隔離が成立した状態が，種が分化した状態であり，交配して生殖能力のある子ができるかどうかは，同種か別種かを決める重要な基準となっている。
▶ *p.218*

C｜分類の階層

生物の種は単に多様なのではなく，よく似ているものからほとんど似ていないものまで，その共通性の程度によって整理すると，ある秩序のあることがわかる。そこで，よく似た種をまとめて**属**に，いくつかの近縁の属をまとめて**科**に，科の上位を順に**目・綱・門・界・ドメイン**というように，その共通性にしたがって段階的に分類されている。❶

例えば，図2のように，イヌはオオカミやコヨーテなどとイヌ属にまとめられ，イヌ属はキツネ属やタヌキ属などとイヌ科にまとめられている。

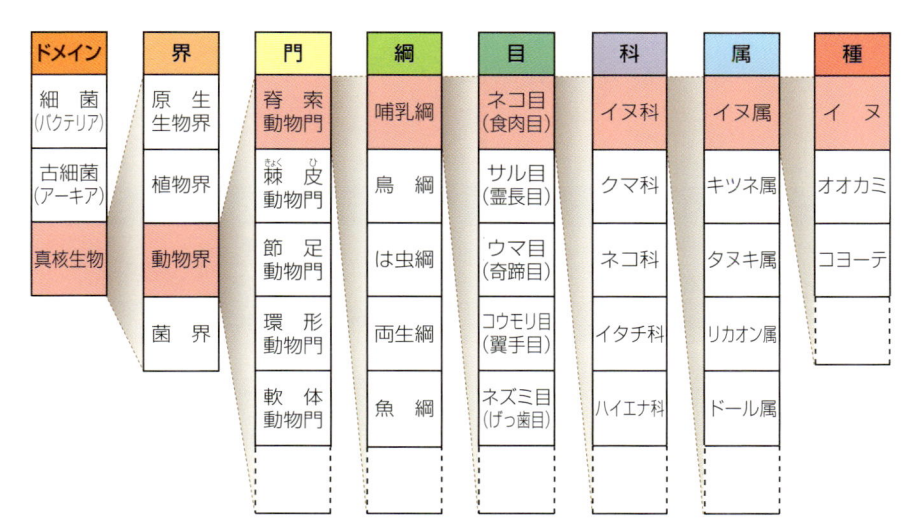

ドメイン	界	門	綱	目	科	属	種
細菌（バクテリア）	原生生物界	脊索動物門	哺乳綱	ネコ目（食肉目）	イヌ科	イヌ属	イヌ
古細菌（アーキア）	植物界	棘皮動物門	鳥綱	サル目（霊長目）	クマ科	キツネ属	オオカミ
真核生物	動物界	節足動物門	は虫綱	ウマ目（奇蹄目）	ネコ科	タヌキ属	コヨーテ
	菌界	環形動物門	両生綱	コウモリ目（翼手目）	イタチ科	リカオン属	
		軟体動物門	魚綱	ネズミ目（げっ歯目）	ハイエナ科	ドール属	

図2　分類の階層

❶必要に応じて，各階層の間に「亜」をつけた階層を設ける場合もある。例えば，双子葉植物綱の下に，バラ亜綱，キク亜綱などがおかれることがある。

D 生物の名前

　生物の名前は，国際的な取り決めにもとづく世界共通の**学名**によって表記される。学名にはふつうラテン語が用いられる。学名では，種名は属名のあとに**種小名**をつけて表される。このように，種名を属名と種小名の2語の組み合わせで表現する方法を**二名法**とよぶ。二名法は，「分類学の父」といわれる**リンネ**(スウェーデン)によって確立された。

　種名から，種の類縁関係を類推することができる。例えば，テッポウユリ，ササユリ，ヤマユリ，チゴユリのような種の**和名**(日本語の名前)からは，それらの類縁関係はわからないが，学名を用いると，テッポウユリ，ササユリ，ヤマユリは同じユリ属(*Lilium*)に含まれ，チゴユリはチゴユリ属(*Disporum*)に含まれることがわかる(表1)。

▶ *p.225* 写真

表1　植物の学名の例

和　名	学　名	
	属　名	種小名
テッポウユリ	*Lilium*	*longiflorum*
サ サ ユ リ	*Lilium*	*japonicum*
ヤ マ ユ リ	*Lilium*	*auratum*
チ ゴ ユ リ	*Disporum*	*smilacinum*

参考　種の数

　現在の地球上には，確認されているものだけで約190万種，未確認のものを含めると数千万種以上もの生物が生活しているといわれている。

表I　命名された現存種の概数　原核生物と原生生物を含めると約190万種になる。

分類群		現存種の概数
無脊椎動物	海綿動物	5150
	刺胞動物	10000
	へん形動物	20000
	輪形動物	2000
	環形動物	12000
	軟体動物	110000
	線形動物	20000
	節足動物	1000000
	棘皮動物	6000
	原索動物	1300

分類群		現存種の概数
脊椎動物	哺乳類	4400
	鳥　類	8400
	は虫類	7000
	両生類	4900
	魚　類	31000
種子植物	被子植物	250000
	裸子植物	800
シダ植物		12000
コケ植物		25000
菌　類		69000

2 系統と分類

A 人為分類と自然分類

　異なる種類の生物の特徴を比較すると共通点や相違点が見い出される。生物が本来もつ特徴を総合し、そこから導かれた類縁関係を基準にした分類を**自然分類**という。また、自然分類に対し、便宜的に決めた基準にもとづく分類を**人為分類**という。例えば、薬用植物、有毒植物といった分類は人為分類である。自然分類では遠い関係にある2つの種が、人為分類では同じ分類群にまとめられる場合もある。

B 系統による分類

　生物の進化の過程を**系統**という。生物の多様性は進化に伴って形成されたものであり、現在別の種として認められる生物も、共通の祖先から派生して進化したものである(図3)。つまり、生物学的な特徴に共通点が多い2つの種ほど、共通の祖先から分かれた時間が短いと考えることができる。こうした考えにもとづき、系統をもとに生物を位置づけ、分類することを**系統分類**という。進化論の確立以来、真の自然分類とは系統にもとづく分類のこととなった。

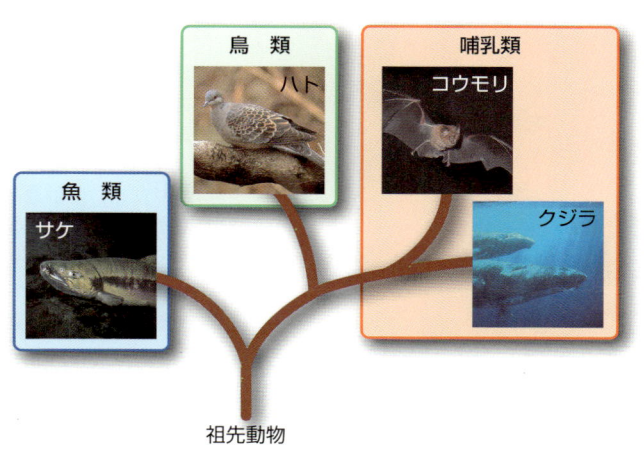

図3 系統分類の例
　クジラ・サケ・ハト・コウモリの4種の動物を、系統にもとづいて、共通の祖先動物からどのように分岐してきたかを系統樹に表すと、魚類・鳥類・哺乳類という大きく3つの分類群に分けることができ、コウモリとクジラのように、一見すると姿が異なる動物であっても、系統分類上は同じ分類群に属する。

❶進化の過程で派生した生物をその時間的な順番にしたがって枝分かれした線で表した図を**系統樹**という。
❷収束進化(▶p.200)の場合、特徴の共通性は、系統が近いことに由来するとは限らない。逆に、急速な適応放散(▶p.210)の場合、系統が近くても特徴の相違が目立つことがある。

3 系統分類の方法

A 形質による分類

　系統分類を行うためには、生物どうしの系統関係を推定する必要がある。生物どうしの系統関係は、生物がもつさまざまな形質を比較し、それらの特徴の共通性に着目することで推定できる。生物の形質にはさまざまなものがあるが、伝統的には、生物の形態や発生様式などに注目することにより、系統の推定が行われてきた。

　形質から系統を推定する場合、祖先から受け継がれてきた原始的な形質（**原始形質**）と分化に伴って新たに派生した形質（**派生形質**）とを区別し、新しく分化した系統は、派生形質を共有することを手がかりにして見つけ出す。その後、見つけた大小の系統の関係を総合的に判断して、系統樹を構築していく（図4）。❶

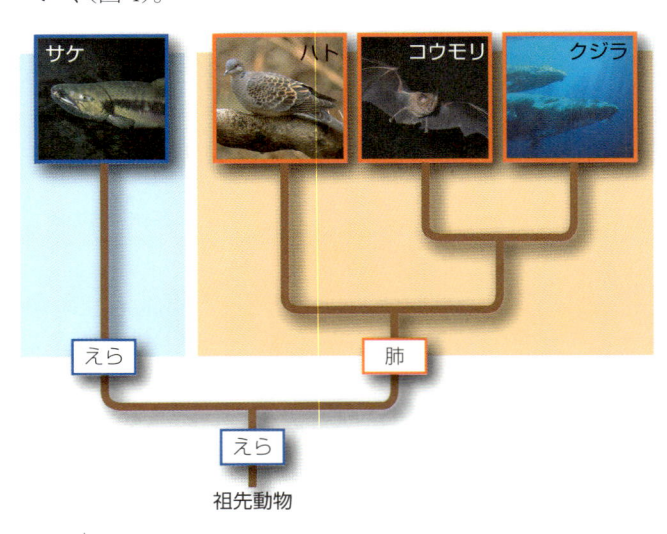

図4　原始形質と派生形質による系統樹

　ここでは、原始形質としてえらを、派生形質として肺を示すが、実際には、さらに多くの形質を比較することによって系統樹はつくられる。

　例えば、卵生を原始形質、胎生を派生形質として考える場合には、サケとハトは原始形質を、コウモリとクジラは派生形質を共有していることになる。

B 分子データによる分類

　近年、DNAの塩基配列やタンパク質のアミノ酸配列などの分子データを比較して系統樹を作成する方法が盛んに用いられるようになってきた。分子データの利点は非常に多くの数量的な情報が比較的簡単に得られ、その結果

---

❶同一の祖先に由来するすべての子孫からなる生物群を**単系統群**とよぶ。系統分類における科や属などの生物群（分類群）は基本的には単系統群であるが、例外もある。

231

についての統計的な解析がしやすいという点にある。また，生命活動の根幹に関わるようなタンパク質やその情報のもとになる DNA は幅広い分類群にわたる生物に認められるため，このような分子から得られるデータは離れた分類群に属する生物間の系統関係の検討にも役立つ。光合成に重要なはたらきをする酵素であるリブロース二リン酸カルボキシラーゼオキシゲナーゼの遺伝子に関しては 1000 種以上の植物から分子データが集められており，陸上植物の系統の研究に利用されている。このような，分子データにもとづいてつくられた系統樹を**分子系統樹**という。

思考学習　分子系統樹の作成

分子系統樹は DNA の塩基配列の変化の情報をもとに推定される。特定の遺伝子を構成する DNA の塩基配列を 2 種の生物間で比較すると，多くは同じだが，異なる塩基もある。これは DNA に突然変異が生じた結果であり，この違いの程度が小さいほど，2 種の生物は近縁であると考えることができる。このような比較を多くの生物間で行うことは，分子系統樹を作成する方法の 1 つである。

考察 1． 表 I は，ある生物群（種 X, A, B, C, D）に関して特定の DNA の塩基配列を調べ，並べたものである。種 X と同じ塩基の場合は「・」で示してある。分子系統樹をつくる前段階として，種間の塩基の相違数を数え，表 II の空欄を埋めて完成させよ。

考察 2． 考察 1 の結果をもとにして，種 A～D 間の系統関係を推定し，分子系統樹をつくれ。ただし，種 X は最も早く枝分かれした種であることがわかっているとする。

表 I　種 X, A, B, C, D の特定の DNA の塩基配列

種	塩基配列
種 X	CAAGGCATGGTATAAGTGGTGGTATTAAAG
種 A	・・CCAT・AT・・TA・・T・・・・・・G・C・・・TT
種 B	・TG・AT・・C・ATATTTG・C・・CA・CC・G・C
種 C	・TC・AT・・T・ATA・TTG・C・・CA・CC・GTC
種 D	・TG・AT・・C・ATATTAG・C・・CA・CC・G・C

表 II　種 A～X 間の塩基の相違数

	種 A	種 B	種 C	種 D
種 A		－	－	－
種 B	16		－	－
種 C	12	4		－
種 D	17	1	5	
種 X	13	19	18	19

4 | 生物の分類体系

A | これまでの分類体系

生物を大きくいくつかのグループに分けるとき,分子データによる解析が行われる以前は,形態などの形質によってさまざまな分類体系が唱えられてきた。

❶ **二界説** 古くから生物を動物界と植物界の2つの界に分ける考え方(**二界説**)が受けつがれてきた(図5)。二界説では,動物と植物は運動性・摂食・細胞壁の有無などによって区別されていたが,生物の細かい観察や分析が進むにつれて,さまざまな矛盾のあることがわかってきた。

図5 二界説

❷ **三界説** ヘッケル(ドイツ)は,生物進化の過程で,多細胞生物は単細胞生物から進化してきたと考え,ゾウリムシやミドリムシなどの単細胞生物を,植物界でも動物界でもない別の界(原生生物界)として,生物を3つに分ける**三界説**を提唱した(図6)。

図6 三界説

❸ **五界説** ホイタッカー(アメリカ)は,生物を原核生物界(モネラ界)・原生生物界・植物界・動物界・菌界の5つに分ける**五界説**を提唱した。その後,五界説は,マーグリス(アメリカ)らによって,さらに改変が重ねられてきた(図7)。

五界説では,原核細

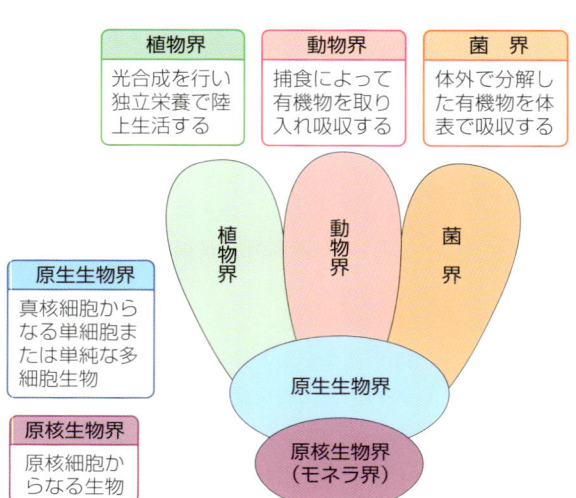

植物界:光合成を行い独立栄養で陸上生活する
動物界:捕食によって有機物を取り入れ吸収する
菌界:体外で分解した有機物を体表で吸収する
原生生物界:真核細胞からなる単細胞または単純な多細胞生物
原核生物界:原核細胞からなる生物

図7 五界説

胞と真核細胞の違いを重視して，原核生物は独立した界(**原核生物界**あるいは**モネラ界**)に分類される。真核生物のうち，からだが単細胞の生物や，多細胞であってもからだの構造が単純な藻類などを，組織の分化の程度などを指標に，**原生生物界**としてまとめた。

複雑なからだの構造をもつ多細胞の真核生物は，栄養分を摂取する方法の違いによって，3つの界に分類された。光合成を行って独立栄養で陸上生活するものを**植物界**，体外で分解された有機物を体表から吸収するものを**菌界**とし，さらにほかの生物やその生産物を食べて(捕食)消化器官内で消化を行うものを**動物界**としている。

B 三ドメイン説

近年，細胞レベルや分子レベルでの研究が進み，単純に見える原核生物の中にもきわめて大きな多様性があることがわかってきた。そこで，ウーズ(アメリカ)らは**三ドメイン説**を提唱した(1990年)。リボソームを構成するある種のRNAの塩基配列をもとに作成した分子系統樹を描くと，生物は3つのドメインに分けられる(図8)。原核生物は**細菌**(バクテリア)と**古細菌**(アーキア)に大別され，それ以外の生物はすべて**真核生物**にまとめられる。三ドメイン説にしたがうと，ヒトを含む真核生物の一群は，細菌よりも古細菌と近縁であるということになる。

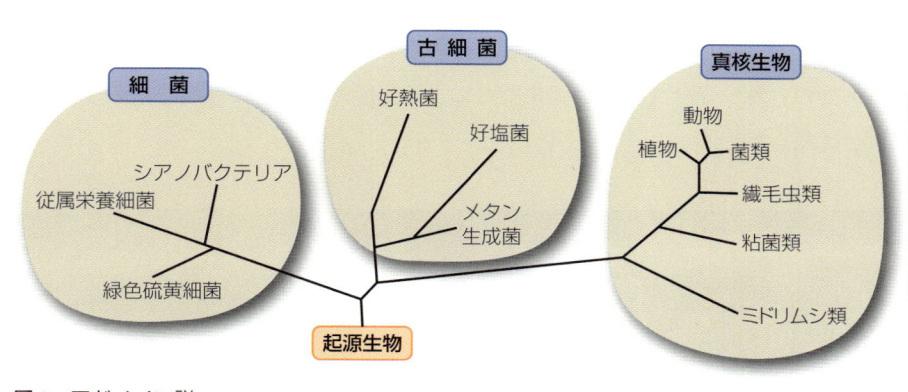

図8 三ドメイン説

次ページ以降では，五界説にもとづく各界について，生物の特徴およびそれらの系統関係について学んでいこう。

コレラ菌
(電子顕微鏡写真に着色)

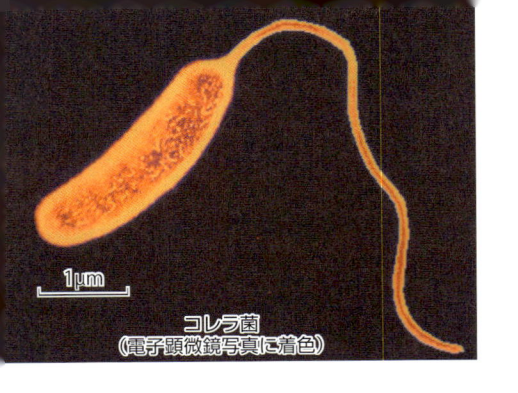

第2節 原核生物

1 原核生物

　原核生物は，染色体が核膜で囲まれていない原核細胞でできており，単細胞で生活する場合が多い。大きさは1～10μmで，多くの真核生物よりもはるかに小さい。

　原核生物は，生命進化の初期において，細菌(バクテリア)と古細菌(アーキア)という2つの系統に分かれた。

A 細菌

　細菌の細胞膜は，真核生物と同様に，エステル脂質とよばれる脂質で構成されている。細胞壁はペプチドグリカンとよばれる炭水化物とタンパク質の複合体からなり，セルロースでできている植物の細胞壁やキチンでできている菌類の細胞壁とは異なっている。

　細菌には多くの原核生物が含まれ，さまざまな代謝を行うものがあり，有機物の分解・光合成・窒素固定などによる生態系内の物質循環に重要な役割をはたしている。

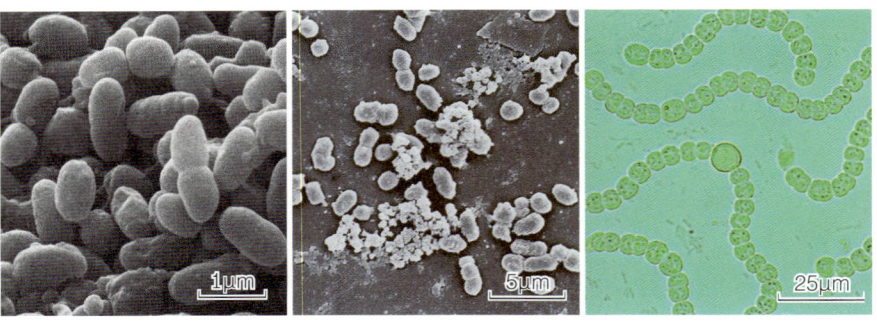

図9　細菌(左：アゾトバクター，中：硫黄細菌，右：ネンジュモ)

有機物を取り入れて利用する従属栄養の細菌には,酸素を用いた呼吸を行う好気性細菌(大腸菌,コレラ菌など)のほか,発酵を行うもの(乳酸菌,納豆菌など)や,窒素固定を行うもの(根粒菌・アゾトバクターなど)が含まれる。

独立栄養の細菌には,光合成を行う**光合成細菌**(緑色硫黄細菌・紅色硫黄細菌・シアノバクテリアなど)や化学合成を行う**化学合成細菌**(硝酸菌・硫黄細菌など)がある。シアノバクテリアは,真核生物である藻類や陸上生活をする植物と共通の光合成色素(**クロロフィル a**)をもち,水を分解して酸素を放出する光合成を行う。シアノバクテリア以外の光合成細菌は,真核生物とは異なる光合成色素(**バクテリオクロロフィル**)をもち,光合成には水ではなく,硫化水素を利用している。

B 古細菌

古細菌の細胞膜は,細菌や真核生物のものとは異なっており,エーテル脂質とよばれる脂質で構成されている。細胞壁は一般的にペプチドグリカンをもたず,細菌の細胞壁よりも薄い。

古細菌はほかの生物が生息できない極限環境に生息していることが多く,火山・熱水噴出孔・温泉・間欠泉などに生息する超好熱菌(図10)や,塩濃度が極度に高い塩湖・塩田などに生息する高度好塩菌,沼や湿地などの嫌気的な環境に生息するメタン生成菌などが含まれる。

図10 超好熱菌が生息する間欠泉

古細菌は,細菌とともに,生態系内における物質循環の一部を担っている。

表2 細菌,古細菌,真核生物の比較

	細 菌	古細菌	真核生物
核 膜	なし	なし	あり
膜 の 脂 質	エステル脂質	エーテル脂質	エステル脂質
細胞壁のペプチドグリカン	あり	なし	なし
ヒストン	なし	あり	あり
スプライシング	なし	あり	あり

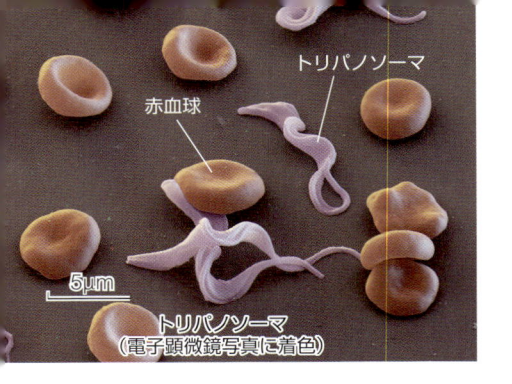

赤血球
トリパノソーマ
5μm
トリパノソーマ
(電子顕微鏡写真に着色)

第3節 原生生物

1 原生生物

　真核生物のうち，単細胞のものや，多細胞でもそのからだの構造が単純なものは，まとめて**原生生物**に分類される。原生生物は，系統的に起源の異なるいくつかのグループをまとめたもので，非常に多様であり，形態，栄養分の摂取法，運動様式，生殖様式などもさまざまである。

A 原生動物

　原生生物のうち，単細胞で葉緑体をもたず，ほかの生物や有機物を摂食するものは**原生動物**とよばれ，ふつう運動性をもっている。原生動物には，仮足で運動する**アメーバ類**（アメーバ，タイヨウチュウなど），繊毛で運動する**繊毛虫類**（ゾウリムシ，ツリガネムシなど），鞭毛で運動する**鞭毛虫類**（トリパノソーマ❶，えり鞭毛虫など）などがある（図11）。

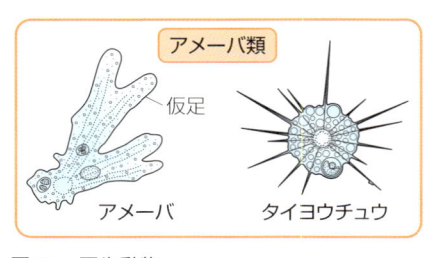

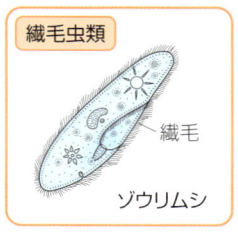

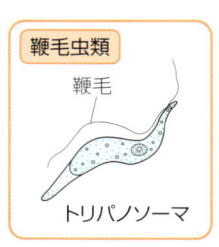

アメーバ類
仮足
アメーバ
タイヨウチュウ

繊毛虫類
繊毛
ゾウリムシ

鞭毛虫類
鞭毛
トリパノソーマ

図11　原生動物

B 藻類

　葉緑体をもち，光合成を行う原生生物を**藻類**という。葉緑体には，光合成色素として少なくともクロロフィル a が必ず含まれている。藻類には，単細

---

❶吸血性のハエなどを介してヒトなどの動物に寄生する微生物で，睡眠病を引き起こすものもいる。

胞のものと，からだの構造は比較的単純だが多細胞のものとがある。藻類は，原生動物が光合成を行う生物を細胞内に取りこむこと（細胞内共生）によって葉緑体を獲得した生物である。　▶ *p*.188

❶ **単細胞の藻類**　海洋などの光合成生物として重要で，ケイ酸を含む殻をもつ**ケイ藻類**はその代表例である。また，光合成を行うとともに，鞭毛で運動して，ほかの生物や有機物を摂食するものに，**ミドリムシ類**（ユーグレナ類）やツノモなどの**渦鞭毛藻類**がある（図12）。

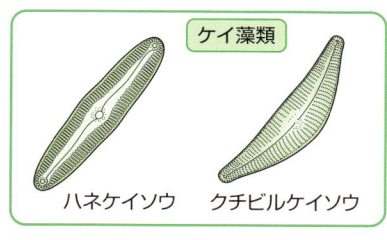

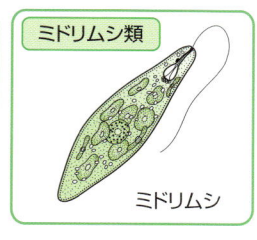

図12　単細胞の藻類

❷ **多細胞の藻類**　**褐藻類**，**紅藻類**，**緑藻類**，**シャジクモ類**がある。

褐藻類　褐色のからだをもち，コンブやワカメなどが含まれる。光合成色素としてクロロフィルは *a* と *c* をもつ。種によっては長さ数十 m にも達し，沿岸域で海中林をつくる。

紅藻類　からだはふつう赤色で，アサクサノリやテングサなどがある。クロロフィルは *a* しかもたない。

緑藻類　ふつう緑色に見えるからだをしており，クロロフィルは *a* と *b* をもつ。緑藻類には，クラミドモナスやクロレラのように一生単細胞で生活するものもあるが，ボルボックスのように細胞群体を形成するものや，アオサやアオノリのように一生の多くの時期を多細胞で生活するものもある。

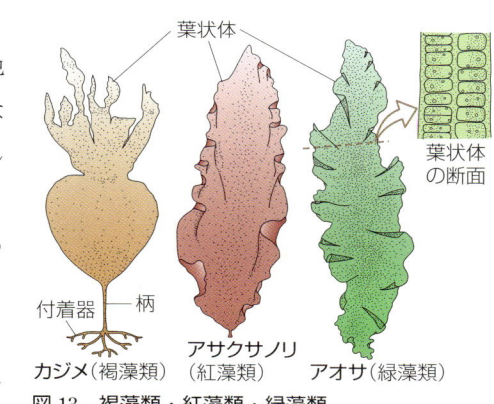

図13　褐藻類・紅藻類・緑藻類

❷一定数の細胞が集団を形成し，一見個体のようなまとまりをもつものを**細胞群体**という。

光合成色素の違いは，光合成に用いる光の波長の違いを意味する。水中では，水深によって届く光の波長が異なり，利用できる光の波長が異なる。比較的浅い海にしか生えない緑藻類は赤色光を，中層まで生える褐藻類は青色光を，深層にも生えることのできる紅藻類は緑色光をよく利用する色素をもっている。

表3　藻類の光合成色素

	葉緑素	その他の光合成色素	生物の例
褐藻類	クロロフィル a と c	フコキサンチンなど	コンブ，ワカメ，ホンダワラ
紅藻類	クロロフィル a	フィコエリトリンなど	アサクサノリ，テングサ
緑藻類	クロロフィル a と b	カロテンなど	アオサ，アオノリ，ミル

シャジクモ類　ふつう緑色のからだで，クロロフィル a と b をもち，おもに淡水に生育する。シャジクモ類には，シャジクモやフラスコモが含まれる。シャジクモは，高さ数十 cm になる比較的複雑なからだをつくる（図14左）。卵と精子が受精した後，接合子（受精卵）は発芽のときにすぐに減数分裂を行うので，ふつうに見かけるシャジクモのからだは配偶体（n）である。
▶ p.245

　シャジクモの雌性生殖器官はコケ植物の造卵器に外見上よく似ており，数本の細長い細胞がらせん状に巻いて卵を包んでいる（同図右）。卵を厳重に保護するという観点から，藻類の中で最も陸上生活に適した雌性生殖器官といえる。シャジクモ類は，クロロフィル a と b をもつ点や，光合成産物を葉緑体内にデンプンとして貯蔵する点，細胞分裂様式などが植物と共通しているため，陸上で生活する植物の祖先であると考えられている。また，DNA の塩基配列のデータからも，植物がシャジクモ類と近縁であることが裏づけられている。

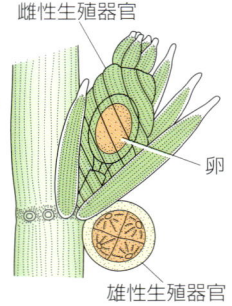

図14　シャジクモ

C 粘菌類

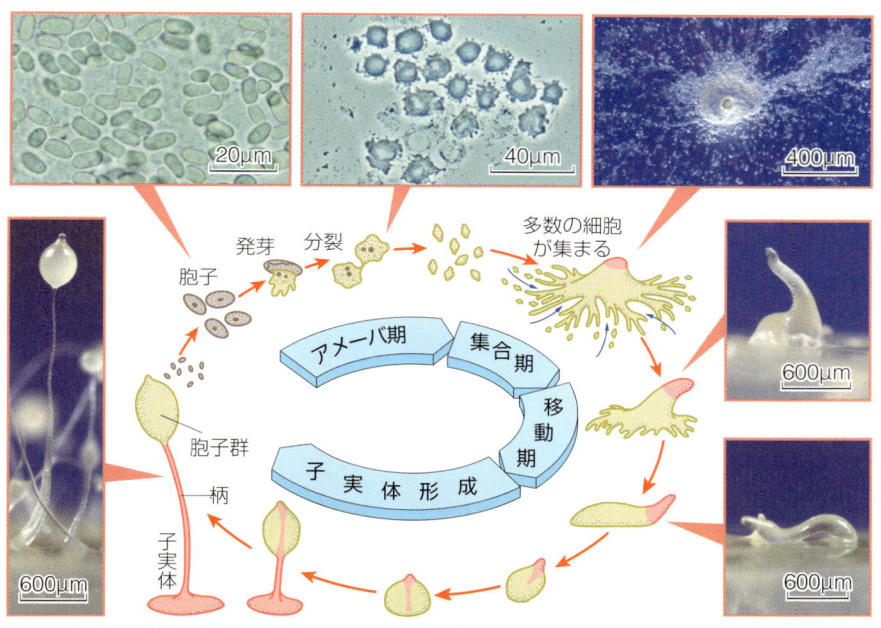

粘菌類は，ムラサキホコリカビなどの**変形菌**とキイロタマホコリカビなどの**細胞性粘菌**に分けられる。これらの生物では，仮足で運動するアメーバ状の単細胞の個体が，細菌などを捕食して成長し，多数集合することによって1つのからだをつくる。❶ さらにそれが，いわゆるきのこ状の構造体である**子実体**となって**胞子**をつくる生活を送る（図15）。

図15　細胞性粘菌の生活（キイロタマホコリカビ）　各期の細胞の大きさの拡大率は同一ではない。

D 卵菌類

ミズカビなどの**卵菌類**は，多核の菌糸体を形成する（図16）。菌類の菌糸に似ているが，セルロースからなる細胞壁をもつことや，鞭毛をもち水中を移動する胞子（**遊走子**）をつくる点などで異なっており，菌類とは別の系統である。

図16　ミズカビ

---

❶変形菌（真正粘菌ともいう）では，多数の核をもった1つの細胞からなる変形体をつくるが，細胞性粘菌では，細胞の融合は起こらず多数の細胞が集まった偽変形体になる。

スギゴケ

第4節
植　物

1 | 植物の分類の考え方

　太陽の光エネルギーを用いて光合成を行い、おもに陸上で生活する多細胞生物は**植物**に分類される。

　陸上は光や酸素が豊富だが、乾燥にさらされ、温度変化も大きく、生物の生活にとってきびしい環境である。また、重力に耐えてからだを支える丈夫な構造も必要となる。そのため、植物のからだは、水中生活をする藻類とは異なり、乾燥に耐えられるように外表面が**クチクラ層**でおおわれ、硬くて丈夫な細胞壁で支えられている。また、胚は多細胞の組織で保護されており、乾燥した陸上環境から守られている。さらに、**頂端分裂組織**のはたらきでからだを伸ばすことによって、空気中の光や二酸化炭素、土中の水や無機塩類などをより広い範囲から吸収できるようになった。

　植物は、維管束の有無や、種子形成の有無などによって、**コケ植物・シダ植物・種子植物**に分けられる（図17）。

図17　植物の系統

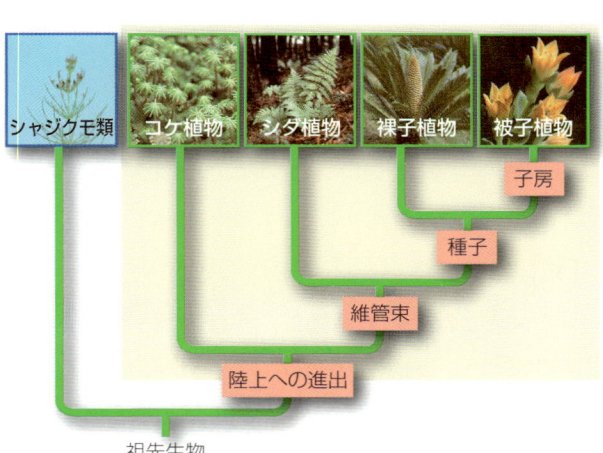

2 コケ植物

　陸上で生活する植物のうち，胞子で繁殖し，維管束をもたないものを**コケ植物**という。コケ植物には，ゼニゴケ，ツノゴケ，スギゴケなどが含まれる。ふつうに見かける植物体は**配偶体**(n)とよばれ，配偶子(精子・卵)をつくる。ゼニゴケのなかま(タイ類という)やツノゴケのなかま(ツノゴケ類という)では根・茎・葉の区別もない。スギゴケのなかま(セン類という)では配偶体で茎と葉の分化が見られるが，その構造は単純で，葉にさく状組織や海綿状組織がなく，気孔もない。根にあたるものは単細胞または1列の細胞からなり，**仮根**とよばれる。

　多くのコケ植物は雌雄異株で，雄性配偶体(雄株)の上にできた造精器でつくられた精子は，雨の日などに造精器から出て，水中を泳いで雌性配偶体(雌株)の造卵器に達し，卵と受精する。受精卵は造卵器内で胚発生して**胞子体**($2n$)になり，胞子をつくる。胞子体は，光合成を行わないことが多く，栄養分の大部分を配偶体に依存している。胞子は，胞子体上にできた胞子のうの中で減数分裂によってつくられ，散布されたあと発芽して，次代の配偶体になる(図18)。

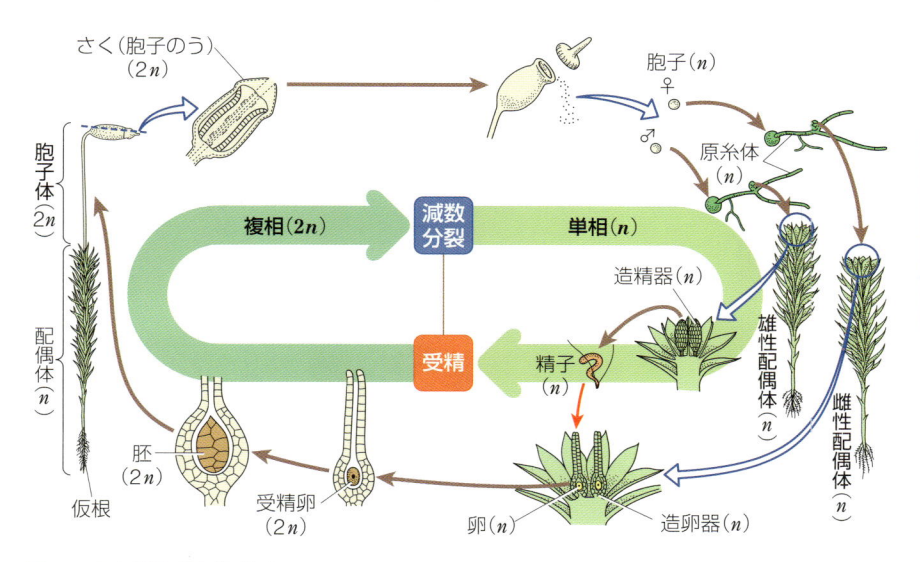

図18　コケ植物(スギゴケ)

3 シダ植物

　陸上で生活する植物のうち，胞子で繁殖する維管束植物[1]を**シダ植物**といい，ヒカゲノカズラ類とシダ類に大別される。ヒカゲノカズラ類にはヒカゲノカズラ(図19)やクラマゴケが，シダ類には，マツバラン，トクサ，ゼンマイ，ワラビなどが含まれる。

図19　ヒカゲノカズラ

　シダ植物では，ふつうに見かける植物体は胞子体($2n$)である。胞子体には根・茎・葉と維管束があり，葉の裏などに胞子のうをつけてその中で減数分裂を行い，胞子を生じる。胞子は発芽して，**前葉体**とよばれる配偶体(n)となる。配偶体には維管束がなく，茎と葉の分化も見られず，根のかわりに仮根がある。

　多くのシダ植物の前葉体は雌雄同株で，裏面に造卵器と造精器をつけ，コケ植物同様，雨の日などに精子が水中を泳いで造卵器に達し，その中で受精と胚発生が進行する。胞子体は造卵器の上に出て成長し，やがて配偶体を吸収して独立生活を始める(図20)。

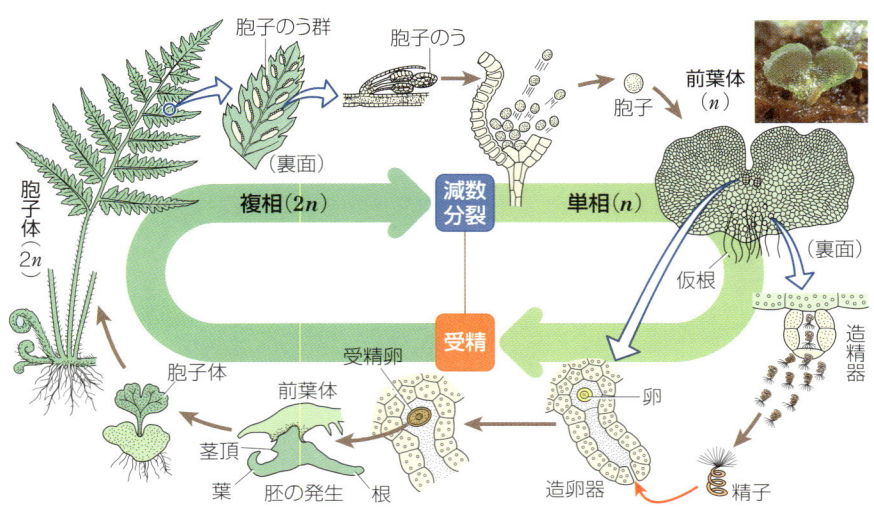

図20　シダ植物(イヌワラビ)

---

[1] コケ植物を除く植物は維管束をもつため，まとめて**維管束植物**とよばれる。

4 | 種子植物

　花が咲き，**種子**をつける維管束植物を**種子植物**という。種子植物はシダ類の系統から枝分かれした系統である。

　種子は，受精後に胚珠が発達したもので，胚と胚乳が種皮で包まれた構造をしており，発芽の際には，胚は胚乳から栄養分を吸収して成長する。また，種子は乾燥や低温などの悪条件下を休眠によってすごすことができるため，種子植物は乾燥地や寒冷地を含む陸上の広い地域に進出することが可能になった。

　種子植物には，胚珠がむきだしの**裸子植物**と，胚珠が子房の中にある**被子植物**とがある。種子は，裸子植物でははだかであるが，被子植物では果実の中にできる。被子植物の果実は，子房が発達してできる場合が多い。

A | 裸子植物

　胚のう細胞は多数の細胞からなる胚のうを形成し，胚のう内に造卵器ができる。造卵器にならない胚のうの細胞はすべて胚乳(n)になる。花粉は胚珠の孔から出入りする液滴に付着して胚珠内に引きこまれ，花粉管を伸ばす。イチョウとソテツでは，花粉管は胚珠に寄生し，その後破れて精子を放出する。精子は胚珠内の液体中を泳いで造卵器内に進入し，卵と受精する(図21)。

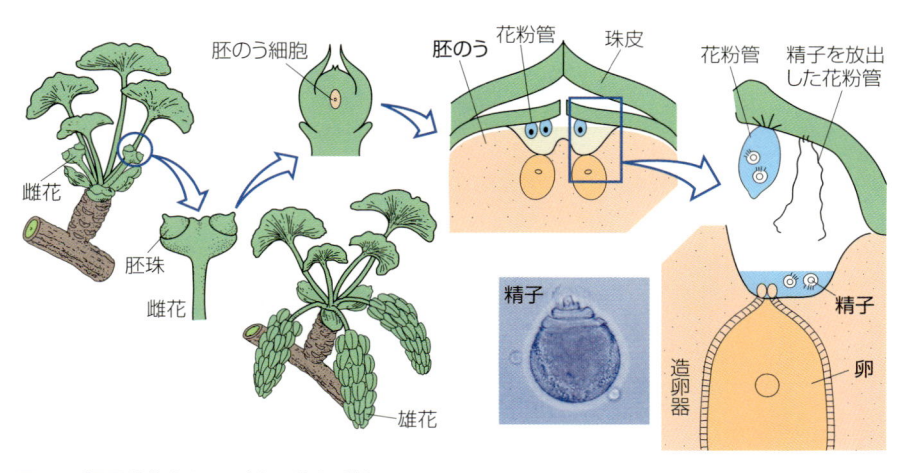

図21　裸子植物(イチョウ)の花と受精

針葉樹類(マツ・スギ・ヒノキなど)では，花粉管は造卵器の中へ進入し，遊泳能力のない精細胞が花粉管の中を移動して卵に達し受精する。裸子植物の受精では雨水などの外部の水は不要になったが，針葉樹類の受精では胚珠内の液体も不要になった。

　裸子植物は基本的には維管束に道管がなく，仮道管のみをもつ点でシダ植物と共通性がある。❶

B｜被子植物

　被子植物の受精では，花粉はめしべの柱頭につき，花粉管はめしべの中を伸びていく。花粉管中の2個の精細胞は，卵細胞および中央細胞とそれぞれ合体する(図22)。この**重複受精**の結果，$3n$ の胚乳ができる。被子植物は，▶p.175 胚のうがそのまま胚乳になる裸子植物とは異なり，受精が行われなかったときには胚乳をつくらないので，胚乳形成を行うエネルギーを無駄にしないしくみを獲得したといえる。

　多くの被子植物には仮道管とともに道管があり，根で吸収した水や無機塩類がより効率的にからだ全体に運ばれる。また，花が大形化・複雑化するとともにおもに昆虫が媒介する送受粉のしくみが発達したり，果実の形成に伴い，風や動物などを利用した種子散布が発達した。

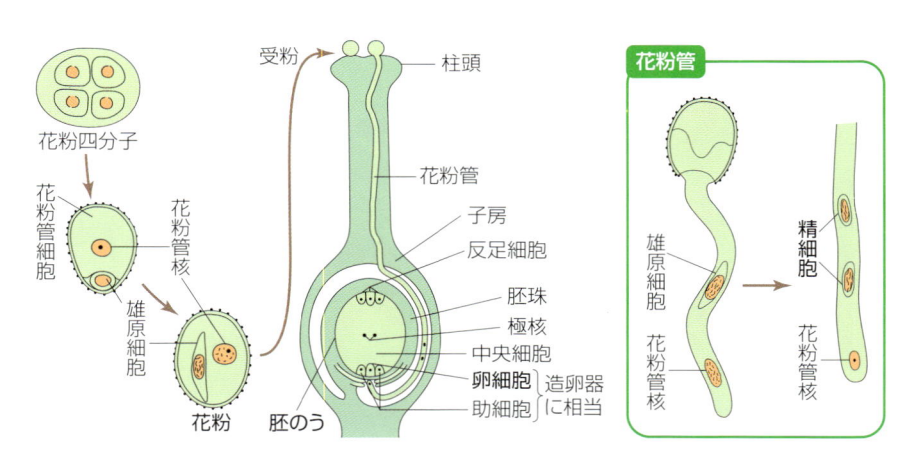

図22　被子植物の花粉，胚のうと受精

---

❶仮道管は，道管と同様に死細胞からなり，根から葉へと水や養分を送る。道管では，管状に連なった細胞どうしの境界部分で細胞壁が失われているが，仮道管では残っている。

参考　植物の生活環

　生物の一生を，生殖細胞を仲立ちとして環状に表したものを**生活環**という（図Ⅰ）。

　植物の生活環では，受精卵が分裂・成長して**胞子体**になり，胞子体は胞子を形成する。胞子は発芽・成長して**配偶体**になり，配偶体は配偶子（卵・精子など）を形成し，その後，受精によって受精卵になる。

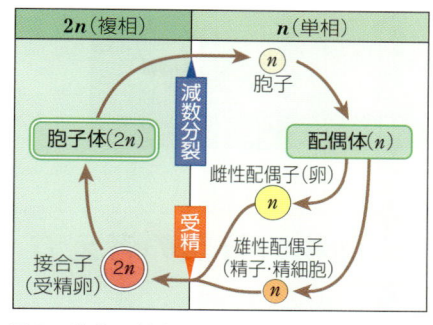

図Ⅰ　植物の基本的な生活環

　コケ植物の生活環では，配偶体が優先し，胞子体は配偶体に寄生する。維管束植物（シダ植物と種子植物）では，胞子体が優先するが，シダ植物の配偶体が独立して生活するのに対し，種子植物では配偶体が胞子体内に組みこまれている（図Ⅱ）。

　植物の生活環では，胞子による生殖を行う世代と，配偶子による生殖を行う世代が交互に繰り返される（**世代交代**）。また，受精と減数分裂が交互に行われるので，核相が $2n$ の時期（複相世代）と n の時期（単相世代）が交互に現れる（**核相交代**）。植物では，胞子形成のときに減数分裂が起こるので，世代交代と核相交代が一致する。

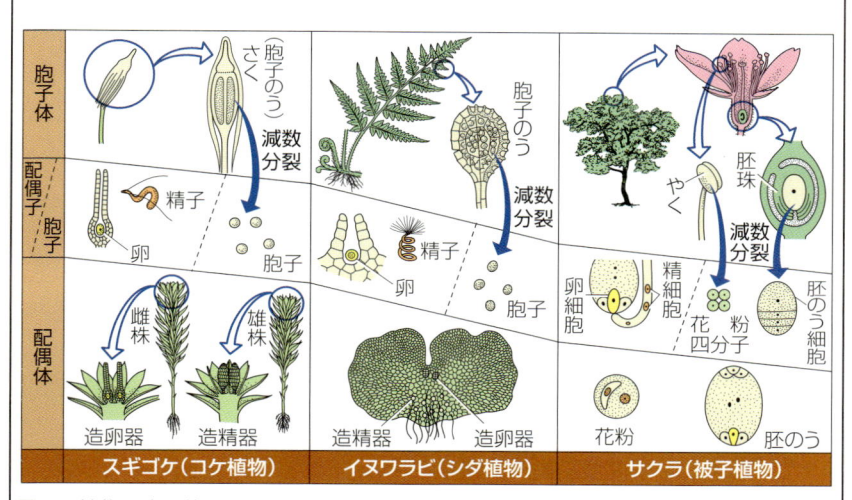

図Ⅱ　植物の胞子体と配偶体の比較

第5節
動　物

1 動物の分類の考え方

　ほかの生物やその生産物を食べる従属栄養生活をする多細胞生物を**動物**という。

A 形態による動物の分類

　動物は，胚葉の区別がないものと，外胚葉・内胚葉の二胚葉が分化するもの，および中胚葉があってより複雑な三胚葉性のものに大別される。また，三胚葉性の動物は，原口がそのまま成体の口になる**旧口動物**と，原口またはその付近に肛門が形成され，その反対側に口が形成される**新口動物**とに分けられる（図23 a）。

　旧口動物と新口動物とでは，卵割の方法が異なっている（同図 b）。

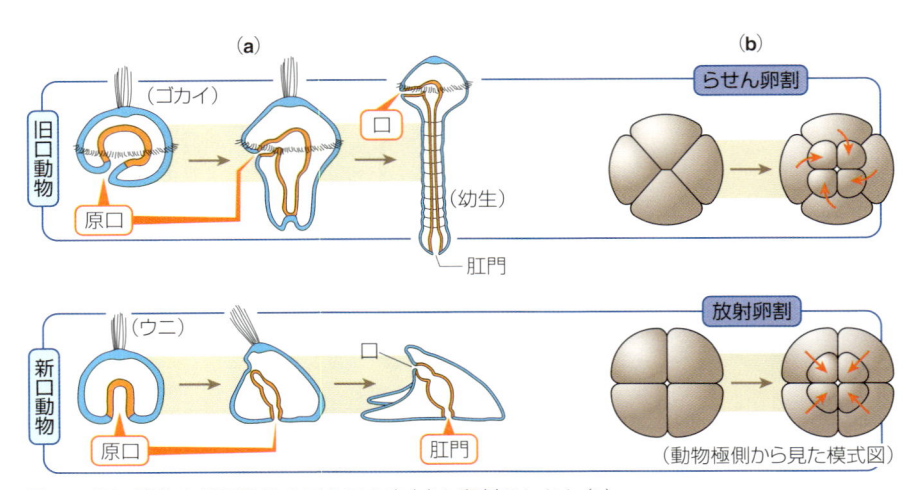

図23　旧口動物と新口動物の口のでき方(a)と卵割のしかた(b)

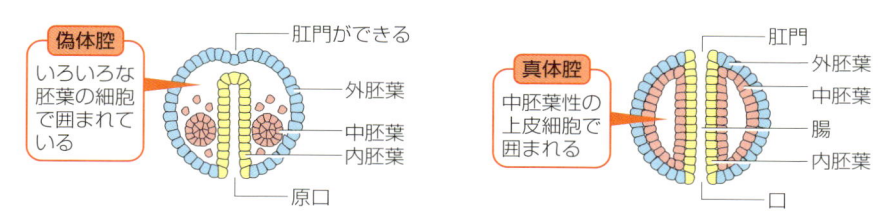

図24　真体腔と偽体腔

　従来の動物の分類では，体壁と内臓諸器官との間の腔所(**体腔**という)の有無や体腔と中胚葉の関係が重視され，中胚葉で包まれた体腔(**真体腔**)をもつ動物は，いろいろな胚葉の細胞で囲まれた**偽体腔**をもつ動物と区別されてきた(図24)。

　このほか，旧口動物は体節の有無などによって，新口動物は脊索や脊椎の有無などの形態の比較によって分けられてきた(図25)。

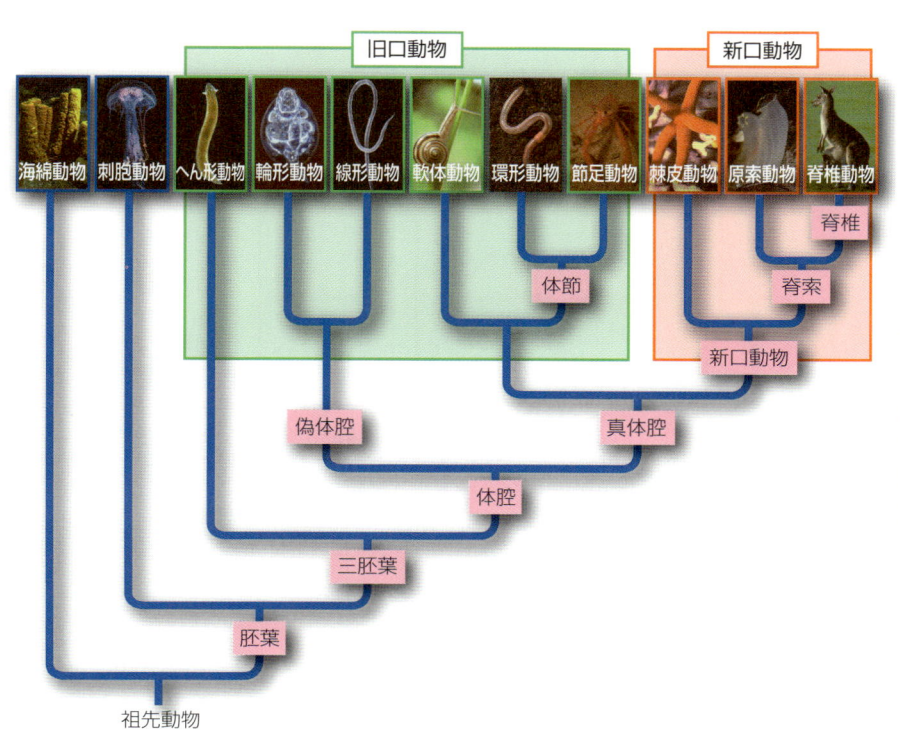

図25　形態による動物の系統樹の例

B 分子データによる動物の分類

　伝統的な系統分類では，形態的形質を比較することが重視されてきた。しかし，近年，分子データを比較することによって，伝統的な方法によってつくられた系統樹が見直されつつある。

　例えば，旧口動物を，**冠輪動物**と**脱皮動物**という大きく2つの系統に分けることが提唱されている（図26）。冠輪動物には，軟体動物や環形動物などが含まれ，その多くが水中で生活し，発生の過程でトロコフォア幼生を経る。脱皮動物には，線形動物と節足動物が含まれ，脱皮によって成長する。
▶p.254

　環形動物と節足動物は体節をもつことから，これまでは近縁であると考えられていた。しかし，分子データにもとづくと，これらの体節構造の起源は異なっており，環形動物と節足動物が体節をもつのは，収束進化の結果であると考えられる。
▶p.200

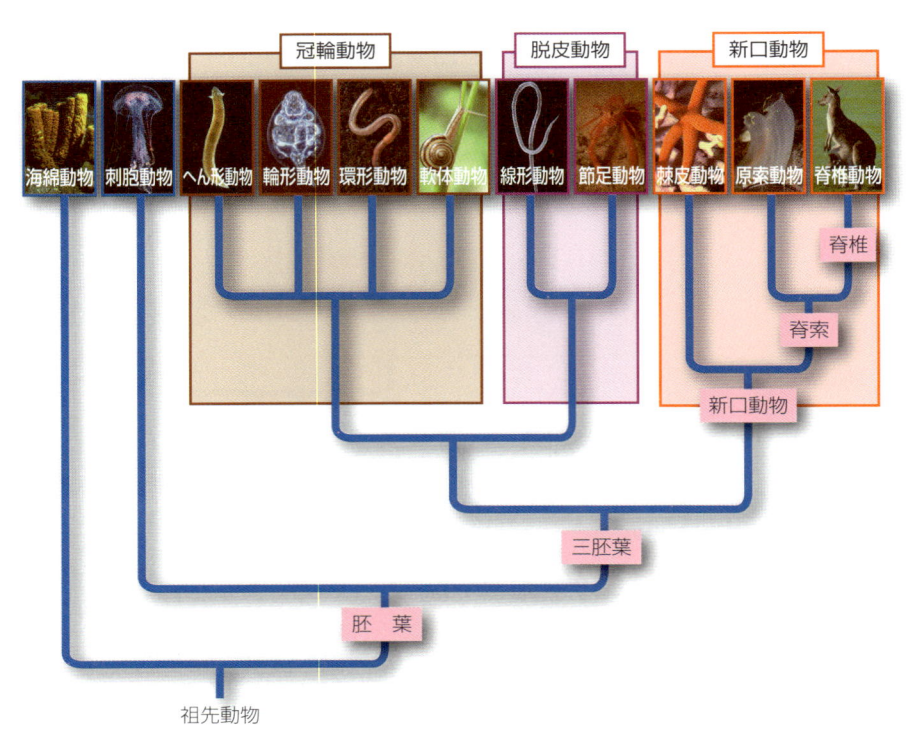

図26　分子データによる動物の分子系統樹の例

2 | 無脊椎動物

脊椎骨(背骨)をもたない**無脊椎動物**は，動物の97％もの種を占め，さまざまなものがある。

A | 単純な構造の無脊椎動物

カイメンをはじめとする**海綿動物**と，クラゲやイソギンチャク・ヒドラ・ウミエラなどの**刺胞動物**は，ほかの動物と比べて単純な構造をもっている。

海綿動物は，発生の過程で胚葉の分化が見られず，組織・器官の分化もない。入水口をもつが，それはほかの動物の口と同じではない。消化管もなく，えり細胞の鞭毛運動による水流によって，水とともに運ばれるプランクトンなどを細胞内の食胞に取りこんで消化する(図27)。また，排出器や神経ももたない。

刺胞動物は，外胚葉と内胚葉の分化が見られる二胚葉性の動物で，原腸胚に相当する体制をもち，放射相称である(図28)。動物食性であるが，動物を積極的に追って捕えるのではなく，接触したものを刺胞で刺して捕らえる。❶ 肛門がなく，口が肛門の役割も兼ね，原腸がそのまま消化管になる。網状に神経が分布し(散在神経系)，ニューロンの集中する中枢神経系はない。排出器官もない。

図27　海綿動物の構造　　図28　刺胞動物の構造

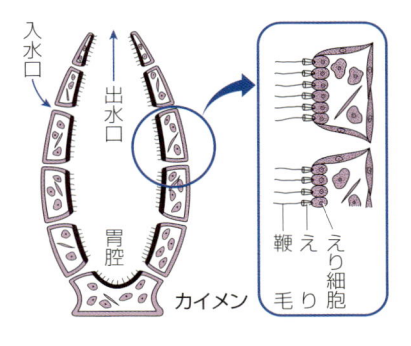

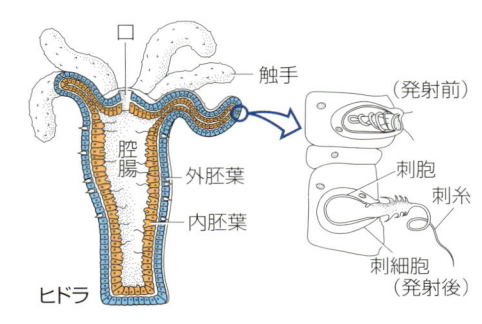

❶クラゲに似て浮遊生活をするクシクラゲのなかまは，刺胞をもたず，別の動物群(**有しつ動物**)に分類されている。
　二胚葉性の刺胞動物と有しつ動物は，合わせて**腔腸動物**とよばれることがある。

B 旧口動物

　三胚葉性の動物のうち，原口が口になるものを**旧口動物**という。旧口動物には，**へん形動物・輪形動物・環形動物・軟体動物・線形動物・節足動物**などがある。いずれもからだは左右対称である。近年では，これら旧口動物を冠輪動物，脱皮動物の2つの系統に分けることが提唱されている。
▶ p.248

　へん形動物　プラナリアやコウガイビルなどのへん形動物は，体内のすきまである体腔が存在せず，へん平なからだをもつ(図29)。外呼吸は体表全体で行う。栄養分は，枝分かれしてからだの各部分に伸びた腸から直接吸収する。排出器である**原腎管**もからだ全体に分布しており，直接排出物をこし出す。循環器はもたない。

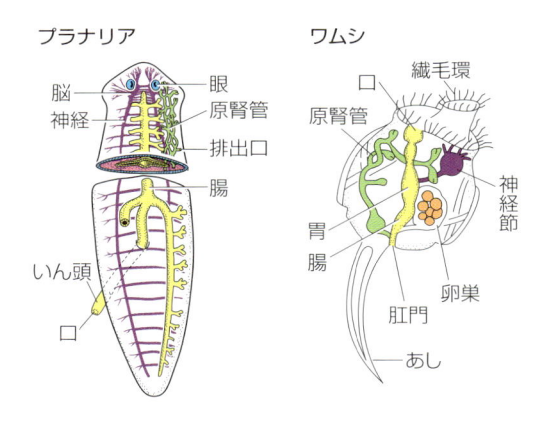

図29　へん形動物の構造　　図30　輪形動物の構造

　輪形動物　ワムシなどの輪形動物は，体内にある体腔が中胚葉で囲まれておらず，偽体腔である(図30)。繊毛が環状に並んだ繊毛環がからだの先端にあり，これが車輪のように波打ち，食物を集める。

　環形動物　ミミズやゴカイなどの環形動物は，多数の体節からなる細長いからだをもつ(図31)。体節ごとに1対ずつの神経節があるはしご形神経系

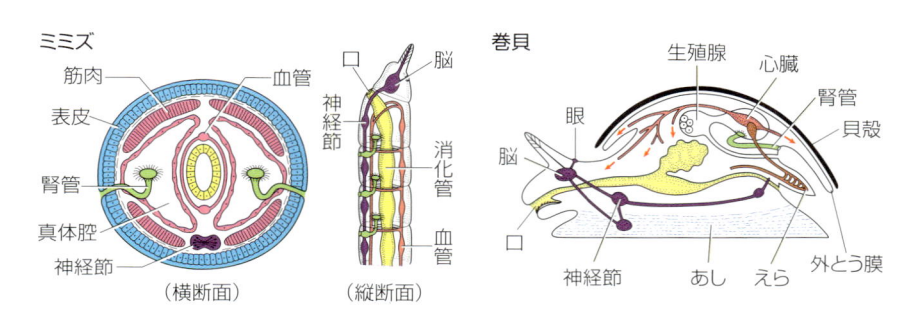

図31　環形動物の構造　　図32　軟体動物の構造

をもつ。また，排出器である**腎管**も体節ごとに存在する。血管系は脊椎動物と同様に閉鎖血管系である。

軟体動物　サザエやハマグリ・タコなどの軟体動物は，**外とう膜**に包まれたからだをもつ（図32）。体節はなく，筋肉質のあしが発達している。**二枚貝類**や**巻貝類**のように，外とう膜から石灰質を分泌して貝殻をつくるものがある。タコやイカなどの**頭足類**は，頭部と腹部からなり，頭部からあしがはえる。軟体動物は，環形動物とともにその発生過程で，**トロコフォア**という幼生期をもつ。

線形動物　センチュウやカイチュウなどの線形動物は，輪形動物と同じように偽体腔をもっている。線形動物は，その成長過程で**脱皮**をする（図33）。

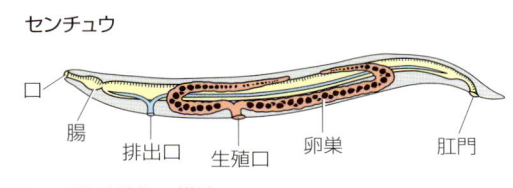

図33　線形動物の構造

節足動物　エビやカニなどの**甲殻類**，クモやダニなどの**クモ類**，バッタやハエなどの**昆虫類**のほか，**ヤスデ類**，**ムカデ類**は，節のある付属肢をもつことから**節足動物**とよばれる。動物の中で最も種が多い動物群で，特に昆虫類はその種数が多いことから，陸上で最も繁栄している生物ということもできる。体表にキチン質からなる硬い**外骨格**をもち，からだは多くの体節からできている（図34）。体節とはしご形神経系をもつ点では環形動物に似ているが，体節や付属肢にいちじるしい分化が見られることや，開放血管系をもっていること，成長の過程で脱皮を行うことなどの点で環形動物とは異なっている。排出器は，甲殻類とクモ類の一部では腎管であるが，その他の節足動物はマルピーギ管という発達した排出器官をもっている。

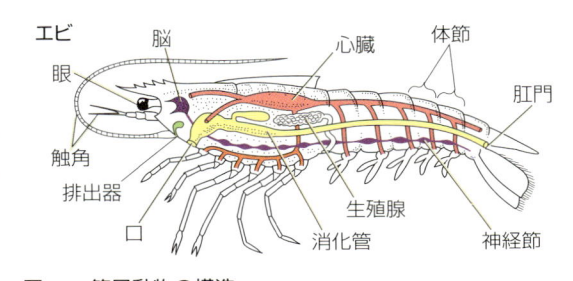

図34　節足動物の構造

Ⅵ　生物の系統

次のような観察＆実験を行い，節足動物のからだの構造について調べてみよう。

観察＆実験　節足動物の観察

節足動物の1つであるエビを解剖し，ヒトなどの脊椎動物のからだの構造と比較してみよう。

準備　エビ（クルマエビなど），解剖器具（解剖皿，解剖ばさみ，眼科用はさみ，ピンセット），スケッチ用具

手順　① エビを解剖皿の上におき，側面から見た外形をスケッチする。頭胸部と腹部の区別やあし（脚）の位置や数に注意すること。
② 背側から頭胸甲と腹部の間の関節膜を切り取り，頭胸甲の背板を取り除く。体腔膜をはぎ取り，心臓，胃，中腸腺（肝臓とよぶこともある），えらなどの位置関係をスケッチする。
③ 腹甲背面を正中線（からだを左右に二等分する線）に沿って切り開き，胃から続く消化管のようすを観察する。
④ 腹面にある歩脚や遊泳脚をはずし，解剖皿上に並べる。歩脚と遊泳脚の数，えらとのつながりなどを観察する。
⑤ 頭胸甲および腹甲の腹面を正中線に沿って切り開き，その内側の神経をなるべくつながった状態のまま取り出す。神経節の位置や数，脳，複眼とのつながりなどを観察し，スケッチする。

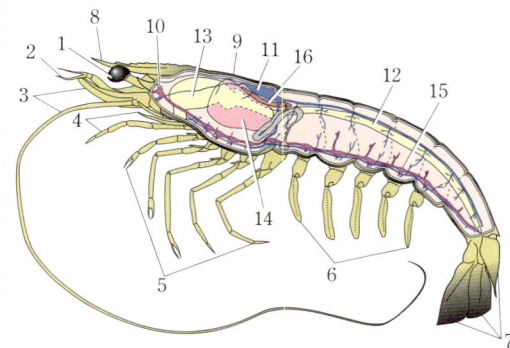

クルマエビの形態

1.複眼　2.第一触角　3.第二触角
4.顎脚　5.歩脚（胸脚）
6.遊泳脚（腹脚）　7.尾扇
8.額角　9.頭胸甲背板
10.脳　11.心臓　12.腸（後腸）
13.胃　14.中腸腺　15.中枢神経
16.精巣

＊色はこのとおりではない

図I　クルマエビのからだの構造

考察　エビの形態について整理し，脊椎動物の形態と比較して，共通点と相違点をまとめよ。

C｜新口動物

　三胚葉性の動物のうち，原口またはその付近に肛門ができ，その反対側にあとで口ができるものを**新口動物**という。新口動物には，**棘皮動物**・**原索動物**や**脊椎動物**などが含まれる。

　棘皮動物　ウニやナマコ・ヒトデなどの棘皮動物は，脊索をもたない新口動物で，独特の**水管系**によって呼吸・循環などを行う（図35）。また，運動は，水管系とつながった多数の**管足**によって行う。

　ウニやヒトデでは口は下面にある。からだは五放射相称で，消化管や神経系などは5つに分かれるが，幼生は左右相称である。

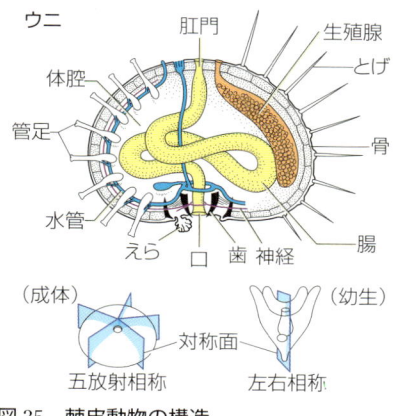

図35　棘皮動物の構造

　原索動物　ナメクジウオやホヤなどのなかまは原索動物といわれ，発生のいずれかの段階で，からだの支持器官としてはたらく**脊索**をもつ（図36）。また，消化管のはじめの部分にえらあながある。背側を管状神経系が通るが，脊椎動物と異なり，脳と脊髄の分化は見られない。ナメクジウオや脊索をもつ時期のホヤ（オタマジャクシ幼生）では，肛門は尾部よりも前方に開く。

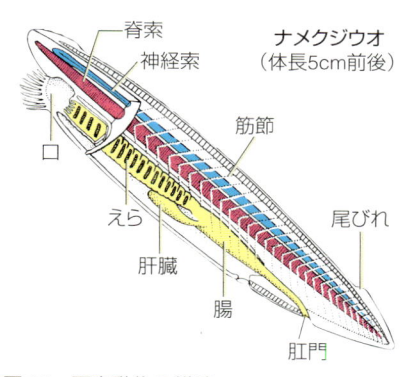

図36　原索動物の構造

　新口動物の中で最も複雑な構造をもつ動物群が脊椎動物である。原索動物と脊椎動物は，一生のうちいずれかの時期に脊索をもつ近縁の動物群であり，まとめて**脊索動物**とよぶ。

問1　無脊椎動物の各群について，それぞれの特徴を表にまとめよ。

参考　多細胞動物の祖先

　原生動物のえり鞭毛虫という水生の単細胞動物は，海綿動物のえり細胞とよく似ているため，えり鞭毛虫が集まって細胞群体をつくり，やがて多細胞動物に進化してきたのではないかと以前より考えられてきた。この考えは，ヘッケルにより提唱されたもので，細胞群体起源説とよばれる（図Ⅰ）。この考え方以外にもいくつのかの説が提唱され，多細胞動物の起源となる生物がどのようなものであったのか議論されていたが，近年，リボソーム RNA のデータを使用した分子系統解析から，細胞群体起源説が有力であることが確かめられた。

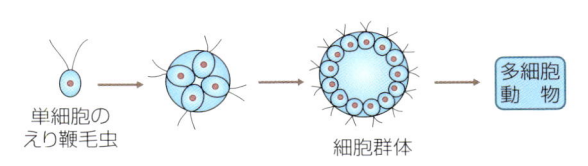

図Ⅰ　細胞群体起源説

単細胞のえり鞭毛虫　細胞群体　多細胞動物

参考　トロコフォアと系統

　環形動物や軟体動物などの幼生の時期に見られるトロコフォアの形態は，輪形動物であるワムシの成体と類似性が高い（図Ⅰ，Ⅱ）。このことは，環形動物と軟体動物が，いずれも輪形動物に近い祖先生物から分岐して進化してきたもので，両者が互いに近縁である証拠ともいわれてきた。これらは，分子系統解析において，冠輪動物としてまとめられている。
▶ p.248

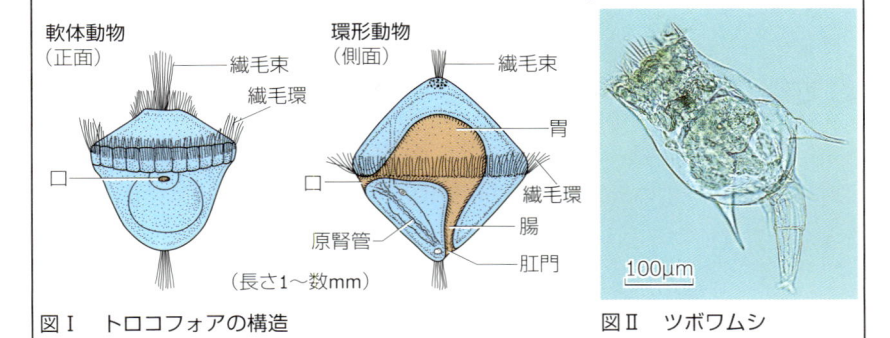

軟体動物（正面）　繊毛束　繊毛環　口

環形動物（側面）　繊毛束　胃　口　繊毛環　腸　原腎管　肛門　（長さ1〜数mm）

100μm

図Ⅰ　トロコフォアの構造　　　　図Ⅱ　ツボワムシ

3 | 脊椎動物

　一生のうちいずれかの時期に脊索をもつ脊索動物のうち，成体が中軸骨格として軟骨性か骨性の**脊椎**をもつものが**脊椎動物**である。

　脊椎動物にも背側に管状の中枢神経系がある。しかし，原索動物と異なり，脊椎動物の**管状神経系**には，脳と脊髄の区別がある。また，脊椎のほかに頭蓋骨をもち，内骨格も発達している。頭部に眼や耳があり，心臓や腎臓の発達も見られる。

　脊椎動物を2つに分けるとき，あごの有無を重視すると，あごをもたない**無顎類**とあごをもつ**顎口類**に分けられる。また，顎口類は，体形と生息域の特徴から，えらをもった**魚類**と，4本の「あし」(足，肢)をもち，主として陸上にすむ**四足動物**に分けられる(図37)。

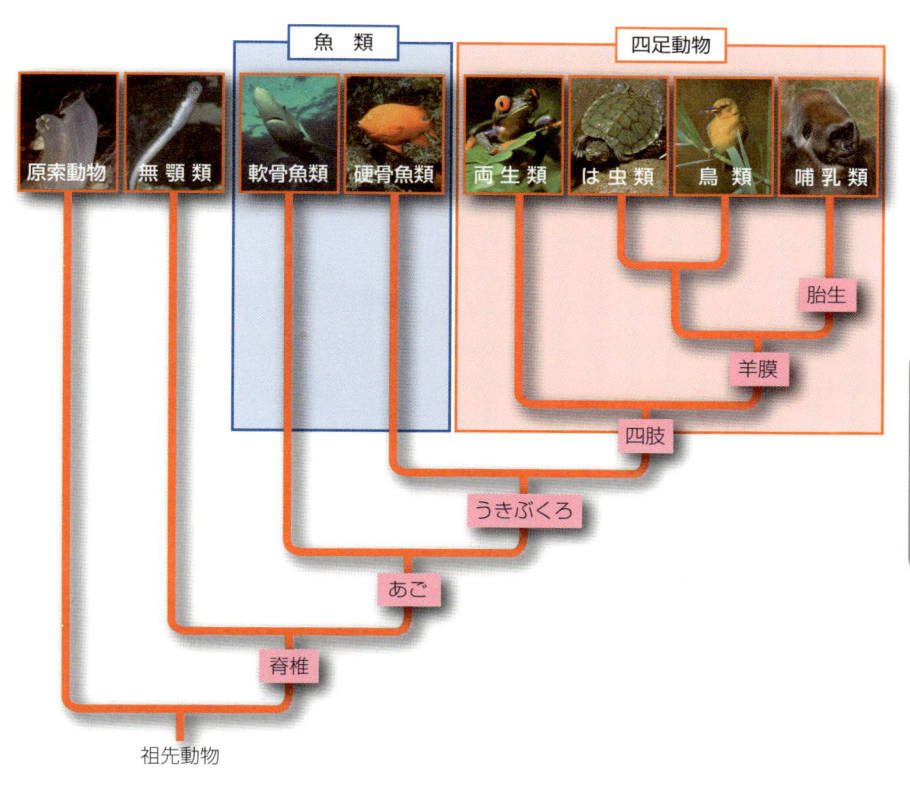

図37　脊椎動物の系統樹

A｜無顎類

ヤツメウナギなどが含まれる。無顎類は，あごや胸びれ・腹びれをもたない原始的な脊椎動物である。吸盤状の円形の口で食物となる動物に吸いつき，舌で肉をそぎとるため，円口類ともいう。

B｜魚　類

えらをもった魚のなかまには，**軟骨魚類**と**硬骨魚類**がある（図38）。

軟骨魚類　顎口類のうち，骨格のほとんどが弾力性に富む軟骨でできているサメやエイなどのなかまを軟骨魚類という。軟骨魚類には，上下に開くあごと対をなすひれがある。対ひれと四足動物の四足は相同で，対ひれの誕生は脊椎動物の進化のうえで重要である。

硬骨魚類　顎口類のうち，骨格の大部分が硬骨でできているスズキ・フナ・ウナギなどのなかまを硬骨魚類という。硬骨魚類には，軟骨魚類と同じように上下に開くあごと対ひれがあり，軟骨魚類には見られない**うきぶくろ**をもっている。四足動物の肺は硬骨魚類のうきぶくろと相同であり，陸上生活に適応した器官である。

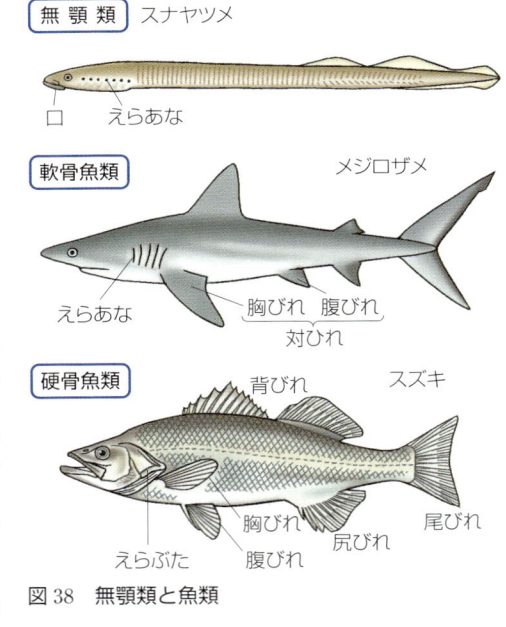

図38　無顎類と魚類

C｜四足動物

脊椎動物のうち，成体が陸上で生活する**両生類**と，羊膜をもつ**羊膜類**をまとめて**四足動物**という。

両生類　カエル・イモリやサンショウウオのなかまを両生類という。両生類は水中に産卵し，卵の発生と幼生の生活は水のある環境を必要とする。また，成体の皮膚はつねに粘液を分泌することで保護されており，乾燥に弱い。

羊膜類 トカゲやヘビ・カメなどの**は虫類**と，ハトやスズメなどの**鳥類**，イヌやヒトなどの**哺乳類**は，いずれも肺で呼吸し，発生中の胚は羊膜などの胚膜(図39)で保護されて乾燥に対する耐性が高く，陸上生活への適性が強い。

は虫類は，うろこでおおわれた乾いた皮膚をもつ。魚類や両生類と同じく体温調節能力が低い変温動物である。

鳥類は前肢が翼となり，皮膚はおもに羽毛でおおわれている。くちばしをもつが，歯はない。鳥類は恒温動物で，恒温性と飛翔能力によって多様な環境に生活範囲を広げた。は虫類の一部から分岐した系統で，は虫類と鳥類はいずれも卵生である。

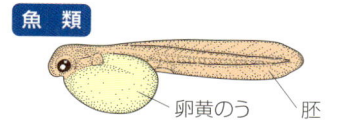

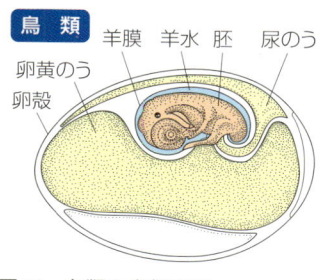

図39 魚類と鳥類の胚

哺乳類は，毛でおおわれた皮膚をもつ恒温動物で，子を乳腺から分泌する乳で育てる。哺乳類には，卵生の**単孔類**(カモノハシなど)や，胎生だが胎盤が未発達の**有袋類**(カンガルーなど)も属すが❶，多くは胚を母体内にある胎盤からの栄養分で育てる胎生の**真獣類**である。

図40 両生類・は虫類・鳥類・哺乳類

(a)両生類：カエル，サンショウウオ　水中に産卵 幼生までえらで呼吸

(b)は虫類：カメ，ワニ，トカゲ，ヘビ　乾燥に強い卵殻・皮膚をもつ肺呼吸

(c)鳥類：カモメ，スズメ，ペンギン　羽毛におおわれている恒温動物

(d)哺乳類：クジラ，コウモリ，サル，カモノハシ　雌の乳によって子を育てる 体毛をもつ恒温動物

❶単孔類と有袋類は原始的な哺乳類で，そのほとんどは真獣類が出現する前にほかの大陸から分かれたオーストラリア大陸に生息する。

第6節 菌類

1 菌類

A 菌類の特徴

体外で有機物を分解し，それを栄養分として吸収する従属栄養の多細胞生物を**菌類**という。

菌類は，長い間，植物に分類されてきた。しかし，光合成能力がなく，細胞壁にはキチンが含まれ，からだが細い糸状の**菌糸**からできているなどの点で，植物とはまったく異なっている。また，ほかの生物や死体の中に菌糸が侵入し，消化酵素を分泌して**体外消化**を行い，分解した有機物を吸収するという栄養分の摂取法は，植物とも動物とも異なっている。

菌類の多くは**胞子**によって繁殖する。胞子の形成には，無性生殖による場合と，菌糸どうしの融合を伴う有性生殖による場合がある。菌類は，有性生殖の方法などにより，**接合菌類**，**子のう菌類**，**担子菌類**などに分けられる。

B 接合菌類

クモノスカビ・ケカビなどがある。菌糸には隔壁がなく，多核である。通常は無性生殖により増殖するが，環境が悪化すると，菌糸の一部どうしが接合して**接合胞子のう**が形成され，その中に有性生殖によりつくられた胞子(接合胞子)が形成される(図41)。❶

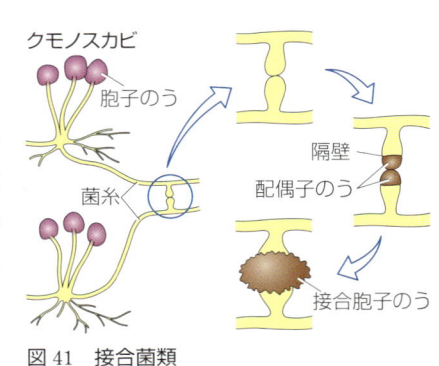

図41 接合菌類

❶クモノスカビの接合胞子の核相は $2n$ で，それが発芽するときに減数分裂が起こるので，それからできる菌糸の核相は n である。

C｜子のう菌類と担子菌類

　菌類には，接合の際に子実体をつくるものがあり，胞子のでき方などによって，子のう胞子をつくる**子のう菌類**(アカパンカビなど)と，担子胞子をつくる**担子菌類**(マツタケ・シイタケ・シメジなど)に分類される(図42)。子のう菌類は子実体に袋状の子のうができ，その中に胞子ができる。担子菌類は大形の子実体(キノコ)をつくるものが多く，担子器とよばれる器官の上に胞子が生じる。

　子のう菌類と担子菌類には，例外的に一生を単細胞で過ごすものがあり，まとめて**酵母菌**とよばれ，一般に出芽によって増殖する。

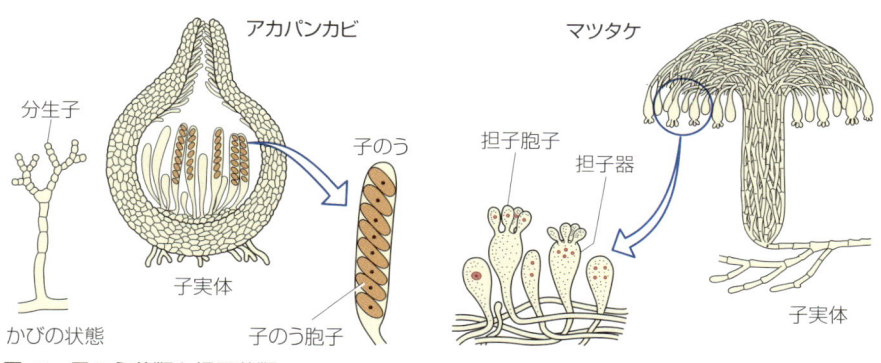

図42　子のう菌類と担子菌類

参考　菌類と共生

　子のう菌類や担子菌類の中には，シアノバクテリアや単細胞緑藻類と共生体をつくるものがあり，**地衣類**(ウメノキゴケ，リトマスゴケなど)とよばれる。

　シアノバクテリアや藻類の細胞は菌類の菌糸によって保護され，水分や無機塩類を供給される。一方，菌糸はシアノバクテリアや藻類がつくる光合成産物を吸収して栄養源としている。そのため地衣類は，有機物の少ない岩や樹木の幹の上などにも生育することができる。

　また，多くの維管束植物の根と菌類は共生して**菌根**を形成する。

図Ⅰ　地衣類

巻末資料1. ヒトゲノムマップ

　ヒトゲノムの全塩基配列を調べ，どこにどのような遺伝子があるかをつきとめる国際プロジェクト「ヒトゲノム計画」によって，ほぼ全塩基配列が解読

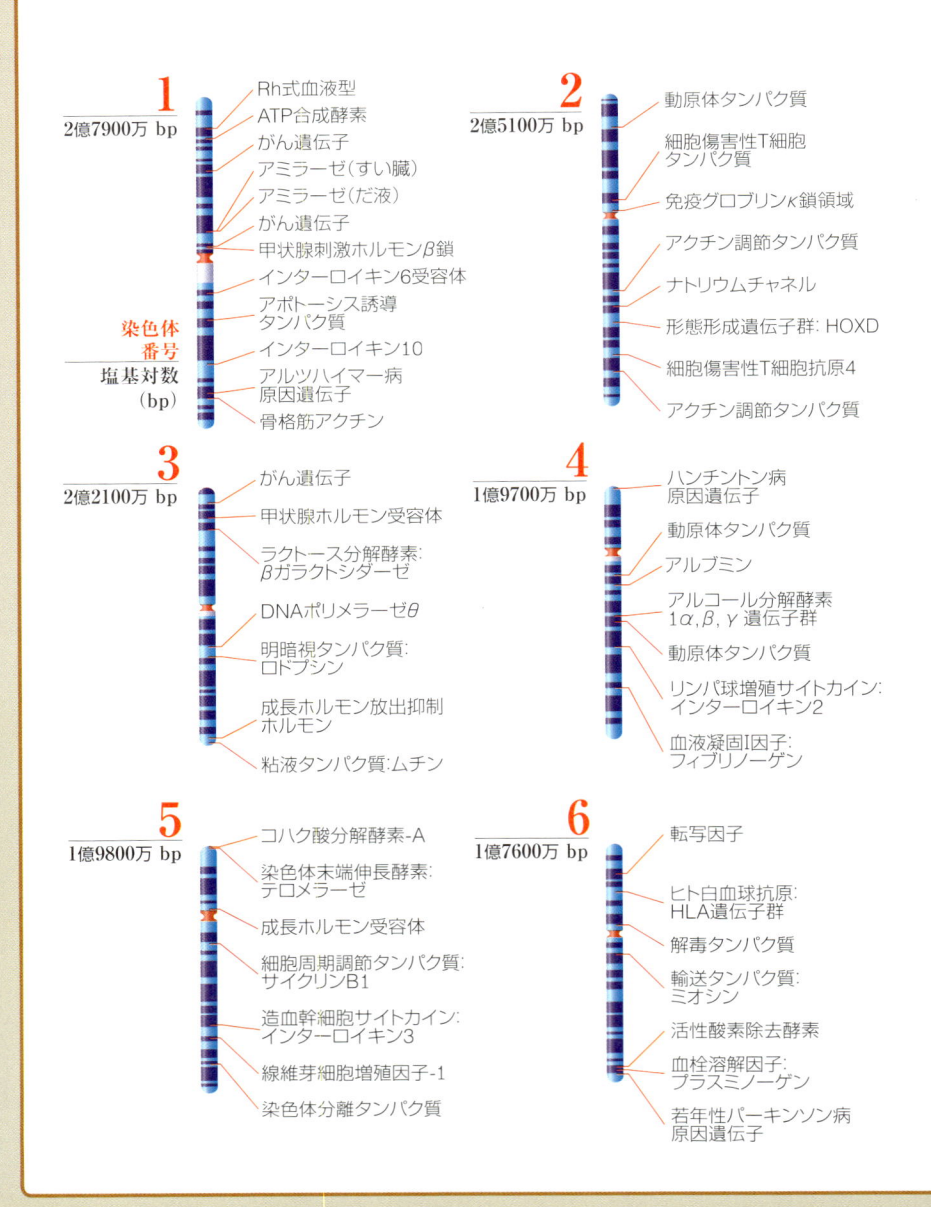

1　2億7900万 bp
- Rh式血液型
- ATP合成酵素
- がん遺伝子
- アミラーゼ（すい臓）
- アミラーゼ（だ液）
- がん遺伝子
- 甲状腺刺激ホルモンβ鎖
- インターロイキン6受容体
- アポトーシス誘導タンパク質
- インターロイキン10
- アルツハイマー病原因遺伝子
- 骨格筋アクチン

染色体番号
塩基対数（bp）

2　2億5100万 bp
- 動原体タンパク質
- 細胞傷害性T細胞タンパク質
- 免疫グロブリンκ鎖領域
- アクチン調節タンパク質
- ナトリウムチャネル
- 形態形成遺伝子群：HOXD
- 細胞傷害性T細胞抗原4
- アクチン調節タンパク質

3　2億2100万 bp
- がん遺伝子
- 甲状腺ホルモン受容体
- ラクトース分解酵素：βガラクトシダーゼ
- DNAポリメラーゼθ
- 明暗視タンパク質：ロドプシン
- 成長ホルモン放出抑制ホルモン
- 粘液タンパク質：ムチン

4　1億9700万 bp
- ハンチントン病原因遺伝子
- 動原体タンパク質
- アルブミン
- アルコール分解酵素1α, β, γ遺伝子群
- 動原体タンパク質
- リンパ球増殖サイトカイン：インターロイキン2
- 血液凝固I因子：フィブリノーゲン

5　1億9800万 bp
- コハク酸分解酵素-A
- 染色体末端伸長酵素：テロメラーゼ
- 成長ホルモン受容体
- 細胞周期調節タンパク質：サイクリンB1
- 造血幹細胞サイトカイン：インターロイキン3
- 線維芽細胞増殖因子-1
- 染色体分離タンパク質

6　1億7600万 bp
- 転写因子
- ヒト白血球抗原：HLA遺伝子群
- 解毒タンパク質
- 輸送タンパク質：ミオシン
- 活性酸素除去酵素
- 血栓溶解因子：プラスミノーゲン
- 若年性パーキンソン病原因遺伝子

された。その成果をもとにヒトの 22 本の常染色体と性染色体（X，Y 染色体）に遺伝子の位置を示したものが，このヒトゲノムマップである。

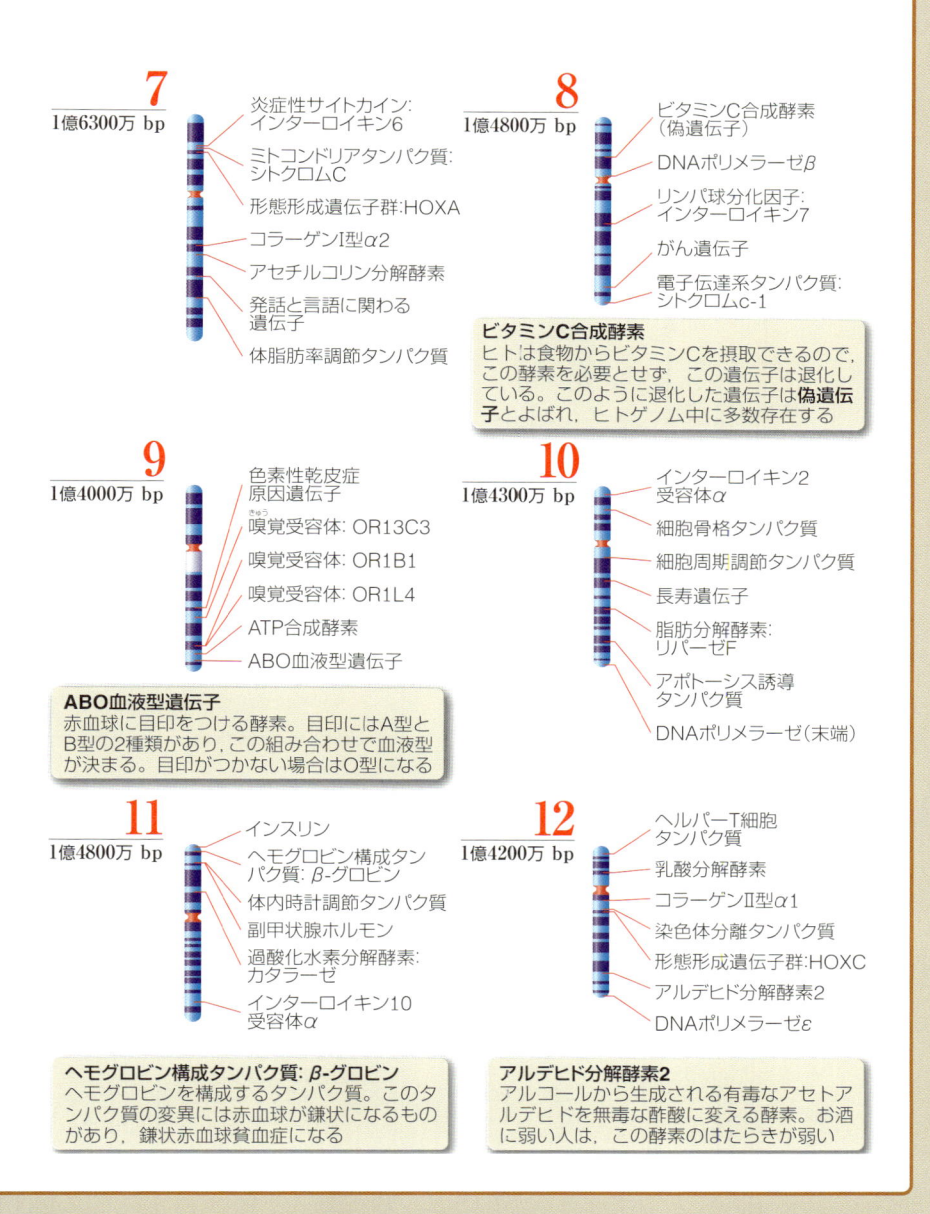

7
1億6300万 bp
- 炎症性サイトカイン：インターロイキン6
- ミトコンドリアタンパク質：シトクロムC
- 形態形成遺伝子群：HOXA
- コラーゲンI型α2
- アセチルコリン分解酵素
- 発話と言語に関わる遺伝子
- 体脂肪率調節タンパク質

8
1億4800万 bp
- ビタミンC合成酵素（偽遺伝子）
- DNAポリメラーゼβ
- リンパ球分化因子：インターロイキン7
- がん遺伝子
- 電子伝達系タンパク質：シトクロムc-1

ビタミンC合成酵素
ヒトは食物からビタミンCを摂取できるので，この酵素を必要とせず，この遺伝子は退化している。このように退化した遺伝子は**偽遺伝子**とよばれ，ヒトゲノム中に多数存在する

9
1億4000万 bp
- 色素性乾皮症原因遺伝子
- 嗅覚受容体：OR13C3
- 嗅覚受容体：OR1B1
- 嗅覚受容体：OR1L4
- ATP合成酵素
- ABO血液型遺伝子

ABO血液型遺伝子
赤血球に目印をつける酵素。目印にはA型とB型の2種類があり，この組み合わせで血液型が決まる。目印がつかない場合はO型になる

10
1億4300万 bp
- インターロイキン2受容体α
- 細胞骨格タンパク質
- 細胞周期調節タンパク質
- 長寿遺伝子
- 脂肪分解酵素：リパーゼF
- アポトーシス誘導タンパク質
- DNAポリメラーゼ（末端）

11
1億4800万 bp
- インスリン
- ヘモグロビン構成タンパク質：β-グロビン
- 体内時計調節タンパク質
- 副甲状腺ホルモン
- 過酸化水素分解酵素：カタラーゼ
- インターロイキン10受容体α

ヘモグロビン構成タンパク質：β-グロビン
ヘモグロビンを構成するタンパク質。このタンパク質の変異には赤血球が鎌状になるものがあり，鎌状赤血球貧血症になる

12
1億4200万 bp
- ヘルパーT細胞タンパク質
- 乳酸分解酵素
- コラーゲンII型α1
- 染色体分離タンパク質
- 形態形成遺伝子群：HOXC
- アルデヒド分解酵素2
- DNAポリメラーゼε

アルデヒド分解酵素2
アルコールから生成される有毒なアセトアルデヒドを無毒な酢酸に変える酵素。お酒に弱い人は，この酵素のはたらきが弱い

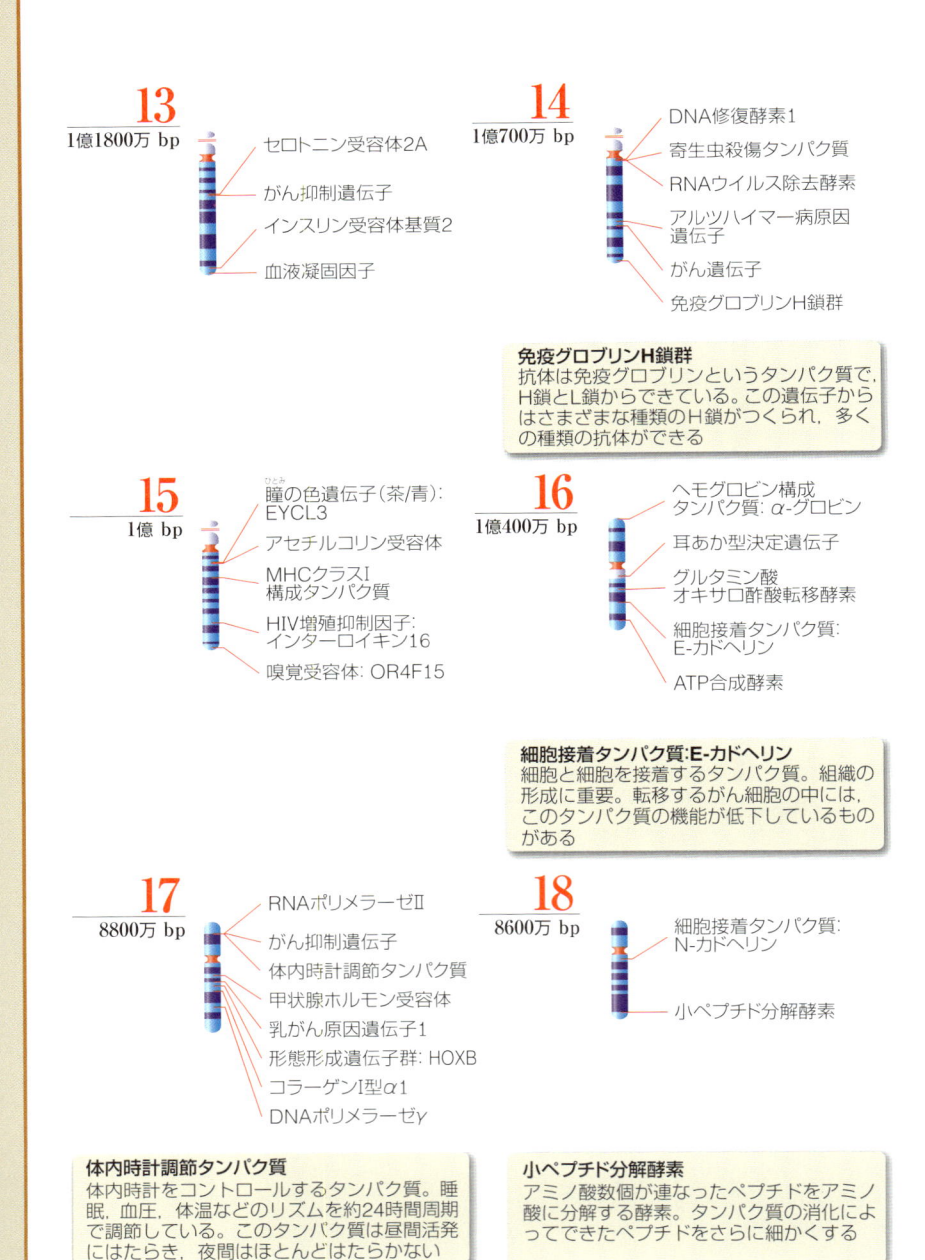

13
1億1800万 bp
- セロトニン受容体2A
- がん抑制遺伝子
- インスリン受容体基質2
- 血液凝固因子

14
1億700万 bp
- DNA修復酵素1
- 寄生虫殺傷タンパク質
- RNAウイルス除去酵素
- アルツハイマー病原因遺伝子
- がん遺伝子
- 免疫グロブリンH鎖群

免疫グロブリンH鎖群
抗体は免疫グロブリンというタンパク質で，H鎖とL鎖からできている。この遺伝子からはさまざまな種類のH鎖がつくられ，多くの種類の抗体ができる

15
1億 bp
- 瞳の色遺伝子(茶/青): EYCL3
- アセチルコリン受容体
- MHCクラスI 構成タンパク質
- HIV増殖抑制因子: インターロイキン16
- 嗅覚受容体: OR4F15

16
1億400万 bp
- ヘモグロビン構成タンパク質: α-グロビン
- 耳あか型決定遺伝子
- グルタミン酸オキサロ酢酸転移酵素
- 細胞接着タンパク質: E-カドヘリン
- ATP合成酵素

細胞接着タンパク質: E-カドヘリン
細胞と細胞を接着するタンパク質。組織の形成に重要。転移するがん細胞の中には，このタンパク質の機能が低下しているものがある

17
8800万 bp
- RNAポリメラーゼII
- がん抑制遺伝子
- 体内時計調節タンパク質
- 甲状腺ホルモン受容体
- 乳がん原因遺伝子1
- 形態形成遺伝子群: HOXB
- コラーゲンI型α1
- DNAポリメラーゼγ

18
8600万 bp
- 細胞接着タンパク質: N-カドヘリン
- 小ペプチド分解酵素

体内時計調節タンパク質
体内時計をコントロールするタンパク質。睡眠，血圧，体温などのリズムを約24時間周期で調節している。このタンパク質は昼間活発にはたらき，夜間はほとんどはたらかない

小ペプチド分解酵素
アミノ酸数個が連なったペプチドをアミノ酸に分解する酵素。タンパク質の消化によってできたペプチドをさらに細かくする

19
7200万 bp

- アポトーシス誘導タンパク質
- インスリン受容体
- カルシウムチャネル
- 瞳の色遺伝子（緑/青）：EYCL1
- がん遺伝子
- グリコーゲン合成酵素
- 核膜孔構成タンパク質
- DNAポリメラーゼδ

DNAポリメラーゼ
DNAの複製にかかわるタンパク質

20
6600万 bp

- 動原体タンパク質
- アドレナリン受容体α-1D
- プリオンタンパク質
- 転写因子
- アセチルCoA合成酵素
- がん遺伝子

21
4500万 bp

- 遺伝子砂漠
- アルツハイマー病原因遺伝子
- 活性酸素除去酵素
- インターロイキン10受容体β
- ダウン症必須領域遺伝子群：DSCR1〜10

遺伝子砂漠
非遺伝子領域が延々と続く領域。このような領域はゲノム上のさまざまな場所に存在している

22
4800万 bp

- 免疫グロブリンλ鎖領域
- 白血病抑制因子
- 酸素貯蔵タンパク質：ミオグロビン
- インターロイキン2受容体β

X
1億6300万 bp

- 身長伸長タンパク質
- インターロイキン3受容体α
- DNAポリメラーゼα
- B細胞成熟タンパク質
- 赤色識別遺伝子
- 緑色識別遺伝子
- 血液凝固因子

X染色体とY染色体は，性の決定に関係する染色体で，**性染色体**とよばれる。ヒトの場合，男性はX染色体とY染色体を1本ずつもつが，女性はX染色体を2本もち，Y染色体をもたない

Y
5100万 bp

- 身長伸長遺伝子
- 性決定遺伝子
- 精子産生タンパク質
- 遺伝子砂漠

身長伸長遺伝子
この遺伝子からつくられるタンパク質は，DNAに結合することでさまざまな遺伝子のはたらきを調整して，身長を伸ばす

性決定遺伝子
男性化にかかわる遺伝子。ヒトのからだはもともと女性型であるが，この遺伝子がはたらくと精巣ができる

「一家に1枚ヒトゲノムマップ」第2版第2刷
監修：文部科学省　制作：加納圭，川上雅弘，室井かおり，加藤和人

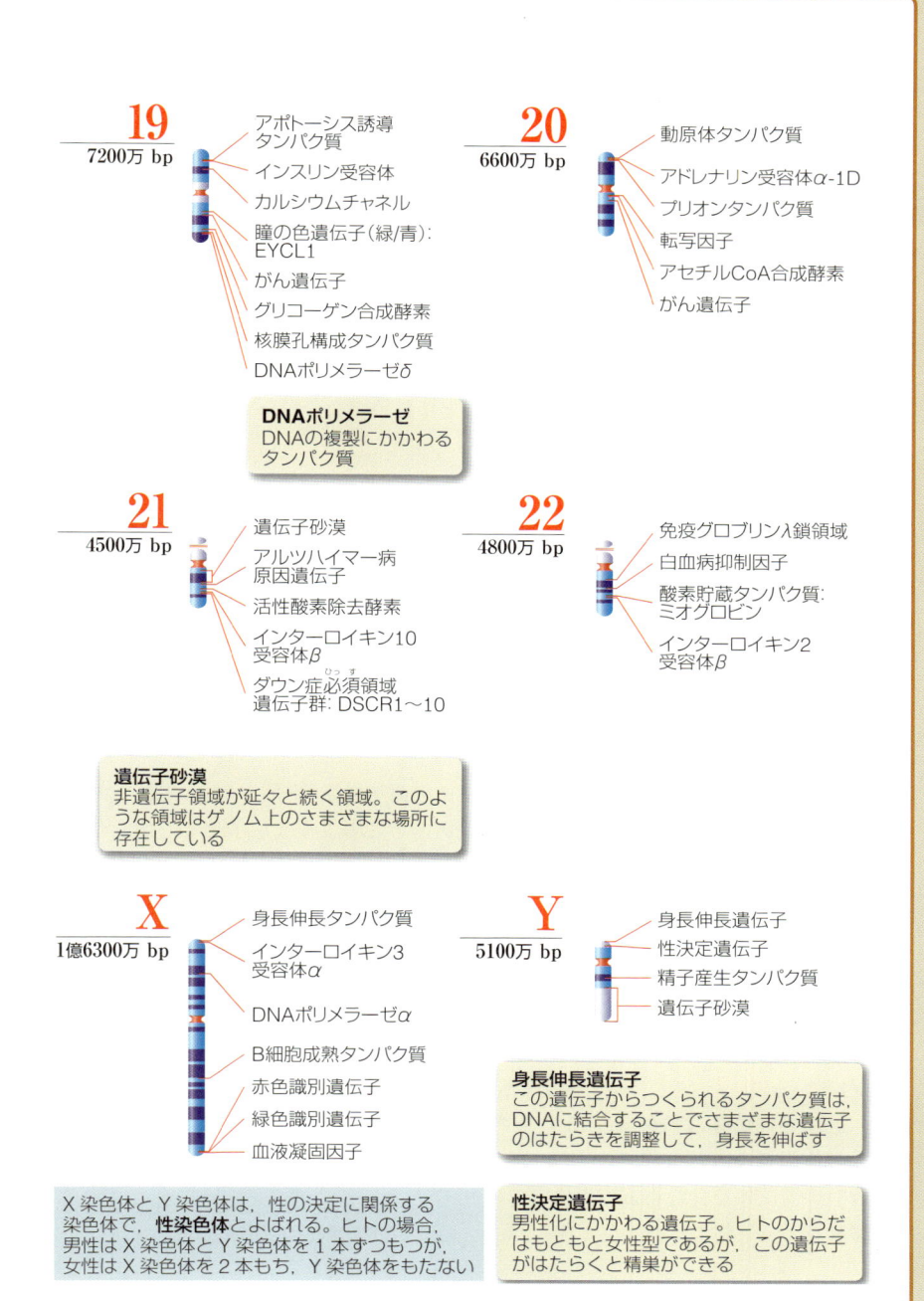

巻末資料 2. 生物学習のための化学

以下に生物の学習に必要な化学や数学の基礎事項をまとめた。

1. 原子と元素

物質を構成する基本的な単位となる粒子を **原子** という。また，物質を構成している原子の種類を **元素** といい，各元素を表す記号を **元素記号** という。たとえば，水素は H，炭素は C，酸素は O，窒素は N と表される。

原子は，陽子と中性子からなる **原子核** と **電子**（e^- で表す）から構成されている。原子核を構成する陽子と中性子の質量はほぼ等しいが，原子に含まれる電子の質量は，陽子や中性子に比べて非常に小さく，無視できるほどである。そのため，原子の質量は原子核に含まれる陽子と中性子の質量の和にほぼ等しい。また，一般に，原子に含まれる陽子と中性子の数の和を **質量数** という。

陽子は正（＋）の電荷をもっており，電子は負（－）の電荷をもっている。原子を構成する陽子と電子の数は等しく，原子全体としては電気的に中性である。

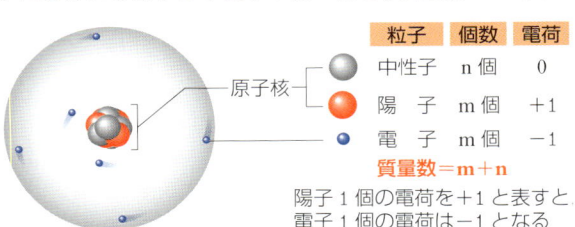

粒子	個数	電荷
中性子	n 個	0
陽　子	m 個	＋1
電　子	m 個	－1

質量数＝m＋n

陽子 1 個の電荷を＋1 と表すと，電子 1 個の電荷は－1 となる

図Ⅰ　原子の構造

2. 同位体

原子には，同じ元素であっても原子核中の陽子の数は等しいが，中性子の数が異なるため，質量数が異なるものがある。このような原子どうしをたがいに **同位体** といい，質量数が異なっても化学的性質はほとんど同じである。同位体の例としては，^{12}C と ^{14}C，^{14}N と ^{15}N などがある。また，同位体には放射線を出すものがあり❶，それらを **放射性同位体**（ラジオアイソトープ）という。

放射性同位体は放射線を出すので，その放射線を検出することによって，放射性同位体を含む物質の生体内での移動などを追跡することができる。

^{12}C		^{14}C
6 個	中性子	8 個
6 個	陽　子	6 個
6 個	電　子	6 個
12	質量数	14

図Ⅱ　炭素の同位体の比較

❶放射線を出す性質のことを，**放射能** という。

また、放射性同位体は原子核が不安定で、放射線を放出して別の原子核に変わるものがある。放射性同位体がもとの半分の量になるのに要する時間を**半減期**(はんげんき)といい、化石の年代測定などにも利用される。

3. イオン

原子を構成する陽子と電子の数は等しく、原子全体としては電気的に中性である。原子または原子の集団が電子を放出したり受け取ったりして全体として正(+)や負(-)の電荷を帯びたものを**イオン**という。電子を放出して正の電荷を帯びたものを**陽イオン**、電子を受け取って負の電荷を帯びたものを**陰イオン**という。放出したり受け取ったりした電子の数をイオンの価数という。

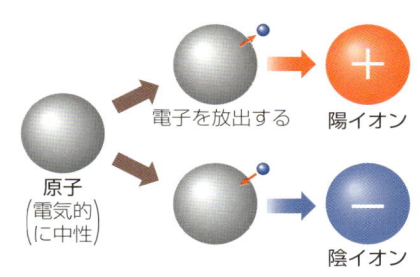

図Ⅲ　陽イオンと陰イオン

〔陽イオンの例〕　H^+(水素イオン)、Na^+(ナトリウムイオン)、K^+(カリウムイオン)、Ca^{2+}(カルシウムイオン)、NH_4^+(アンモニウムイオン)　など

〔陰イオンの例〕　Cl^-(塩化物イオン)、OH^-(水酸化物イオン)、NO_2^-(亜硝酸イオン)、NO_3^-(硝酸イオン)　など

4. 分子

水は、水素原子(H)2個と酸素原子(O)1個からなる粒子である。このような複数の原子からなる粒子を**分子**といい、ふつう2個以上の原子が結合してできている。

(例)　O_2(酸素)、H_2O(水)、CO_2(二酸化炭素)

水分子では、水素原子はいくらか正の電荷を、酸素原子はいくらか負の電荷を帯びている。このように、全体として電気的に偏りのある分子を**極性分子**という。一方、酸素分子や二酸化炭素分子のように、全体として電気的に偏りのない分子を**無極性分子**(むきょくせいぶんし)という。

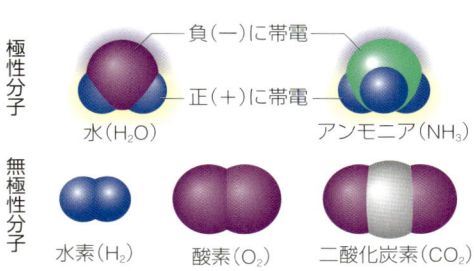

図Ⅳ　極性分子と無極性分子

5. pH（水素イオン指数）

溶液の酸性・アルカリ性は，溶液中の水素イオン濃度によって決まり，その程度はpH（水素イオン指数）という0～14の間の数値で表される。pH＝7は中性，pH＜7は酸性，pH＞7はアルカリ性で，7から離れるほど酸性やアルカリ性が強くなる。

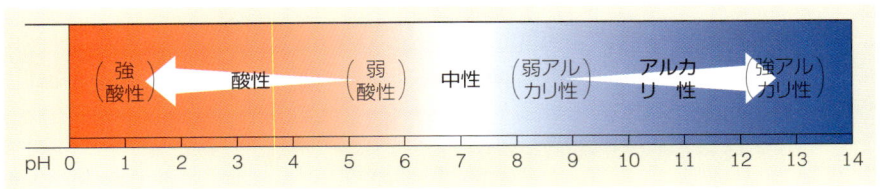

図Ⅴ　pH

6. 重合と脱重合

アクチンフィラメントは，アクチン分子を1つの単位としてアクチン分子が多数結合したものである。このような結合の場合，アクチン分子のような単位化合物を**単量体（モノマー）**といい，単量体が多数結合してできた生成物を**重合体（ポリマー）**という。重合体が生成されるときに単量体が次々と結合することを**重合**といい，重合体から単量体が分離することを**脱重合**という。

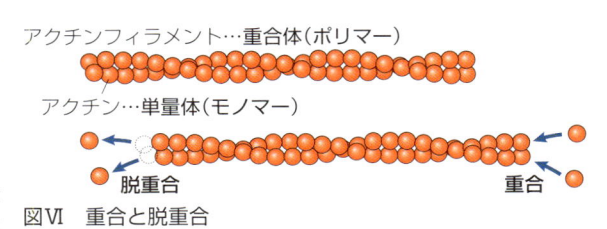

図Ⅵ　重合と脱重合

7. 対数と対数グラフ

2つの実数 M, p が $M = 10^p$ という関係のとき，$p = \log_{10} M$ と表した p を，10を底とする M の**対数**という。塩基対の数や細胞の数など縦軸の値の変化が非常に大きい場合には，この対数を目盛りに使ったグラフが用いられる。一方の軸に対数目盛りを用いたものを片対数グラフという。

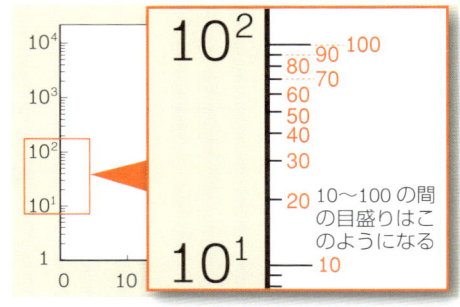

図Ⅶ　対数目盛りを用いたグラフ

索　引

【あ】

iPS細胞	169
アウストラロピテクス類	206
アーキア	233,234
アクアポリン	42
アクチンフィラメント	48
アグロバクテリウム	105
アデニン	62
アポトーシス	160
アミノ基	21
アミノ酸	20
アメーバ運動	31
アメーバ類	236
rRNA	83
RNAi	102
RNA干渉	102
RNA合成酵素	80
RNAポリメラーゼ	80
RNAワールド	185
R型菌	60
アルディピテクス・ラミダス	206
αヘリックス構造	22
アンチコドン	83
アンモナイト	199

【い】

ES細胞	169
維管束植物	242
異所的種分化	219
一遺伝子一酵素説	92
一塩基多型	91
一次間充織細胞	152
一次構造	22
一次精母細胞	147
一次卵母細胞	147
遺伝暗号表	85
遺伝子	59,116
遺伝子型	126
遺伝子組換え技術	103
遺伝子座	126
遺伝子頻度	214
遺伝子プール	214
遺伝情報	58
遺伝的浮動	215
遺伝的変異	208
イントロン	80

【う】

ウイルキンス	62
ウェゲナー	200
ウーズ	233
渦鞭毛藻類	237

【え】

エイブリー	60
栄養生殖	129
エキソサイトーシス	44
エキソン	81
液胞	31
壊死	160
S-S結合	23
S型菌	60
X線回折	67
X染色体	125
エディアカラ生物群	191
mRNA	80,82
塩基	62
猿人	206
エンドサイトーシス	44

【お】

岡崎フラグメント	73
オーガナイザー	163
オゾン層	194
オペレーター	94
オペロン	94

【か】

科	227
界	227
開始コドン	85
外とう膜	251
外胚葉	153
海綿動物	249
化学進化	183
核	26
顎口類	255
核酸	19
拡散	39
核小体	28
核相交代	245
核膜	28
角膜	163
核膜孔	28
学名	228
隔離	218
果実	174
割球	151
褐藻類	237
滑面小胞体	28
カドヘリン	161
ガードン	77
花粉管細胞	174
花粉四分子	174
可変部	54
鎌状赤血球貧血症	89
カルボキシ基	21
間期	52,69
環境変異	208
環形動物	250
管状神経系	255
陥入	153
眼杯	163
カンブリア紀の大爆発	192
眼胞	163
冠輪動物	248,254

【き】

紀	189
キアズマ	131
器官	16
擬態	211
偽体腔	247
キネシン	51
基本転写因子	97
木村資生	223
逆転写	87
逆転写酵素	87,119
キャップ	82
ギャップ遺伝子	173
ギャップ結合	46
旧口動物	246,250
凝集	56
共進化	211
共生説	188
恐竜類	198
極核	175

局所生体染色	165	綱	227	シグナル分子	45	
棘皮動物	253	甲殻類	251	始原生殖細胞	146	
魚類	192,255,256	工業暗化	212	脂質	19	
菌界	233	抗原抗体反応	54	子実体	239,259	
菌糸	258	硬骨魚類	256	示準化石	189	
菌類	258	構成的発現	93	自然選択	209	
		構造遺伝子	93	自然選択説	213	
【く】		紅藻類	237	自然分類	229	
グアニン	62	抗体	54	示相化石	189	
クチクラ層	240	腔腸動物	249	四足動物	255,256	
組換え	135	酵母菌	259	シダ種子類	195	
組換え価	137	肛門	153	シダ植物	194,240,242	
組換えDNA	103	五界説	232	失活	25	
クモ類	251	コケ植物	240	cDNA	119	
クリック	63	古生代	189	シトシン	62	
グリフィス	60	5'末端	64	子のう菌類	259	
クローン	77,120	固定結合	46	刺胞動物	249	
		コドン	83	ジャコブ	94,96	
【け】		ゴルジ体	29	シャジクモ類	237,238	
形質	59	痕跡器官	210	シャペロン	25	
形質転換	60	昆虫類	251	シャルガフ	62	
形成体	163			種	8,226	
ケイ藻類	237	【さ】		終止コドン	85	
系統	11,229	細胞	16,36	収束進化	200	
系統樹	229	細胞間結合	46	重複受精	175,244	
系統分類	229	細胞群体	236	主鎖	64	
決定	166	細胞骨格	48	種子	175,243	
ゲノム	58,93,116	細胞質	26,27	種子植物	240	
原核細胞	34	細胞質基質	27	種小名	228	
原核生物	34	細胞質分裂	53	珠心	175	
原核生物界	232	細胞質流動	31	受精	128,148	
原基分布図	165	細胞周期	52	受精膜	149	
原形質連絡	31	細胞小器官	17,27	出芽	129	
原口	153	細胞性粘菌	239	受動輸送	41	
原口背唇部	167	細胞接着分子	161	種の起源	213	
原索動物	253	細胞内共生	188	珠皮	175	
原始形質	230	細胞壁	31	種皮	175	
原腎管	250	細胞膜	31	種分化	218	
減数分裂	128	雑種第一代	137	受容体	45	
原生生物	236	雑種第二代	137	シュライデン	36	
原生生物界	233	三界説	232	シュワン	36	
顕生代	189	三次構造	23	純系	126	
原生動物	236	3'末端	64	子葉	175	
原腸	153	三点交雑法	138	小進化	217	
原腸胚	153	三ドメイン説	233	常染色体	125	
検定交雑	137	三葉虫	189	小胞体	28	
				植物界	233	
【こ】		【し】		植物極	151	
GFP	106,107			植物半球	151	

助細胞	175	接合胞子のう	258	単孔類	257
人為分類	229	節足動物	251	担子菌類	259
進化	10,208	接着結合	47	炭水化物	19
真核細胞	27	先カンブリア時代	189	単精受精	149
真核生物	27	全球凍結	190	担体	40
腎管	251	線形動物	251	タンパク質	19
神経管	157	染色体	27,68,124		
神経冠細胞	159	染色体地図	138	【ち】	
神経溝	156	先体	147	地衣類	259
神経堤細胞	159	先体反応	148	チェイス	61
神経胚	156	選択的スプライシング	82	チェンジャン動物群	192
神経板	156	選択的透過性	40	地質時代	189
人工多能性幹細胞	169	セントラルドグマ	79	チミン	62
新口動物	246,253	全能性	77	チャネル	40
真獣類	257	繊毛虫類	236	中央細胞	175
親水性	21	前葉体	242	中間径フィラメント	49
新生代	189			中心小体	30
腎節	159	【そ】		中心体	30
真体腔	247	相似器官	211	中生代	189
		桑実胚	152	柱頭	175
【す】		相同器官	210	中胚葉	153
水管系	253	相同染色体	68,125	中胚葉誘導	162
水晶体	163	藻類	236	中立説	223
水素結合	19,66	属	227	調節遺伝子	93
スタール	72,75	側鎖	21	調節タンパク質	93
ストロマトライト	187	側板	159	調節的発現	93
SNP	91	組織	16	調節領域	93
スプライシング	80	疎水性	21	頂端分裂組織	240
		粗面小胞体	28	鳥類	199,257
【せ】				直立二足歩行	205
生活環	245	【た】		地理的隔離	218
制限酵素	103	第一分裂	130		
精原細胞	147	体外消化	258	【て】	
精細胞	147,175	体腔	247	tRNA	83
精子	147	対合	130	DNA	12,26,58,62
生殖隔離	218	大後頭孔	205	DNA合成期	52,69
生殖細胞	128	大進化	217	DNA合成酵素	72
性染色体	125	体節	159	DNA合成準備期	52,69
生体膜	38	第二分裂	130	DNAポリメラーゼ	72
脊索	159,253	ダイニン	51	DNAマイクロアレイ	118
脊索動物	253	大陸移動説	200	DNAリガーゼ	73,103
脊髄	163	対立遺伝子	126	DNAワールド	185
脊椎動物	253,255	ダーウィン	213	T_2ファージ	61
セグメント・		多精受精	149	デオキシリボース	62
ポラリティ遺伝子	173	唾腺染色体	98,99	適応	209
世代交代	245	脱皮	251	適応放散	210
接合	128	脱皮動物	248	デスモソーム	47
接合菌類	258	端黄卵	151	テーラーメイド医療	122
接合子	128	単系統群	230	テロメア	76

転写	79,80		【の】		表層回転	154	
転写調節因子	97	脳	163		表層粒	148	
【と】		能動輸送	41		表皮	159	
糖	62	濃度勾配	39		【ふ】		
等黄卵	151	ノックアウトマウス	106		フェニルケトン尿症	90	
等割	151	乗換え	130		ふ化	152	
動原体	53	【は】			付活	148	
同所的種分化	220	胚	152		フズリナ	189	
頭足類	251	灰色三日月環	154		不等割	151	
動物界	233	胚球	175		プライマー	73,113	
動物極	151	配偶子	128		フラスコ細胞	155	
動物半球	151	配偶体	241,245		プラスミド	104	
特異性	24	胚軸	175		フランクリン	67	
独立	133	胚珠	174		プルテウス幼生	153	
突然変異	88,208	倍数体	221		フレームシフト	89	
ドメイン	227	胚性幹細胞	169		プログラムされた細胞死		
トランスジェニック生物		胚乳	175			160	
	105	胚のう	175		プロモーター	80,93	
トリプレット	78	胚のう細胞	174		分化	76,93	
トロコフォア	251,254	胚のう母細胞	174		分子系統樹	11,231	
【な】		胚盤胞	168		分子進化	222	
内胚葉	153	胚柄	175		分子時計	222	
ナトリウム-カリウム		胚膜	196		分節遺伝子	173	
ATPアーゼ	42	排卵	168		分類	226	
ナトリウムポンプ	41	ハウスキーピング遺伝子			分裂	129	
軟骨魚類	256		97		分裂期	52,69	
軟体動物	251	バクテリア	233,234		分裂準備期	52,69	
【に】		ハーシー	61		【へ】		
二界説	232	バージェス動物群	192		ペア・ルール遺伝子	173	
二価染色体	130	派生形質	230		ベクター	104	
二次間充織細胞	153	は虫類	196,198,257		βシート構造	22	
二次構造	22	発生	151		ヘテロ接合体	126	
二次精母細胞	147	ハーディ・ワインベルグ			ペプチド結合	22	
二次胚	167	の法則	216		ペプチド鎖	22	
二重乗換え	136	パフ	98,99		ヘミデスモソーム	47	
二重らせん構造	63	半減期	190		変異	208	
二次卵母細胞	147	反足細胞	175		変形菌	239	
二枚貝類	251	半保存的複製	72		へん形動物	250	
二名法	228	【ひ】			変性	25	
【ぬ】		微化石	189		変態	153	
ヌクレオチド	62	尾芽胚	157		鞭毛	147	
【ね】		PCR法	112		鞭毛虫類	236	
ネアンデルタール人	207	被子植物	202,244		【ほ】		
粘菌類	239	微小管	48		ホイッタカー	232	
		ヒトゲノム計画	117		胞子	239,241,258	
		表現型	126		胞子体	241,245	

紡錘体	53	
胞胚	152	
胞胚腔	152	
拇指対向性	204	
母性効果遺伝子	170	
哺乳類	198, 202, 257	
ホメオティック遺伝子	171	
ホメオティック突然変異	171	
ホモ・エレクトス	206	
ホモ・サピエンス	204, 207	
ホモ接合体	126	
ポリA尾部	82	
ポリペプチド	22	
ポリメラーゼ連鎖反応法	112	
ポンプ	40	
翻訳	79, 83, 84	

【ま】

巻貝類	251
膜電位	149

【み】

ミオシン	50
密着結合	46
ミトコンドリア	30
ミドリムシ類	237

【む】

無顎類	192, 255, 256
ムカデ類	251
無機塩類	18
無性生殖	129
無脊椎動物	249

【め】

メセルソン	72, 75
免疫	54
免疫グロブリン	54
メンデル	59, 140
メンデル集団	216

【も】

目	227
モータータンパク質	50
モネラ界	233
モノー	94, 96

門	227

【や】

ヤスデ類	251

【ゆ】

有機物	18
雄原細胞	174
有しつ動物	249
有性生殖	128
遊走子	239
有袋類	257
誘導	162
誘導の連鎖	163
輸送タンパク質	40

【よ】

幼芽	175
幼根	175
幼生	157
用不用説	213
羊膜類	257
葉緑体	30
四次構造	23
予定運命	165

【ら】

ラギング鎖	73
裸子植物	198, 243
ラマルク	213
ラミダス猿人	206
卵	147
卵黄栓	155
卵割	151
卵割腔	152
卵菌類	239
卵原細胞	147
卵細胞	175

【り】

リソソーム	29
リーディング鎖	73
リプレッサー	94
リボソーム	28
流動モザイクモデル	38
両生類	196, 256
緑藻類	237
輪形動物	250
リン脂質	38

リンネ	228

【る】

類人猿	204

【れ】

霊長類	204
連鎖	133

【ろ】

ロバート　フック	36

【わ】

Y染色体	125
ワトソン	63
和名	228

■教科書「生物基礎」,「生物」著作者・編集委員

嶋田正和	田村実	中道貞子
久保田洋	仲田崇志	中村厚彦
坂井建雄	湯本貴和	中村哲也
塩川光一郎	板山裕	鍋田修身
鈴木孝仁	大森茂樹	早崎博之
鈴木誠	久保田一暁	林誉樹
園池公毅	中井一郎	矢嶋正博
数研出版編集部		

カバーデザイン　デザイン・プラス・プロフ株式会社

第1刷　平成24年 9月 1日発行

〔写真提供〕
アマナイメージズ
オアシス
OADIS
OPO
加藤宏一
株式会社 島津理化
蒲郡・生命の海科学館
茅野廣
共同通信社
ゲッティ イメージズ
郷通子
Corbis
コーベット・フォト
エージェンシー
The Bridgeman Art
 Library
サントリーホールディ
 ングス株式会社
島本功
舒徳干(中国西北大学)
諏訪元
月本佳代美
Tim White
東條英昭
中川繭
ネイチャー・プロダク
 ション
橋本主税
PANA 通信社
東山哲也
日立ハイテクノロジーズ
ビットラン
PPS 通信社
森雅司
理化学研究所バイオリ
 ソースセンター
数研出版写真部
(敬称略・五十音順)

〔資料提供〕
DNA模型(四塩基分離型)
 吉田英一
ヒトゲノムマップ
「一家に1枚ヒトゲ
 ノムマップ」第2版
 第2刷
 監修：文部科学省
 制作：加納圭
　　　川上雅弘
　　　室井かおり
　　　加藤和人

もういちど読む
数研の高校生物 第1巻

編著者　嶋田正和・数研出版編集部
発行者　星野泰也
発行所　数研出版株式会社
　　　本社　〒101-0052　東京都千代田区神田小川町2丁目3番地3
　　　　　　〔振替〕　00140-4-118431
　　　　　　〒604-0867　京都市中京区烏丸丸太町西入ル
　　　〔電話〕　コールセンター　(077)552-7500
　　　支店　札幌・仙台・横浜・名古屋・広島・福岡
　　　ホームページ　http://www.chart.co.jp/
印刷所　創栄図書印刷株式会社

本書の一部または全部の複写・複製を，許可なく行うことを禁じます。
乱丁，落丁はお取り替えします。

ISBN978-4-410-13957-4

120801

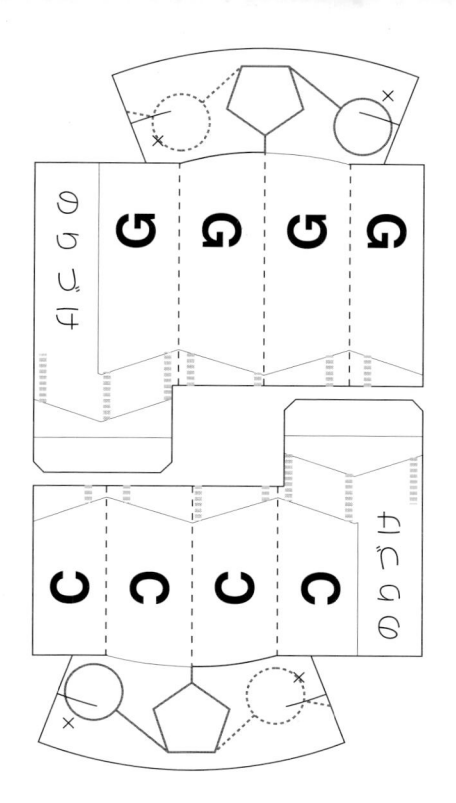

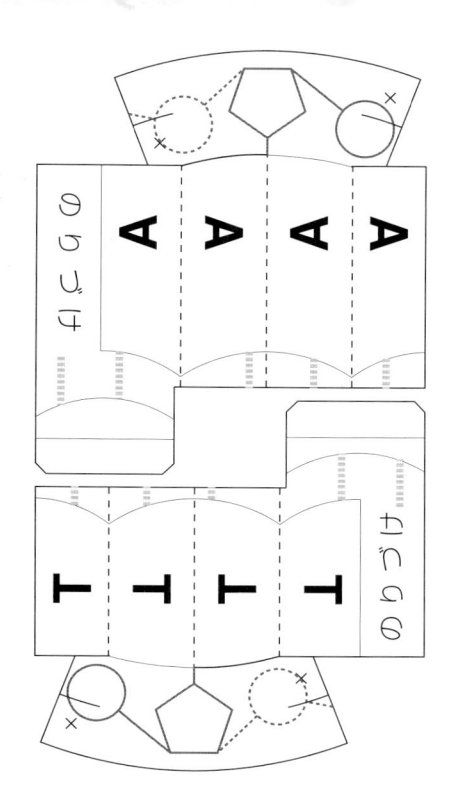

DNA 模型（四塩基分離型）　吉田英一

DNA 模型の作り方

　上の型紙をケント紙などにコピーする。

　塩基のAの部分を赤色，Tの部分を桃色，Gの部分を黄緑色，Cの部分を緑色，デオキシリボースを紫色，リン酸を橙色に塗り，実線で切り取る。

　ヌクレオチドの塩基部分が三角柱になるように点線部分を山折にして，のりづけする。

　次に，ヌクレオチドの上下を逆さまにして突き出た部分を差し込む（①）。このとき，塩基の組み合わせ方に注意する。

　その後，ヌクレオチド対どうしが交差するように接合部の×部分をはめ込んでいく（②）。

①

②

※数研出版ホームページ（http://www.chart.co.jp）の「店頭販売品」のページから，このDNA模型の型紙がダウンロードできます。

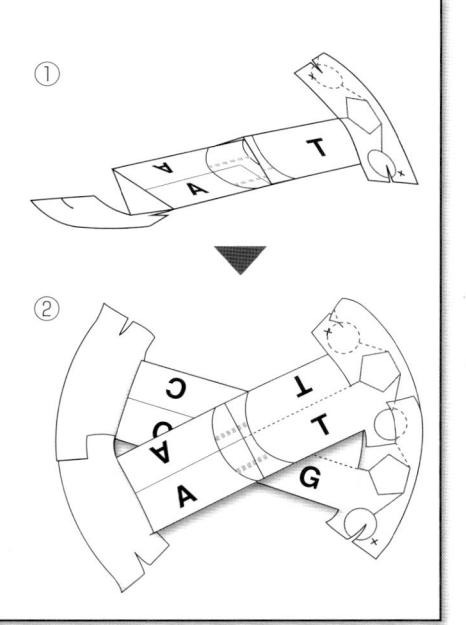